易嘉 著

绿色建筑节能设计研究与工程实践

哈尔滨出版社
HARBIN PUBLISHING HOUSE

图书在版编目（CIP）数据

绿色建筑节能设计研究与工程实践 / 易嘉著. — 哈尔滨 : 哈尔滨出版社, 2023.8
ISBN 978-7-5484-7184-4

Ⅰ. ①绿… Ⅱ. ①易… Ⅲ. ①生态建筑－建筑设计－节能设计－研究 Ⅳ. ①TU201.5

中国国家版本馆CIP数据核字(2023)第066928号

书　　名：绿色建筑节能设计研究与工程实践
LÜSE JIANZHU JIENENG SHEJI YANJIU YU GONGCHENG SHIJIAN

作　　者：易　嘉　著
责任编辑：韩伟锋
封面设计：树上微出版

出版发行：哈尔滨出版社（Harbin Publishing House）
社　　址：哈尔滨市香坊区泰山路82-9号　　邮编：150090
经　　销：全国新华书店
印　　刷：湖北金港彩印有限公司
网　　址：www.hrbcbs.com
E-mail：hrbcbs@yeah.net
编辑版权热线：（0451）87900271　87900272

开　　本：787mm×1092mm　1/16　印张：13.25　字数：244千字
版　　次：2023年8月第1版
印　　次：2023年8月第1次印刷
书　　号：ISBN 978-7-5484-7184-4
定　　价：98.00元

序言

2021年10月24日，中共中央、国务院印发《关于完整准确全面贯彻新发展理念做好碳达峰碳中和工作的意见》，吹响了全社会节能减排的号角，中国政府为了实现对世界承诺的“2030年前实现碳达峰，2060年前实现碳中和”的双碳目标，在2021—2022年，国家和地方密集出台了一系列建筑节能设计新规范、新标准，包括:《建筑节能与可再生能源利用通用规范》(GB55015-2021)、《建筑碳排放计算标准》(GB/T 51366-2019)、江苏省地方标准《居住建筑热环境和节能设计标准》(DB32/4066-2021)、上海市工程建设规范《民用建筑可再生能源利用核算标准》(DG/TJ08-2329-2020)等。与此同时，计算机软件生产商也紧随规范更新的步伐，相应推出了碳排放计算软件，为工程设计提供了得力的工具。本书也反映了上述变化，其中一部分算例采用国家和地方双标准比对，以加深对规范精神的理解。

笔者在设计实践中，发现一些工程师对于建筑节能设计的理解不尽全面，或者偏于传统经验数据，或者拘泥于规范条文的限制，又或者过于追求计算数字的精确性，都是失之偏颇的，当遇到没有经验数据可供参考的新材料、新构造形式的时候，就难以快速做出合理的判断。通过本书，笔者试图通过形象的类比，结合实际工程案例向读者阐述如何更好地进行节能设计，以期达到既满足规范、标准的要求，又有利于施工和节约工程造价的目的。

需要特别说明的是，由于项目建造过程的长期性、复杂性和不确定性，本书中所引用的工程案例及相关数据是实际项目推进过程中采集的数据，但未必与项目最终交付时完全相同；此外，本书中对于工程项目案例的建议和观点，也仅代表笔者个人的见解，与项目参建各方协商后的最终决策也未必完全相同，谨提醒读者阅读时注意。

著书过程中，十分感谢北京绿建软件股份有限公司的软件工程师在工程项目实践中给予的技术支持，令笔者对于规范参数的计算有了更深入的了解，同时也认识到节能概念设计之于数值计算的重要性，不至于被数字绑架。同时，也要感谢盈建科公司的软件工程师在全三维节能分析软件方面的努力工作，为笔者打开了通向高维数字世界的一扇门。

由于作者的水平和实践经验有限，书中难免存在疏漏或不足之处，望读者批评指正，可发邮件至 752847651@qq.com 讨论，共同进步，笔者将不胜感谢！

易嘉

2022 年中秋节于上海同济大学科技园

目录

第 1 章 绿色建筑节能设计综述

1.1 绿色建筑设计中的建筑节能设计

按照《绿色建筑评价标准》(GB/T50378-2019)[①] 的定义，绿色建筑是指“在全寿命期内，节约资源、保护环境、减少污染，为人们提供健康、适用、高效的使用空间，最大限度地实现人与自然和谐共存共生的高质量建筑”。为了建造绿色建筑，需要通过多种手段去减少建筑物的能源消耗，提高室内使用环境的舒适度，这些手段包括：节约土地、节约建造材料、节约设备能源消耗、节约用水、优化室内声光热环境、规划合理的室外通行系统等。

1.1.1 建筑节能设计综述

建筑节能设计是隶属于绿色建筑设计的一个重要组成部分，聚焦于如何通过合理的建筑围护结构设计来降低建筑物的采暖空调耗电量或者耗热量，“围护结构”包括内外墙体、楼板、屋面板、门窗、结构性热桥等五大类，在具体的工程中，配合不同气候分区、不同材料、不同标准要求，组合形成建筑内衣和外套的“时令大礼包”。

1.1.2 节能设计的关键参数及其含义

节能设计的参数较多，其中有些参数名称相近但含义差别较大，有些则需要结合施工、采购的角度来理解，如果对关键参数的定义理解不当，将导致输入分析软件的参数不正确，电算结果也随之出错，最后导致材料选择不当，带来工程经济损失。以下选取若干个关键的参数加以对比解释如下：

1. 建筑体形系数 S（Shape factor）

定义：建筑物与室外空气直接接触的外表面积与其所包围的体积的比值，外表面积不包括地面和不供暖楼梯间内墙的面积。

① 中国建筑科学研究院有限公司.绿色建筑评价标准:GB/T 50378—2019[S].北京:中国建筑工业出版社,2019.

可以将建筑物想象成一只在水中游泳的鸭子，鸭子在水面以上的部分会出汗，包括皮肤（与室外接触的墙面）和头顶（屋面）、张开的翅膀下方（架空楼板），就是这只鸭子的散热面积（总的外表面积），鸭子在水面以下的身体（建筑物的地下室）没有受到太阳的直接照射，且汗水迅速融入周边的水中，所以，水下的身体（地下室）不计入体积和散热面积。

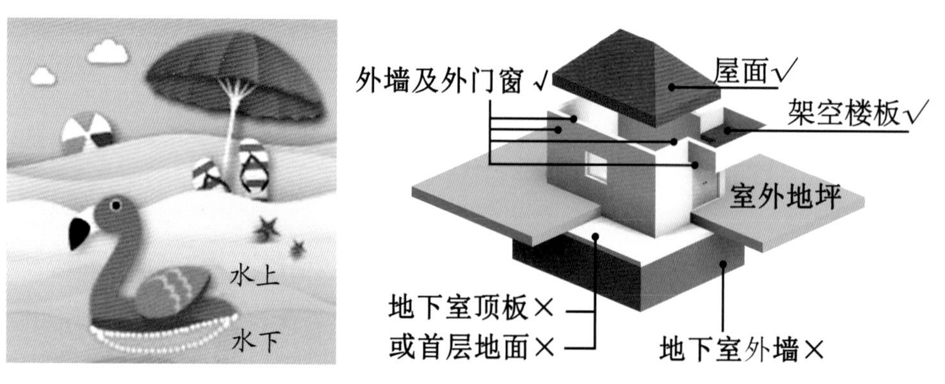

图1.1-1 体形系数的计算规则

［工程案例 1-1：江苏镇江某项目平屋面与坡屋面体形系数差异比较］

表1.1-1 江苏某住宅的体形系数计算结果

外表面积（m²）	1561.21
建筑体积（m³）	3751.75
体形系数	0.42
标准依据	《江苏省居住建筑热环境和节能设计标准》DB32/4066-2021 第 5.1.1 条
标准要求	建筑体形系数应符合表 5.1.1 限值的规定（s ≥ 0.00 且 s ≤ 0.45）
结论	满足

表1.1-2 建模方式对体形系数的影响

项次	平屋面建模	坡屋面建模
模型示意图		
外表面积（m²）	1586	1645
计算体积（m³）	3834	4044
体形系数 S	0.4137 ≈ 0.41	0.4068 ≈ 0.41
备注	特别注意，虽然软件中四舍五入后都输出S=0.41，但是实际的体形系数是有差异的。	

其中的外表面积和建筑体积，是分析软件通过规定的计算方法，从节能模型中统计得到的，可以通过计算器简单验算：0.4161=1561.21/3751.75。

体形系数在一些居住建筑围护结构参数控制指标中属于总控前提条件，体形系数所在的区间不同，各种围护结构的限值也不同。因此，正确、合理地建立分析模型十分重要。工程中常见的情况是：坡屋面是否能按照平屋面建模？从热工概念上看，屋面是主要的热交换构件，屋面坡度越大，则热交换面积也越大。笔者的建议是：在方案设计或者初步设计阶段，可以采用平屋面简化模型，在施工图阶段尽量与建筑设计保持一致，采用坡屋面建模，有利于节材。从计算比对来说，按照坡屋面建模得到的体形系数更小，偏于有利。

由于建筑物外形的多变性，在多数情况下，体形系数不是必须满足规范要求的，在规范中允许通过权衡计算来进一步判别建筑的热工性能，但有两处需留意：

《建筑节能与可再生能源利用通用规范》(GB55015-2021)① 第 3.1.1 条和 3.1.3 条配套使用，严寒或寒冷地区的甲类公共建筑的体形系数必须满足要求，否则不能进入权衡计算。

在夏热冬冷地区，江苏省地方标准《居住建筑热环境和节能设计标准》(DB32/4066-2021)② 第 6.0.2-1 权衡计算的基本要求规定："因体形系数不满足规定性指标要求时，屋面、外墙、窗户的传热系数、热惰性指标应满足该类建筑最大允许体形系数对应的规定性指标的要求"，即：按照该标准 5.1.1 条配套 5.2.1 ～ 5.2.6 条 5.3.1 ～ 5.3.6 条使用，用于比对规定性指标的限值表格所对应的楼层数，应降低至该建筑体形系数满足限值的区间的楼层数，然后用降低后的楼层数查限值表进行规定性指标比对。例如：当某 6 层住宅的体形系数为 0.42，则 0.40(6 层住宅的体形系数上限)<0.42<0.45(4 ～ 5 层住宅的体形系数上限)，则规定性指标判别时，就不能采用"6 层及以上"的限值参数表，而应采用"5 层以下"的限值参数表，此时输出的节能计算书对于各项规定性指标的判别才符合规范要求。具体到斯维尔软件的应用，可在"工程设置"->"其他设置"->"体形系数超标时计算楼层数"对话框，下拉选择合规的选项。

① 中国建筑科学研究院有限公司.绿色建筑评价标准:GB/T 50378—2019[S].北京:中国建筑工业出版社,2019.

② 江苏省建筑科学研究院有限公司.居住建筑热环境和节能设计标准:DB 32/4066—2021[S].南京:江苏凤凰科学技术出版社,2021.

工程设置

工程信息 其他设置

属性	值
⊟建筑设置	
— 体形特征	条形
— 建筑朝向	南北
— 结构类型	剪力墙结构
— 顶层阁楼空间	居住
▶ — 体形系数超标时计算楼层数	按实际楼层计算
⊟模型计算	按≤5层计算 按≥6层计算 按实际楼层计算
— 楼梯间采暖	
— 楼梯间不封闭	否
— 封闭阳台采暖	否
— 首层封闭阳台挑空	否

图1.1-2 绿建斯维尔软件中的工程设置选项：当体形系数超标时的指标楼层数

2. 材料的导热系数 λ[W/(m•K)]、传热系数 K[W/(m²•K)]、加权平均传热系数 Km[W/(m²•K)] 和热阻 R[(m²•K)/W]

这四个参数很容易混淆，特别是导热系数 λ（Heat conduction coefficient）和传热系数 K（Heat transfer coefficient），因为只有一字之差，所以不容易分辨。导热系数 λ 是物质固有的属性，与其他材料和气候环境没有关系，规范的 λ 数值一般是采用导热系数测定仪测得的正常使用条件下的实验值，如下图 1.1-3 所示。

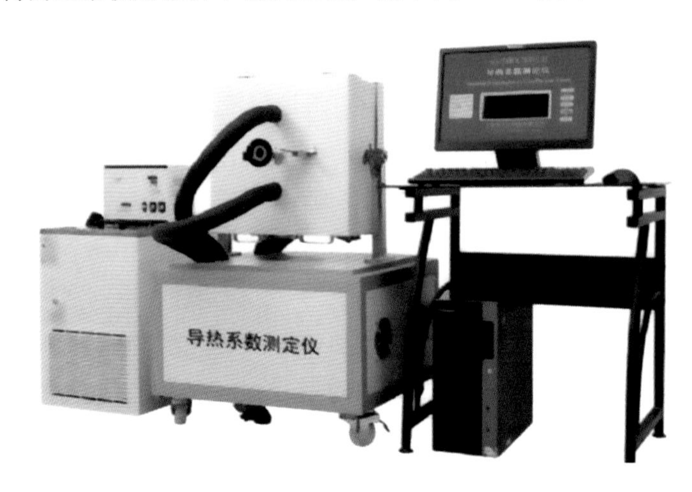

图1.1-3 导热系数测定仪

传热系数 K 是大杂烩，把身边的亲戚朋友同学（其他各构造层次的热阻 Ri）全部拉到一起拍大合照，即 K=1/ Σ Ri；加权平均传热系数 Km 则是把各种不同部位的 K 值按照面积加权平均，可以看作是一个人的小学大合照、中学大合照、大学大合照等拼在一起，形成的可米小子的《青春纪念册》。在第 2.2.4 节的“规范中关键参数的算法”中，将更详细地讨论 λ、K 和 K_m 的算法。

从便于记忆的角度，除了上述形象的比喻外，笔者建议从这四者的单位的异同以及相互转化关系来记忆，其中 δ 是该层材料的厚度 (m)，如下表所示：

表1.1-3 材料主导热工参数的定义及相互关系

参数名称	定义	单位	转化关系
导热系数 λ	在稳态条件和单位温差作用下，通过单位厚度、单位面积匀质材料的热流量。	W/(m•K)	$R_i=\delta_i/\lambda_i$
热阻 R	表征围护结构本身加上两侧空气边界层作为一个整体的阻抗传热能力的物理量。	$(m^2$•K)/W	$R_0=\sum R_i$
传热系数 K	在稳态条件下，围护结构两侧空气为单位温差时，单位时间内通过单位面积传递的热量。	W/$(m^2$•K)	$K=1/R_0$
加权平均传热系数 K_m	考虑了线性热桥影响的修正 K 值	W/$(m^2$•K)	$K_m=(K+\sum \psi_j L_j/A)$

在项目服务过程中，会遇到建设单位、施工单位、质监站、审图提出的一些与上述参数有关的问题，例如：

（1）建设单位说“40mm 厚的 EPS 保温”能否换成“50mm 厚的岩棉板保温”，是指这两者分别算出的加权平均传热系数 Km 是否比较接近。

（2）质监站的材料检测报告测定的是导热系数 λ，而不是传热系数 K，因为多数情况下，质监站是不会把连带外保温、结构墙体和内粉刷的整面建筑外墙搬到实验室里去测传热系数的，而是把某种成型的材料块体带到实验室里去测导热系数。

（3）审图老师说“建筑外墙传热系数偏大”，是指加权平均传热系数 Km 偏大。

3. 蓄热系数 S（coefficient of heat accumulation）W/$(m^2$•K)

定义：当某一足够厚度的匀质材料层一侧受到谐波热作用时，通过表面的热流波幅与表面温度波幅的比值。其值愈大，材料的热稳定性愈好。

蓄热系数也是材料自身的特性，与其他材料和所处环境无关。室外的环境温度是时刻变化的，中午温度最高，凌晨温度最低，期间是个随机过程，所谓“蓄热”，就是在温度变化时存储热量的能力。在《民用建筑热工设计规范》（GB50176-2016）[①] 第 3. 4. 7 条给出了蓄热系数的计算公式：$S=\sqrt{\frac{2\pi\lambda c\rho}{3.6T}}$ ，可见，S 与导热系数的平方根成正比，与密度的平方根成正比。

① 中国建筑科学研究院 . 民用建筑热工设计规范 :GB50176-2016[S]. 北京 : 中国建筑工业出版社 ,2016.

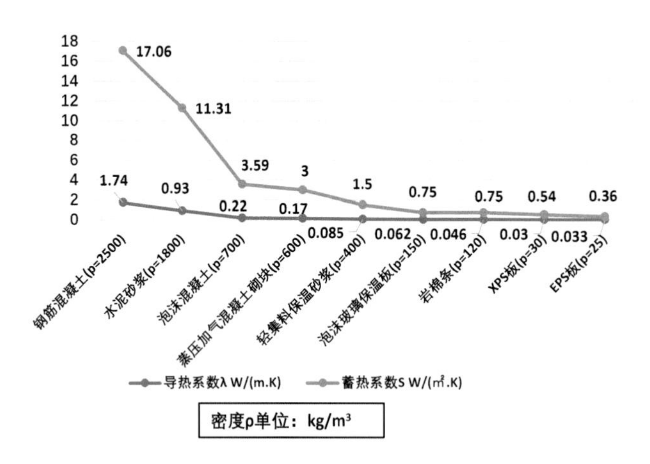

图1.1-4 材料密度与蓄热系数及导热系数的关系

4. 遮阳系数 SC 与太阳得热系数 SHGC

定义：遮阳系数（shading coefficient of transparent envelope）

在给定条件下，玻璃、门窗或玻璃幕墙的太阳光总透射比，与相同条件下相同面积的标准玻璃（3mm 厚透明玻璃）的太阳光总透射比的比值。从易于理解的角度，命名为“辐射系数”或“得热系数”更准确，因为该系数越大，进入室内的能量越多，而不是“被遮挡”的能量越多，因为国际和国内惯例才一直延续下来。（注：上述定义来自《建筑门窗玻璃幕墙热工计算规程》（JGJ/T151-2008），与《民用建筑热工设计规范（GB50176-2016）》的定义不完全相同）

定义：太阳得热系数（Solar Heat Gain Coefficient）。

在照射时间内，通过透光围护结构部件（如：窗户）的太阳辐射室内得热量与透光围护结构外表面（如：窗户）接收到的太阳辐射量的比值，简称 SHGC。该参数的命名就容易理解了，英文“gain”准确地表达了“获得”（而不是遮挡）的内涵。在《公共建筑节能设计标准》（GB50189-2015）① 中定义的太阳得热系数是指根据相关国家标准规定的方法测试、计算确定的产品固有属性。

这两个参数存在正相关以及换算关系：在《公共建筑节能设计标准》（GB50189-2015）第 2.0.4 条及条文说明中指出：标准玻璃太阳得热系数理论值为 0.87[在江苏省《居住建筑热环境和节能设计标准》（DB32/4066-2021）第 2.1.8 条及条文说明也有类似的说法]。因此可按 SHGC=SC×0.87 进行换算。SHGC 的精细化计算方法，在《民用建筑热工设计规范》（GB50176-2016）附录 C.7 条，参见第 2.2.4 节“规范中关键

① 中国建筑科学研究院. 公共建筑节能设计标准:GB 50189—2015[S]. 北京:中国建筑工业出版社,2015.

参数的算法”。

这两个参数在工程实践中时常遇到的情况为：是否需要换算以及如何换算？由于历史沿革和设计习惯的原因，在居住建筑设计标准中，常采用遮阳系数 SC，对于公共建筑来说，旧版《公共建筑节能设计标准》（GB50189-2005）仍旧采用遮阳系数 SC 来评价各种透光围护结构的，到了《公共建筑节能设计标准》（GB50189-2015），与国际接轨，取消参照 3mm 透明玻璃，改为相对客观的太阳得热系数（SHGC）进行评价。可参考［林海燕、董宏、周辉，遮阳系数（SC）与太阳得热系数（SHGC）概念辨析，中国建筑科学研究院，2017］

这两个参数的应用，在国家标准、不同的地方规范中共存，暂时还未实现全国统一认识，由于历史沿革和地方的设计习惯，造成很多产业链上下游需要延续早年的标准，关键参数的转换需要时间来达成共识，各种教学资料、规范标准、生产标准的统一不会一蹴而就，可能要历时数十年的时间。笔者列举了部分常用规范对 SC 和 SHGC 参数的选用情况，对于公共建筑目前国家和地方的观点比较统一，均用 SHGC 参数，居住建筑则不一而足，如下表所示：

表1.1-4 不同规范的评价标准差异

评价参数	规范名称
遮阳系数 SC	《民用建筑热工设计规范》（GB50176-2016）第 9 章 《夏热冬暖地区居住建筑节能设计标准》（JGJ75-2012） 上海市《居住建筑节能设计标准》（DGJ08-205-2015） 江苏省《居住建筑热环境和节能设计标准》（DB32/4066-2021） 山东省《居住建筑节能设计标准》（DB37/5026-2014） 辽宁省《居住建筑节能设计标准》（DB21/T2885-2017）
太阳的热系数 SHGC	《民用建筑热工设计规范》（GB50176-2016）第 C.6 节 《建筑节能与可再生能源利用通用规范》（GB55015-2021） 《严寒和寒冷地区居住建筑节能设计标准》（JGJ 26-2018） 《工业建筑节能设计统一标准》（GB51245-2017） 《公共建筑节能设计标准》（GB50189-2015） 浙江省《居住建筑节能设计标准》（DB33/1015-2021） 湖北省《低能耗居住建筑节能设计标准》(DB42/T559-2022) ・各地方规范的公共建筑节能设计标准

5. 玻璃传热系数 K_{gc} 与整窗传热系数 $K_{整窗}$。

定义：玻璃传热系数 Heat transfer coefficient of glass，是指玻璃面板中部区域（即几何中心）的传热系数［$W/(m^2 \cdot K)$］，不考虑边缘的影响。

定义：整窗传热系数 Heat transfer coefficient of window，是指综合考虑了玻璃面板、窗框的综合传热系数［$W/(m^2 \cdot K)$］。在《民用建筑热工设计规范》（GB50176-2016）第 C.5 节中有详细的计算公式。

这两个参数有时会同时出现在规范的门窗参数表中，可以简化理解为：整窗传热

系数 $K_{整窗}$是玻璃传热系数 K_{gc} 与窗框、窗不透明板一起打包计算的加权平均值。在工程项目中，一般只需要在规范的门窗参数表中直接选取整窗传热系数，并抄入施工图中即可，而不区分玻璃面板和外框型材各自的传热系数，原因是：门窗厂家会有各自的生产工艺，只需要提供给其整窗总控传热系数，他们会作出适当调整并付诸生产，如果限制过多，则不容易协调生产采购，变为“纸上谈玻”。 因此，建筑施工图对外交流、指导施工、验收，经常采用整窗传热系数。

问题是：有些规范中同时给出了玻璃传热系数有何用意？笔者认为，是为了在整窗传热系数不包含在多种材料组合中时，供设计师自行选定玻璃面板和框料，进行插值计算，最典型的是《湖北省低能耗居住建筑节能设计标准》（DB42/T559-2013）的附录 F.0.2，所给出的参数均为窗框和玻璃传热系数矩阵表，让工程师自行按照门窗洞口尺寸插值组合得到整窗传热系数，共分为 2 种型材（塑料及铝合金）、7 种框料宽度、12 种玻璃中部传热系数 Ug、不少于 2 种门窗尺寸，合计共有不少于 2×7×12×2=336 种组合，非常不方便使用，如果工程师不十分熟悉计算方法则很容易出错。

表1.1-5湖北省地方标准《低能耗居住建筑节能设计标准》（DB 42/T559-2013）外窗参数

门窗及型材类型	门窗尺寸（宽×高）(m)	窗框面积比 A_f/A_t	玻璃传热系数 U_g											
			3.2	3.0	2.8	2.6	2.4	2.2	2.0	1.8	1.6	1.4	0.9	0.7
			塑料（PVC-U）门窗传热系列 K											
60 系列三腔型材平开（含内平开下悬）窗	0.9×0.6～2.1×2.1	0.67～0.29	0.6～3.05	2.55～2.9	2.5～2.75	2.4～2.6	2.35～2.5	2.3	2.2	2.15～2.0	2.05～1.9	2.0～1.7	1.8～1.75	1.4～1.2
60F 系列三腔型材平开（含内平开下悬）窗	0.9×0.6～2.1×2.1	0.68～0.30	2.4～2.9	2.35～2.8	2.3～2.65	2.25～2.5	2.2～2.35	2.1～2.2	2.05～2.1	1.95	1.9～1.8	1.85～1.65	1.7～1.6	1.3～1.2

该 2013 版规范目前已废止，被湖北省地方标准《低能耗居住建筑节能设计标准》（DB42/T559-2022）替代，新版规范修订过程中，考虑到让建筑工程师在很短的项目时间内变成门窗专家并不合适，因而改在 6.1.4 条将玻璃参数直接索引至《民用建筑热工设计规范》（GB50176-2016）第 C.5 节的整窗传热系数选用表，配合不同型材的常用整窗传热系数数量减少至 94 种。

关于这两个参数的工程算例参见第 2.2.4 节“规范中关键参数的算法”。

6. 保温层厚度（Thickness of insulation layer）

定义：指不包含其他复合构造层次厚度的保温芯材的净厚度。

该参数并未出现在各种规范的术语中，严格地说不是一个热工术语，而是一个工程设计指标，是笔者根据历年的工程经验归纳总结的一个概念，若该参数理解不当，会导致选材失误，达不到热工标准的要求，以下用工程案例加以说明：

［工程案例 1-2：江苏苏州某项目复合保温材料厚度验算］

该工程采用“有饰面保温防火复合板”作为外墙外保温，按照《保温防火复合板应用技术规程》（JGJ/T350-2015）第 5.3.2 条，“有饰面保温防火复合板”在保温板外部仍有饰面层，属于施工一体化的复合保温板。

该工程的外墙外保温节能设计计算时，按照 85mm 的“保温防火复合板”的厚度输入参数、生成节能计算书，从电算参数来说（下表中“保温防火复合板”一行），参与计算的是“保温芯材”厚度为 85mm，即不包含其他构造层次的厚度，但施工现场按照 85mm 的总厚度采购保温防火复合板，扣除饰面层后，相当于芯材厚度仅为 80mm 不到，小于节能计算厚度，外墙综合传热系数存在不达标的风险。

工程验收时，节能办对此提出异议，需要设计院按照 80mm“芯材厚度”验算外墙综合传热系数是否仍满足规范要求，并注明是芯材厚度。所幸原设计有一定的富余量，外保温厚度减薄 5mm 后仍满足规范要求，可谓有惊无险，否则，上万平方米的外墙外保温面临返工，工程经济损失巨大。

表1.1-6 江苏苏州某项目复合保温材料计算值

材料名称 （由外到内）	厚度 δ (mm)	导热系数 λ W/(m·K)	蓄热系数 S W/(m^2·K)	修正系数 α	热阻 R (m^2·K)/W	热惰性指标 D=R*S
水泥砂浆	5	0.930	11.310	1.00	0.005	0.061
保温防火复合板	85	0.033	0.360	1.20	2.146	0.927
水泥砂浆	15	0.930	11.310	1.00	0.016	0.182
ALC 加气混凝土砌块（墙体）	200	0.200	3.600	1.35	0.741	3.600
各层之和Σ	305	—	—	—	2.909	4.770
外表面太阳辐射吸收系数	0.75［默认］					
传热系数 K=1/(0.15+ΣR)	0.33					

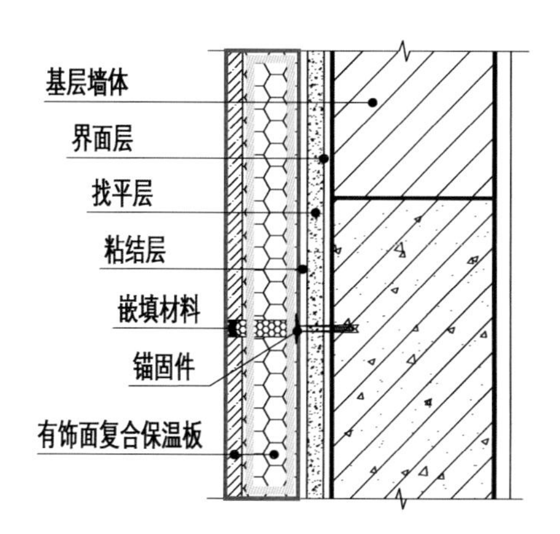

有饰面复合保温板系统的基本构造

图 1.1-5 摘自《保温防火复合板应用技术规程》(JGJ/T350-2015) 图 5.3.2，其中红框为复合保温材料，蓝色框内为保温材料芯材，其余为复合饰面层

1.1.3 节能设计的主要流程

节能设计是一个循序渐进、不断反馈和修正的过程，不是“一锤子买卖”。如下面流程图所示：

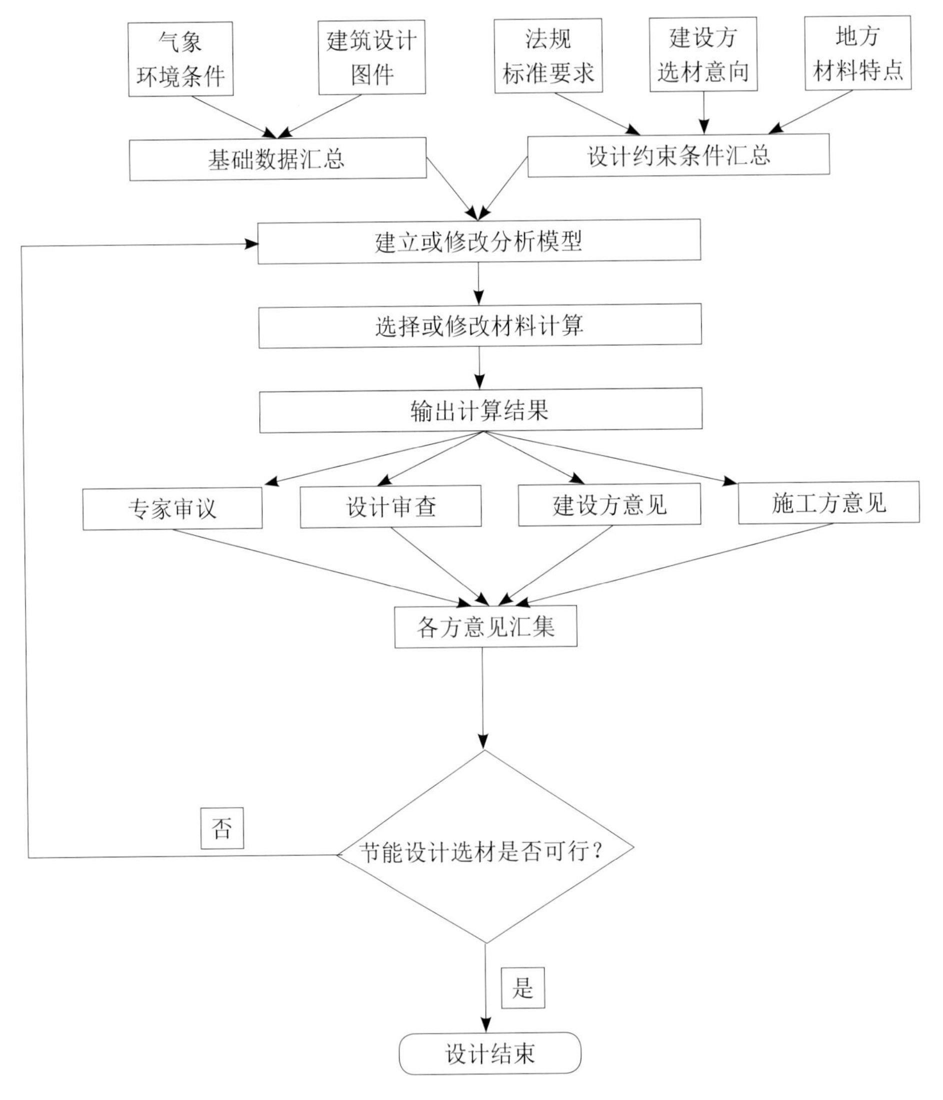

图1.1-6 建筑节能设计流程图

1.2 对建筑节能设计的几点错误认识

在工程实践中，经常会听闻如下几种错误看待建筑节能设计的观点：

1.2.1 错误观点 1：节能设计不会对人员造成生命安全的威胁，相比于消防设计、结构设计，属于建筑施工图设计的“附属部分”

按照《建筑设计防火规范》（GB50016-2014）（2018 年版）① 第 6.7 节“建筑保温与外墙装饰”中的条文，当建筑物的类别、高度不同的时候，外保温材料的选型与建筑防火紧密相关，特别是建筑高度接近于建筑防火高度的分界线或者建筑内混合多种不同防火要求的功能的情况下，节能选材的策划就会影响到建筑设计整体方案的可行性，例如：人员密集场所建筑的外墙外保温材料的燃烧性能应为 A 级，而不能选择耐火极限为 B1 级的，诸如“EPS 板”、“聚氨酯板”等保温材料。又如：当超过 27m 的住宅选用 B1 及防火材料时，外窗需要达到 0. 5h 的耐火完整性。此外，该规范还区分多种不同情况给出了门窗、屋面、防火隔离带等的设置要求，此处不逐一赘述。

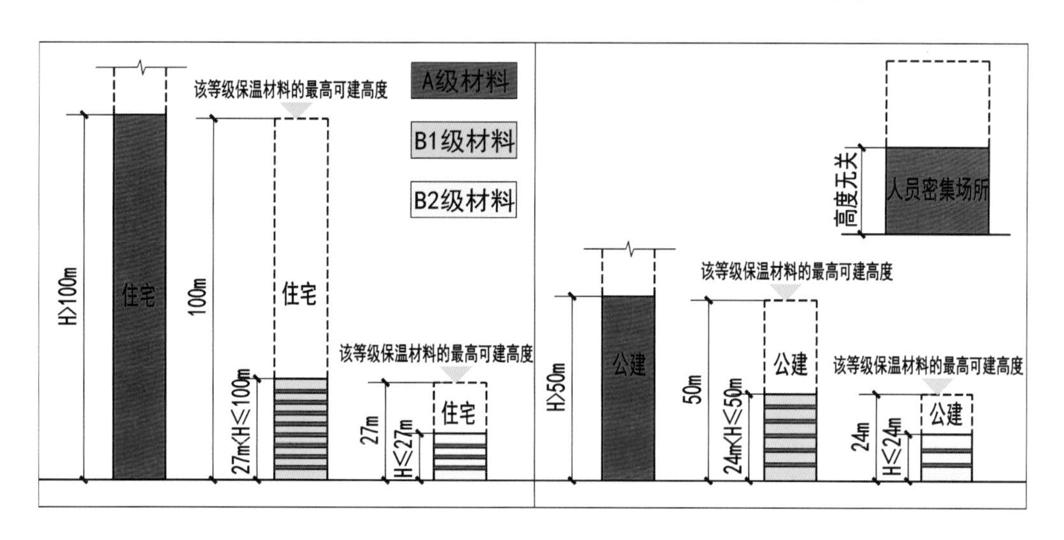

图1.2-1 保温材料耐火等级与建筑高度的关系

① 公安部天津消防研究所.建筑设计防火规范：GB50016-2014(2018 年版) [S]. 北京：中国计划出版社 ,2018.

此外，外墙外保温如果设计选材不当，例如：选用厚度超过 25mm 的保温砂浆、选用无金属托架的厚度超过 40mm 的复合保温材料等，则有可能出现保温材料高空脱落伤人的风险，且返修困难，一般要在屋面设置高空吊篮，自顶向下施工。

图 1.2-2 某园区外墙外保温砂浆脱落（白色为外保温砂浆脱落后修补）

1.2.2 错误观点 2：节能设计就是用软件操作、建模，然后按照规范的限值要求进行选材、计算，只要通过审图即可

软件操作、建模计算只是节能设计的表象，截至 2022 年，市面上各种商用节能分析软件尚不具备自动智能化设计的能力，仍旧需要工程师先行概念判断，然后输入信息，计算机按照给定的算法分析，最后得到计算结果。

曾与建筑大师贝聿铭合作设计香港中银大厦的结构大师莱斯利・罗伯逊（Leslie E. Robertson）在其著作《结构设计：一名工程师在建筑中的非凡体验（英文原版）》（*The Structure of Design: An Engineer's Extraordinary Life in Architecture*）中提道："画草图就是分析，应在使用计算机之前绘制草图并进行估算。"（To sketch is to analyze. Sketch and estimate before turning to computer）[p87]……"如今，一些年轻的工程师，即使面对一些简单的问题，也会立即求助于他或她的计算机，想从那里找到无可辩驳的数据，而我则倾向于首先形成概念草图，然后再进行计算分析"（Today, a young engineer ,when faced with even trivial problems, turns immediately to his or her computer ,therein finding irrefutable data,whereas my mind embraces a sketch first, analyze later mode）[P88]。可见，连结构设计此种严重依赖于数据合理性的工作都是概念先行，计算居后，更不必说宏观层面的建筑节能设计了。

因此，如何合理地输入各种计算参数，输入的参数内在含义是什么，计算结果与直观判断不一致是什么原因造成的，诸如此类的问题，只有当工程师正确地掌握节能设计原理以及计算机操作原理之后，才能在较短的时间内对电算结果做出合理性判别，也包括手算复核。

笔者认为：进行节能设计时，也应侧重于“概念先行，计算居后”，甚至在有时遇到看上去很完美的数据时，反而要根据概念判断和工程经验来修正它。（参见4.3节“节能设计的等效原则和方法”）

设计计算只是工程建设万里长征的第一步，项目开工后，还将有设计变更、竣工验收、后期维护等一系列延伸的服务，只有具备清晰的热工概念、合理的分析计算、熟练的材料应用，才能有惊无险地完成长生命周期的绿建技术服务。

综上所述，节能设计是一项融合多学科知识的工作，需要在项目建造过程中与保温材料厂家、门窗厂家、质检部门、业内专家多交流，深刻理解规范数值来源及含义，而不仅仅是一种信手拈来的机械操作。

1.2.3 错误观点3：节能设计是建筑专业的“内务”，与其他专业无关

首先，节能设计与结构设计紧密关联，当结构类型为剪力墙结构时，外围护结构的整体保温隔热性能下降较多，需要选用更厚的保温材料来满足外墙基本的热工性能要求，而当结构类型为框架结构时，填充墙［例如：蒸压粉煤灰加气混凝土砌块导热系数λ=0.18W/（m•K）］的保温隔热性能远优于钢筋混凝土［导热系数λ=1.74W/（m•K）］，热量传递仅为后者的十分之一。

对于板类结构构件（楼板、屋面板等）建筑构造，保温材料按照面荷载加到结构板面，对于外墙、内隔墙等竖向面状结构构件，保温材料按照线荷载加到结构之上。

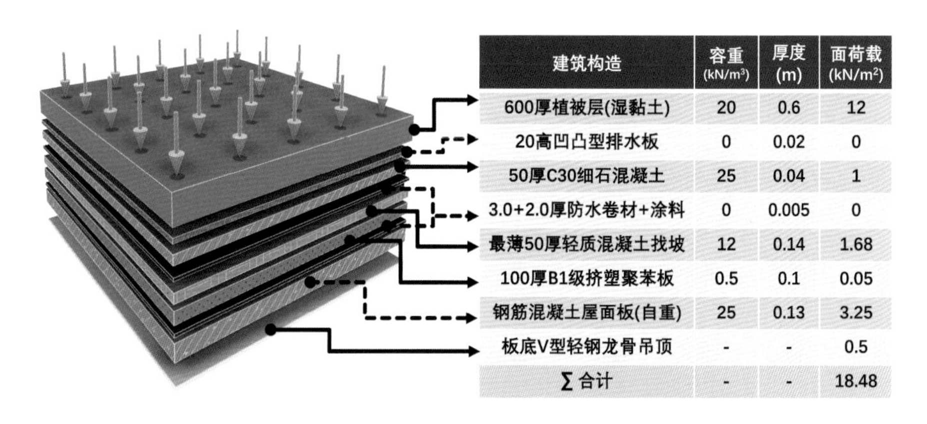

建筑构造	容重 (kN/m³)	厚度 (m)	面荷载 (kN/m²)
600厚植被层(湿黏土)	20	0.6	12
20高凹凸型排水板	0	0.02	0
50厚C30细石混凝土	25	0.04	1
3.0+2.0厚防水卷材+涂料	0	0.005	0
最薄50厚轻质混凝土找坡	12	0.14	1.68
100厚B1级挤塑聚苯板	0.5	0.1	0.05
钢筋混凝土屋面板(自重)	25	0.13	3.25
板底V型轻钢龙骨吊顶	-	-	0.5
∑ 合计	-	-	18.48

图1.2-3 种植屋面板的构造层次及结构荷载计算

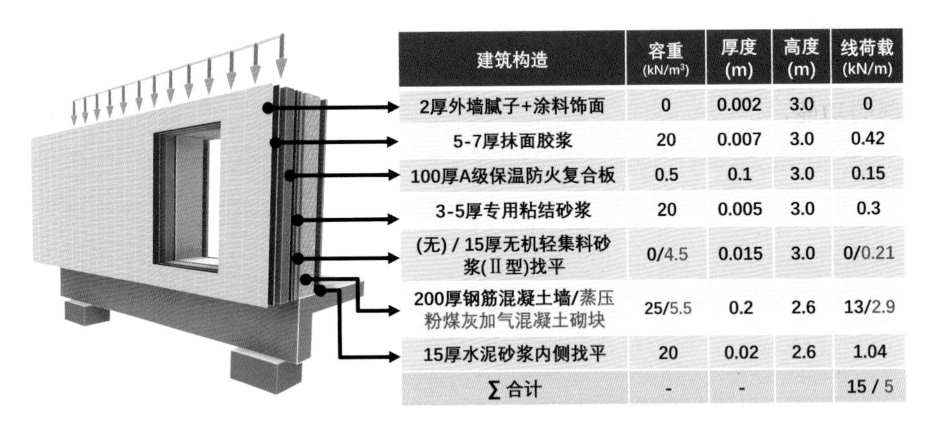

图1.2-4 作用于结构梁上的外墙线性荷载

建筑节能设计与机电专业更是紧密联系，《建筑节能与可再生能源利用通用规范》（GB55015-2021）附录 C 规定的热工性能权衡判断计算参数中，共有 13 项与机电专业直接相关，如下表所示

表1.2-1 建筑节能与可再生能源利用通用规范》（GB55015-2021）附录C

规范条文	权衡判断输入的计算参数	相关专业	影响因素
C.0.6-1	空气调节和供暖系统的日运行时段（h ～ h）	暖通	区分全年、节假日、工作日
C.0.6-2	供暖空调区的室内温度（℃）	暖通	区分不同的气候分区、建筑类型、运行时段、运行模式、不同时刻
C.0.6-3	照明功率密度值（W/m^2）	电气	区分建筑类别
C.0.6-4	照明使用时间（%）	电气	区分建筑类别、运行时段、不同时刻
C.0.6-5	不同类型房间人均占有建筑面积（m^2/ 人）	暖通、电气	区分建筑类别
C.0.6-6	房间人员逐时在室率（%）	暖通、电气	区分建筑类别、运行时段、不同时刻
C.0.6-7	公共建筑不同类型房间的人均新风量 [m^3/(h. 人)]	暖通	区分建筑类别
C.0.6-8	公共建筑新风运行情况（布尔值 1 或 0）	暖通	区分建筑类别、运行时段、不同时刻
C.0.6-9	居住建筑的换气次数（次 /h^{-1}）	暖通	区分不同的气候分区
C.0.6-10	工业建筑的换气次数（次 /h^{-1}）	暖通	区分不同的房间容积
C.0.6-11	不同类型房间电气设备功率密度（W/m^2）	电气	区分建筑类别
C.0.6-12	电气设备逐时使用率（%）	电气	区分建筑类别、运行时段、不同时刻
C.0.6-13	活动遮阳装置遮挡比例(%)	暖通	区分不同的控制方式和季节

综上所述，节能设计是绿色建筑设计的有机组成部分，如果将建筑物整体设计比作一个人，那么节能设计就是这个人的皮肤，它虽然不具有心脏、大脑那样的中枢系统司令部的功能，但是很难想象一个没有皮肤的人能存活多久，大自然的风吹日晒足以令这个生物体“石化”，就如在科幻电影《银河护卫队》中，当漂浮在外太空的星爵把自己的防护面罩给了卡魔拉之后，自己的躯体迅速被强烈的宇宙射线烧蚀。

1.3 节能设计的学习和工作方法

笔者将建筑节能设计概括为“明线”和“暗线”。其中“明线”，是指围护结构热工计算，即项目中建立模型、选择材料、参数设置、生成节能计算报告、节能设计专篇、门窗表、施工图设计总说明等直接呈现的设计结果。“暗线”是指在为了得出结论，需要实际解决的问题或考虑的内容。仅以“计算通过”作为节能设计的终点是不够的，需将相关矛盾前置解决，才能使节能计算有意义，实现“设计落地”。

其对应关系如下图所示：

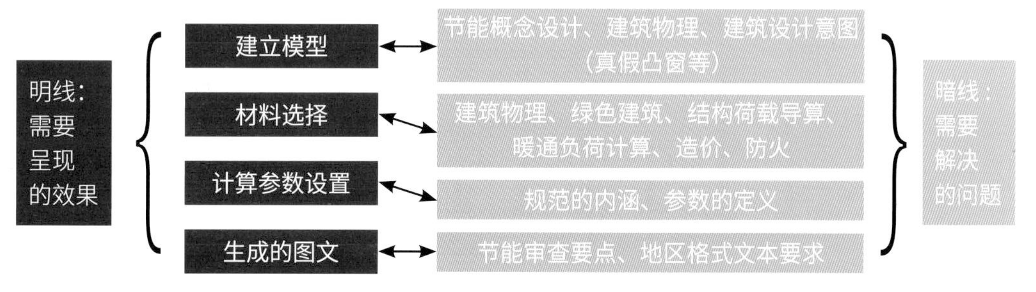

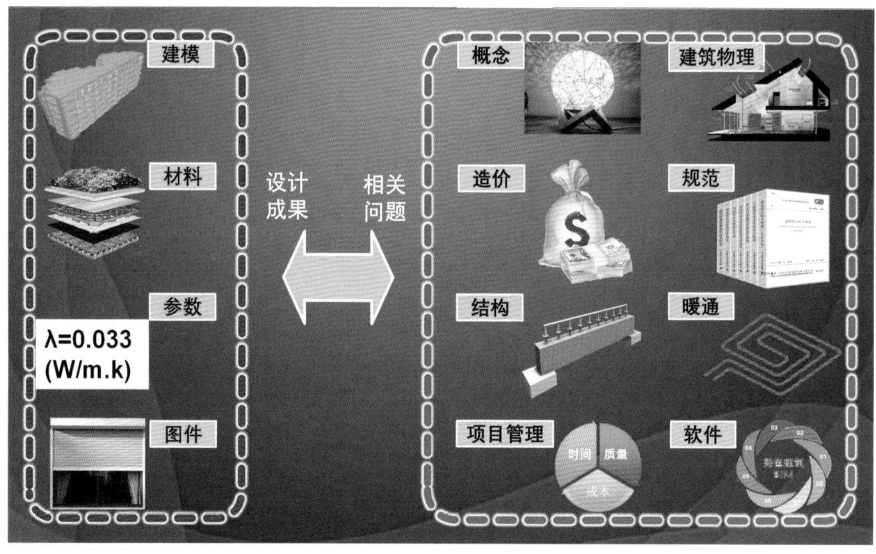

图1.3-1 节能设计的明暗线

1.3.1 节能概念设计

是指根据已往节能工程的经验或理论形成的基本设计原则和设计思想，进行节能建模和选材的总体构思的过程。节能概念设计是先于建模、计算分析的前置工作，包括但不限于以下内容：

1. 建筑结构类型

若是框架结构，则需要建立门窗过梁、外框热桥梁等构件；若是剪力墙结构，则区分墙肢是否分户墙、楼梯间隔墙等有热工要求的剪力墙，并赋予不同的材质。

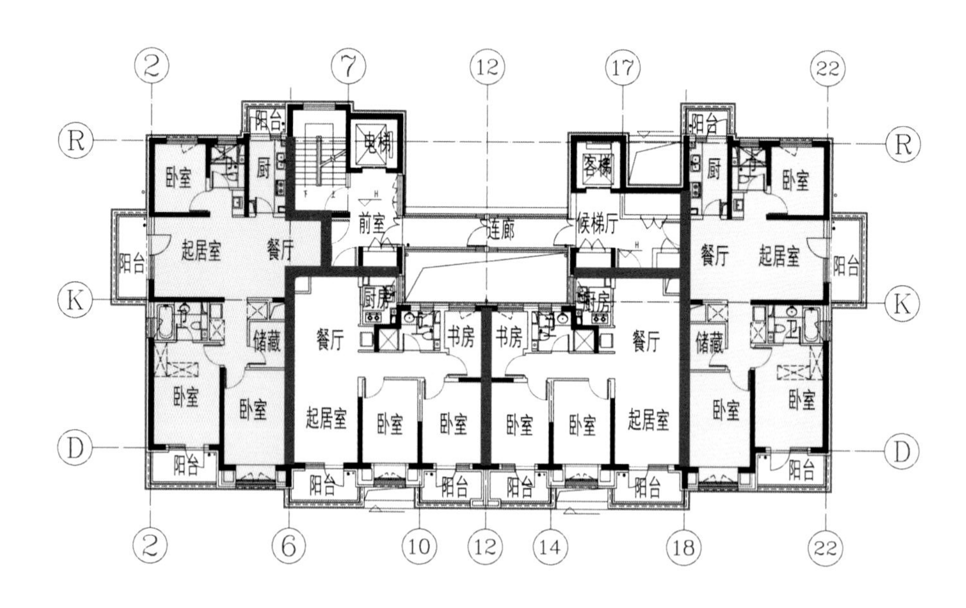

图1.3-2 分户内墙建模示意图

2. 实际的建筑构造

例如：真假凸窗。如果该外窗窗台以下凹口间用外墙封闭，则可视为假凸窗，外保温外置，窗的传热系数按普通窗放宽。否则，按照真凸窗，需要控制凸窗的顶底侧板构造保温热阻。

3. 线性传热

例如：阳台平板保温为构造保温，当采用“面积加权平均法”或者“简化修正系数法”计算外墙综合 K 值时，无需在整体模型中建模，仅需设置外墙热桥梁；但是当采用《建筑节能与可再生能源利用通用规范》（GB55015-2021）附录 B. 0. 2 条包含结构性热桥（即线性热桥）的算法时，需要另行建立二维节点模型，并将该二维节点的传热折算成附加传热系数打包汇总到初始的 K 值中进行整体分析。

如下线性传热计算示例，设置 30mm 的 XPS 保温与否，对于阳台挑板内表面最低温度的影响不到 2℃。主要计算参数：

* 冬季工况室内计算温度：18℃，室外计算温度：-10℃

* 室内换热系数：8.7W/(m^2 • K)，室外换热系数：23W/(m^2 • K)

* 划分单元格数：约 480 个

此处与工程经验直觉不一致，一般认为外保温向外延伸越多，则保温效果越好，但实际上当阳台板构造保温延伸到阳台一半出挑长度时的保温效果最好（室内温度最高达到 16℃），原因是温度场的二维稳态传热 Q^{2D} 算法所致。

表1.3-1 阳台平板构造保温的二维线性传热分析

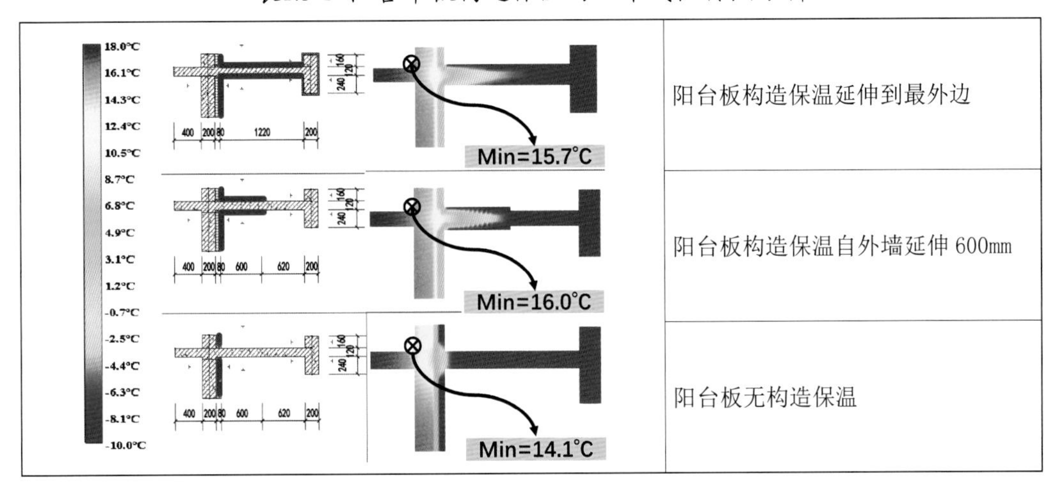

4. 材料选型

建筑材料琳琅满目，有的同名材料参数取值不同，有的材料参数需要换算，有的新材料没有列入规范，看上去枯燥乏味的材料选型，也要遵循概念设计的原理。例如：窗的 SHGC 精确算法与相近窗的规范推荐值比较，数值上应比较接近，从概念上来说，精确算法属于理论值，应劣于实际生产、采购和使用的规范推荐值，因为在生产、运输、施工、使用过程中会出现材料损耗、性能降低，所以从持久使用状况来评估材料性能，必然要提高材料性能的可靠度，降低材料性能目标值的超越概率，也就是规范推荐值应该劣于理论精算值才合理。反之，如果相同组合的材料的规范推荐值优于理论精算值，则要核查是否计算有误，或者所选材料是否同型、是否具备可比性。参见 2.2.4 节“节能设计关键参数的算法”。

1.3.2 善于阅读规范及软件使用说明

所谓“善于阅读”，并不是指需要把规范条文的各种参数和设计要求背诵下来，因为国家和地方的规范层出不穷，隔几年就会更新一版，即便当时记下来，若干年后数据和规定都可能失效了，新的项目会依据新的规范进行设计。恰当的阅读方法应是“人机结合”的方法，结合实际项目选用某种计算软件来建立计算机分析模型，而后进行计算分析，再从分析结果与规范的比对来理解规范条文，相当于站在巨人的肩膀上，因为软件工程师们在编制软件的过程中已经把规范条文和算法进行了深入的研究，他们是规范条文的首批精读者，用计算机软件进行试算，就相当于向老师们学习，而且此种学习的成本最廉价，并且可以无限次试错，即便是软件有缺陷，我们也可以从软件缺陷中学习到规范条文的歧义性，对于提高概念设计能力也是很有益的，可以认为，软件使用说明书就是规范的孪生兄弟，两者形影不离。

参见第 2.2.3 小节［工程案例 2-1 江苏省地方标准《居住建筑热环境和节能设计标准》（DB32/4066-2021）的更新对江苏省居住建筑节能设计外围护结构选材及建造成本的影响］

例如：国标《建筑节能与可再生能源利用通用规范》（GB55015-2021）表附录 B. 0. 5 条中给出了建筑物朝向东、南、西、北的定义，是否“等于 30° ”或者“等于 60° ”有时成为影响设计的决定因素，导致外围护结构提升或者降低一个档次。

参见附录 A. 8. 1 工程案例中关于建筑朝向的微小差异及软件精度四舍五入的判别。

1. 3. 3 充实建筑物理学知识

常言道：“树大根深。”一个茂盛的大树，其位于地表以下的根系会更加庞大，寓意是如果想把一件事做好，其背后要付出的努力可能会超出表面上获得的成就。在节能设计全过程中，指导着工程师操作软件输入参数、分析计算结果的源动力是其对节能设计背后的建筑物理知识储备。例如：为何要输入导热系数的修正系数，而对于同一种材料，其在南方和北方的修正系数有时会不同？为何有时住宅的北向还要设置遮阳，遮挡的到底是阳光还是热量？地下室采光天井顶部的玻璃窗算不算节能意义上的天窗？一般的防火门的保温性能如何，能达到传热系数 $K \leqslant 1.40W/(m^2 \cdot K)$ 的户外门要求吗？（参见“第 2.2.4 节关键参数的算法”）上述问题都是笔者在节能设计实践中遇到过，并且通过概念设计解决的问题，即便不研究节能设计，用生活经验来思考上述问题也是很有意思的。

建筑物理是一门知识面很广的交叉学科，既涉及数理计算（如：稳态传热计算）、也有主观体验（如：舒适度），既需要理解建筑物设计理念，又要运用合适的方法去降低其能耗，对工程师们的知识量要求日益提高。因此，充实良好的建筑物理学基础有利于增进绿色建筑节能设计水平。

1.3.4 相关专业知识的积累

节能设计不仅是建筑专业的“内务”，与结构、暖通、方案设计、造价等专业密切相关，参见第 1.2.3 节对于“错误观点 3”的讨论。

1.3.5 勤于实践

建筑节能设计是实践性很强的工作，只看不做是无法真正理解和提高的，看规范若干遍，在规范上画满重点符号，也不代表能真正理解和运用规范条文，只有通过实际项目测试和比较不同的参数计算结果，才能有所收获。

设计过程中，工程师们需要具备项目管理意识，做好模型的版本管理和修订记录以利于长期项目服务（3 ～ 5 年）和工程经验的积累。

版本管理包括：文件命名事件化（将本次修改内容简要写入文件名中，使得不打开文件也能大致了解该模型版本的主要修订内容)、文件命名时间序列化（以时间为文件夹的起始标记)、文件修订显式化（避免“沉默的修改”，特别为了达成某种临时目标而做的测试，关键步骤和修改原因要加以记录)

项目从设计开始到竣工验收交付一般历时 3 ～ 5 年，其间的修改是无法预知的，做好文件归档是应对项目变化的有效方法。

不好的文件归档习惯：

1. 将时间作为一级目录，例如：“2019 年 \ 某项目 \...”，与项目的长期性相悖，因为一个项目从设计到竣工验收至少跨越 2 ～ 3 年，则设计文件将分散在不同年份的目录中，加上一些临时的归档，随着时间的推移，将无法梳理清楚设计变更的缘由而导致数据的无政府主义。

2. 文件夹命名而文件不命名，例如：PBECA 的模型名称维持软件默认的“building.bdl”，设计者后续很难分辨该模型的归档日期和修改原因，以至于无法判断是否属于本项目，容易导致后续服务过程中误删主要文件。

以下是笔者在江苏镇江某项目的节能设计版本管理示例，以“时间序列 + 子项编号 + 使用需求 + 版次信息 + 主要修改原因 + 关键修改参数”进行文件夹命名，随着项目推进，该项目在 1 年之内经历了江苏地方标准从 2014 版升级为 2021 版、国家标准由 2010 版升级为 2021 版、项目绿建评星由一星级变更为基本级、子项楼栋编号改变等 15 次重大变更，但是笔者不需要打开计算文件，也能快速找出对应的版本并进行数据比对和测试，而不至于进行地毯式搜索、被淹没在数字的海洋中。

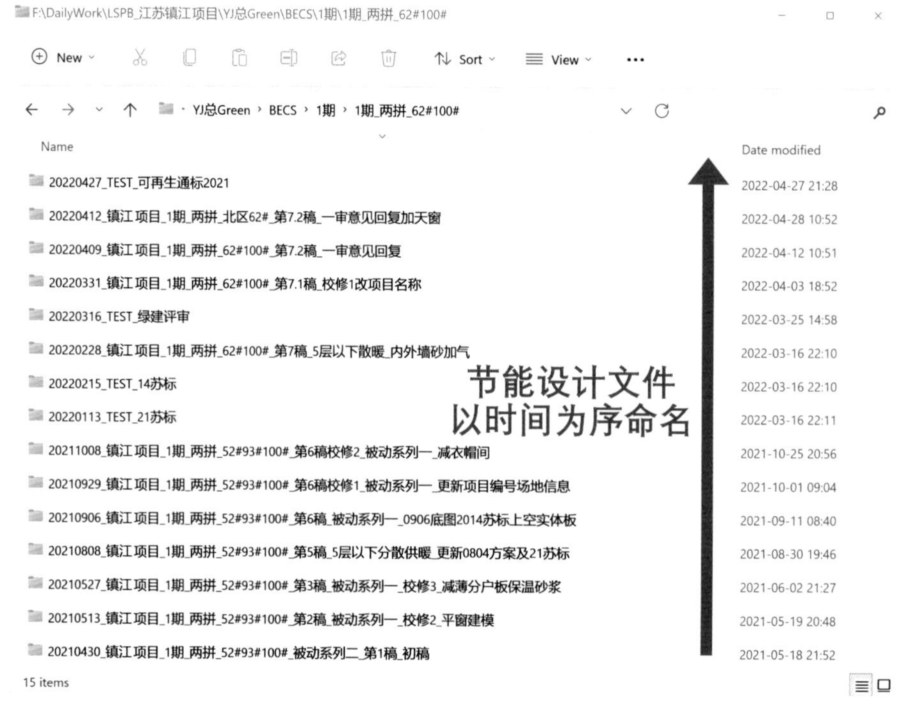

图1.3-3 节能设计文件的版本归档管理

1.3.6 正向解决问题

由于项目长周期性，为能给甲方提供良好服务体验，应尝试先行正向解决，最后为风险提示。正向解决问题的方法：

1. 预留设计余量

当国家标准与地方标准的取值参数限值不同且后续设计审查的尺度不明确时，可以进行包络设计，按照严格的标准进行设计，有时建设方会以“经济性”作为理由要求设计院尽可能减少材料用量，此时，工程师需要心中有数，该节能设计模型如果逼近规范限值进行设计，后续又出现了偏于不利的变更（导热系数增大、材料进一步减薄、热桥增多等），该分析模型还有多大的富余度？如果在提交设计审查之前，分析模型已经没有富余度了，则该设计是不成功的，因为把有利条件考虑得太完美而忽略了现实世界的不确定性。从概率论的角度来看，没有哪个数据是“绝对安全”的，只能说有多大的保证率，按照笔者的经验，在提交设计审查之前，预留 10% 左右的设计富余度比较合适，设计富余度的预留方式也是多样的，既可以是传热系数 K 值缩小 0.9 倍，也可以是材料厚度放大 1.1 倍，还可以是热桥数量放大 1.1 倍等，因具体情况不同而异，笔者建议从权衡计算的参照建筑与设计建筑能耗差值为 0.5 ～ 1.0KWh/m^2 来预估考虑了不利因素的富余度相对可靠。参见第 5.2 小节的工程案例 5-4：平衡经济性与设计弹性。

2. 材料等代替换

以目标传热系数 K 值为基准，比选不同的材料及其厚度。在方案或初步设计时，可以对主导保温材料进行单层材料厚度等效计算，在施工图设计时，则应综合考虑其他构造层次的综合 K 值以利于经济性选材，必要时，甚至应考虑线性传热的影响，进行“线性传热 + 总体计算”的精细化设计方法来确定材料用量。

当进行单层材料的等待替换时，可以利用基本公式进行估算，例如：在 K 值不变的情况下，将 EPS 板替换为岩棉板的厚度变化如下表所示

表1.3-2 不同保温材料等代替换估算表

选材	换算公式	目标传热系数 K[W/(m²•K)]	导热系数 λ[W/(m•K)]	厚度 d(mm)
EPS 板（原设计）	K= λ /d	0.40	0.033	83
岩棉板（变更后）			0.040	100

3. 双模型校核

可以有两种方式实现双模型校核，一是两个人或者多个人采用同一款软件，对同一版本的设计图进行背靠背建模计算，甚至可以是聘请其他单位的工程师进行计算，此种方式可用于检查设计的经济性和概念设计的合理性；另一种方式则是两个人分别采用不同的计算软件进行计算（例如 PKPM 节能软件和绿建斯维尔软件），此种方式更多适用于检查概念设计的合理性，因为不同计算软件在计算数值上会有小的差异，特别是权衡计算上，不便于比较经济性，不能为了某款软件计算某一子项的结果更经济，就区别性地在同一个项目中采用多款软件进行设计，而应从概念设计的角度判别整体设计是否合理，全项目应该统一计算软件，只要概念设计正确，就不会导致材料浪费，同时也有利于工程的后期维护。

1.3.7 避免铤而走险处理问题

一种危险的处理问题办法是抱有侥幸心理，希望甲方送红包拉关系通过验收，除了送红包本身具有违规性之外，由于项目的长期性，工程验收通常在设计、审图 2 ～ 3 年后进行，很可能受到人员变更、规范变更等不可抗力的影响，如果当年的设计不能自圆其说，则会使验收受阻或为了配合甲方而承担不必要的设计风险。

表1.3-3 项目长期性对设计阶段的要求提高

项目阶段	外部参与方	行为
设计、建造阶段	审图机构 A、消防审查人员 A 、甲方对接人 A，对设计人作出口头承诺	口头承诺 设计初期
竣工验收阶段（2 ～ 3 年后）	审图机构 B、消防审查人员 B、甲方对接人 B，否认几年前对设计人所作出的口头承诺	否认 竣工验收

第 2 章　节能设计与规范及法规

2.1　节能设计相关的规范体系

节能设计隶属于建筑设计，除了遵循国家、地方的法律法规和技术标准，还需要执行地方的相关政策，包括设计要求、质量检查要求和材料选用要求等。由于国家和各地的法规众多，不能逐一列举，以下仅以概括性框架加示例的形式、按照不同的层级、约束效应展示建筑节能设计过程中相关的规范体系。

2.1.1　法规体系

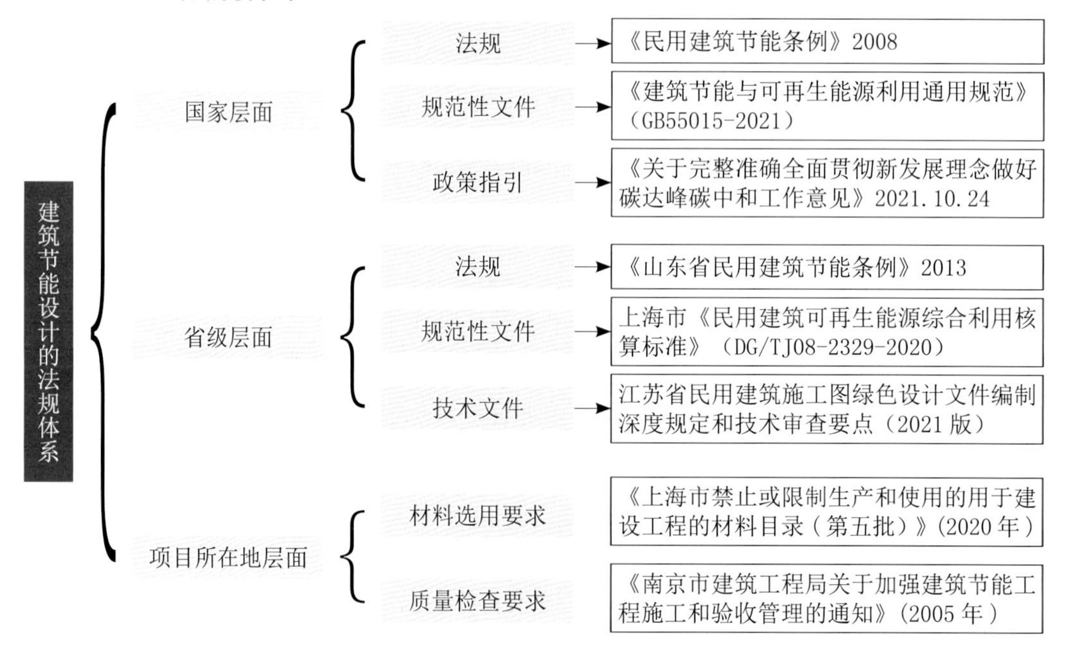

图2.1-1　建筑节能设计的法规体系

从上图可知，建筑节能设计的法规体系可分为三个层级：国家、省级和地方级，各层级解决问题的重点不同，国家层面侧重于质量总控和关键指标定额，省级层面偏重于各项具体技术指标限值，地区层面则偏重于材料选用和工程质量检查。

规范规章不是静止的，将随着国家发展而动态变化，因此，从体系架构上把握规范的脉络，比机械地记忆规范条文更有助于活学活用。同时，需要通过工程实践来吸收理解规范精神，而不是死扣规范字面含义和数据，应侧重节能概念设计，因地制宜，合理设定各种参数，善于评估计算结果的可靠性。参见 2.2 节“技术规范对节能设计的影响”。

2.1.2 主要技术规范

1. 主要国家标准

《民用建筑热工设计规范》（GB50176-2016）

《建筑节能与可再生能源利用通用规范》（GB55015-2021）

《近零能耗建筑技术标准》（GB/T51350-2019）

《严寒和寒冷地区居住建筑节能设计标准》（JGJ26-2018）

《夏热冬冷地区居住建筑节能设计标准》（JGJ134-2010）

《夏热冬暖地区居住建筑节能设计标准》（JGJ75-2012）

《温和地区居住建筑节能设计标准》（JGJ475-2019）

《工业建筑节能设计统一标准》（GB51245-2017）

《公共建筑节能设计标准》（GB50189-2015）

2. 主要地方标准（居住建筑）

安徽省地方标准《居住建筑节能设计标准》（DB34/1466-2019）

北京市地方标准《居住建筑节能设计标准》（DB11/891-2020）

天津市工程建设标准《天津市居住建筑节能设计标准》（DB29-1-2013）

福建省工程建设地方标准《福建省居住建筑节能设计标准》（DBJ13-62-2019）

浙江省工程建设标准《居住建筑节能设计标准》（DB33/1015-2021）

上海市工程建设规范《居住建筑节能设计标准》（DGJ08-205-2015）

上海市工程建设规范《民用建筑可再生能源综合利用核算标准》（DG/TJ08-2329-2020）

江苏省地方标准《居住建筑热环境和节能设计标准》（DB32/J71-2014）(已废止，仅用于计算对比)

江苏省地方标准《居住建筑热环境和节能设计标准》（DB32/4066-2021）

湖北省地方标准《低能耗居住建筑节能设计标准》(DB42/T559-2013)(已废止，仅用于计算对比)

湖北省地方标准《低能耗居住建筑节能设计标准》(DB42/T559-2022)

山东省工程建设标准《居住建筑节能设计标准》（DB37/5026-2022）

广东省标准《广东省居住建筑节能设计标准》（DBJ/T15-133-2018）

广西壮族自治区工程建设地方标准《居住建筑节能 65% 设计标准》（DBJ/T45-095-2019）

辽宁省地方标准《居住建筑节能设计标准》（DB21/T2885-2017）

黑龙江省地方标准《黑龙江省居住建筑节能设计标准》（DB23/1270-2019）

甘肃省地方标准《严寒和寒冷地区居住建筑节能（75%）设计标准》（DB62/T3151-2018）

宁夏回族自治区地方标准《居住建筑节能设计标准》（DB64/521-2022）

河北省工程建设标准《超低能耗居住建筑节能设计标准》（DB13(J)/T8503-2022）

河南省工程建设标准《河南省居住建筑节能设计标准（寒冷地区 75%）》（DBJ41/T184-2020）

吉林省工程建设地方标准《居住建筑节能设计标准（节能 75%）》（DB22/T5034-2019）

内蒙古自治区工程建设地方标准《居住建筑节能设计标准》（DBJ03-35-2019）

陕西省工程建设标准《超低能耗居住建筑节能设计标准》（DBJ61/T189-2021）

四川省工程建设地方标准《四川省居住建筑节能设计标准》（DB51/5027-2019）

西藏自治区工程建设标准《西藏自治区民用建筑节能设计标准》（DJB54001-2016）（适用于公建和居建）

新疆维吾尔自治区工程建设标准《严寒和寒冷地区居住建筑节能设计标准》（XJJ001-2021）

台湾地区《2018 绿建筑设计技术规范》（内含节能设计章节）

3. 主要地方标准（公共建筑）

上海市工程建设规范《公共建筑节能设计标准》（DGJ08-107-2015）

深圳经济特区技术规范《公共建筑节能设计规范》（SJG44-2018）

广西壮族自治区工程建设地方标准《公共建筑节能 65% 设计标准》（DBJ/T45-096-2019）

浙江省工程建设标准《公共建筑节能设计标准》（DB3311036-2021）

北京市地方标准《公共建筑节能设计标准》（DB11-687-2015）

安徽省地方标准《公共建筑节能设计标准》（DB34/5076-2017）

河北省工程建设标准《超低能耗公共建筑节能设计标准》（DB13(J)T8506-2022）

内蒙古自治区工程建设标准《公共建筑节能设计标准》（DBJ03-27-2017）

山东省工程建设标准《公共建筑节能设计标准》（DB37/5155-2019）

天津市工程建设标准《天津市公共建筑节能设计标准》（DB29-153-2014）

新疆维吾尔自治区工程建设标准《公共建筑节能设计标准》（XJJ 034-2022）

2.1.3 对节能设计有间接影响的相关标准和图集

《建筑环境通用规范》（GB55016-2021）

《声环境功能区划分技术规范》（GB/T15190-2014）

《绿色建筑评价标准》(GB/T50378-2019) 及其实施细则

《民用建筑隔声设计规范》（GB50118-202X）（征求意见中）

《住宅项目规范》（GB55XXX-202X）（征求意见中）

国家建筑标准设计图集《建筑隔声与吸声构造》（08J931）

《建筑门窗玻璃幕墙热工计算规程》（JGJ/T151-2008）

《建筑玻璃可见光透射比、太阳光直接透射比、太阳能总透射比、紫外线透射比及有关窗玻璃参数的测定》（GB/T2680-2021）

《建筑材料及制品燃烧性能分级》（GB8624-2012）

2.2 技术规范对节能设计的影响

技术规范从宏观定性到微观指标限值约束着建筑节能设计，其中，宏观层面定性对应于分析软件的“工程设置”对话框，微观层面定量对应于分析软件的“节能检查”对话框，以下选取若干个关键参数进行阐述。

图2.2-1 绿建斯维尔软件的“工程设置”对话框，控制宏观设计指标

节能检查 - 江苏居建DB32 / 4066-2021(夏热冬冷地区)-分散供暖空调.std

检查项	计算值	标准要求	结论	可否性能权衡
体形系数	0.42	s≥0.00且s≤0.45［建筑体形系数应符合表5.1.1限值的规定］	满足	
窗墙比		各朝向窗墙比应符合5.2.6条的规定	满足	
屋顶构造	K=0.30；D=4.15	K≤0.30[屋面传热系数值、热惰性指标应满足表5.2.1`5.2.4条规定]	满足	
外墙构造	K=0.53；D=3.47	K≤0.60[外墙传热系数、热惰性指标应符合表5.2.1`5.2.4的规定]	满足	
梁柱构造		墙体冷桥处传热阻应不小于0.52	满足	
挑空楼板构造	K=0.58	K≤0.60[挑空楼板传热系数应符合表5.2.1`5.2.4的规定。]	满足	
分户楼板	K=1.18	K≤1.20[分户楼板的传热系数符合表5.2.1`5.2.4的规定]	满足	
分户墙	K=1.00	K≤1.20[分户墙的传热系数应符合表5.2.1`5.2.4规定]	满足	
楼梯间隔墙	K=1.05	K≤1.20[户墙的传热系数应符合表5.2.1`5.2.4规定]	满足	
外窗热工			不满足	可
各朝向外窗传热系数		外窗传热系数、遮阳系数应满足表5.2.6-1～5.2.6-4的规定。	满足	
平均遮阳系数		外窗传热系数、遮阳系数应满足表5.2.6-1～5.2.6-4的规定。	不满足	可
通往封闭空间的户门		K<=2.0	满足	
可开启面积		外窗的可开启面积不应小于窗面积的30%	满足	
屋面内表面最高温度		内表面最高温度不超过限值	满足	
外墙内表面最高温度		内表面温度最高不超过限值	满足	
结露检查		围护结构内表面温度不应低于室内空气露点温度	满足	
外窗气密性			满足	
户门气密性			满足	
▶ 结论			不满足	可

◉规定指标 ○性能指标 输出到Excel 输出到Word 输出报告 关 闭

图2.2-2 绿建斯维尔软件的“节能检查”对话框，控制静态量化设计指标

2.2.1 地区差异

依据《建筑气候区划标准》(GB50178-1993)，对建筑节能设计影响最大的便是项目所在地的气候区划，全国按照1月平均气温和7月平均气温以及7月平均相对湿度共分为7个一级气候区和20个二级气候区，有的是以夏季防热为主，有的则是以冬季防寒为主。详见附录G“中国建筑气候区划图”。①

在节能设计起始的首要任务就是确定建筑物所属的气候分区，实践中需要注意几种情况：

1. 国家规范仅绘制了全国范围内的1:1600万图幅的气候区划图，对应于该规范表格的城市清单，图中只标注了全国主要城市所属气候区，主要是省会城市、直辖市和较大城市，还有部分中小城市未标注，此时需要根据项目所在地归属省份的地方性标准来加以确定。例如：国家标准未给出江苏省宿迁市、徐州市和连云港市的气候分区，须在江苏地方标准《居住建筑热环境和节能设计标准》(DB32/4066-2021)第2.1.11条“江苏省气候分区”中查得。

2. 部分省份自行拟定气候小区划以设置各种指标限值，而不是直接采用全国规范的气候分区。例如：湖北省地方标准《低能耗居住建筑节能设计标准》(DB42/T559-

① 中国地图出版社,国家基础地理信息中心.国家标准地图1:1600万-8开-有邻国-线划二,审图号GS(2016)2926号[EB/OL]. (2019-09-05)[2022-10-10] http://bzdt.ch.mnr.gov.cn/browse.html?picId=%224o28b0625501ad13015501ad2bfc0138%22.

2022）第 4.1 条，采用“一区”和“二区”来划分不同的城市气候分区，用于区分不同的围护结构限值，在地理位置上，“二区”大致对应了国标夏热冬冷III C 区，“一区”大致对应国标夏热冬冷III B 区。又如：浙江省工程建设标准《公共建筑节能设计标准》（DB33/1036-2021）第 3.0.1 条，采用“北区”和“南区”来划分不同的城市气候分区，用于区分不同的围护结构限值，在地理位置上，国家标准夏热冬冷III A 区和III B 区沿东西方向分界，与浙江省气候小区划恰好呈垂直关系。

3. 部分地区缺少相关的气象统计参数，需要借用相邻城市的气象参数，此时需要根据项目所在地的实际情况进行综合判别，而不是仅以纬度或者经度来衡量。例如：江苏省宿迁市位于南京和徐州之间，缺少相应的气象统计参数（如采暖度日数 HDD18（℃ .d）、计算采暖期室外相对湿度 ϕ_e(%) 等），宿迁市需要借用南京或徐州市的数据，恰好该两个城市又属于不同的气候分区，南京市属于夏热冬冷III B 区，徐州市则属于寒冷地区II A 区，热工设计的侧重点恰好相反。

虽然宿迁的纬度更接近于徐州（低 0.32°），而远离南京（高 1.96°），但考虑到宿迁市具体的城市气候特点，绿建评审专家根据当地实际生活体验，认为其更接近南京的气候特点，建议采用南京市的气象参数（夏热冬冷III B 区）进行热工设计。

表2.2-1 相近区域3个城市的地理和气候数据对比

	南京市	*宿迁市*	徐州市
所处纬度	北纬 32.00°	北纬 33.96°	北纬 34.28°
所处经度	东经 118.80°	东经 118.30°	东经 117.15°
海拔高度（m）	7	2.8 ～ 40	42
最冷月平均温度 tmin.m(℃)	3.1	0 ～ 10	1
最热月平均温度 tmax.m(℃)	28.3	25 ～ 30	27.6
所属气候分区	夏热冬冷III B 区	中间区域	寒冷地区II A 区
热工设计基本要求	建筑物应满足夏季防热、遮阳通风降温要求，并应兼顾冬季防寒。	?	建筑物应满足冬季保温、防寒、防冻等要求，并应兼顾夏季防热。

此外，国标与地方标准在部分计算方法上存在不同，亦会影响到材料构造做法。例如：《夏热冬冷地区居住建筑节能设计标准》（JGJ 134-2010）第 4.0.6-5 条：楼板的传热系数可按装修后的情况计算。

江苏省《居住建筑热环境和节能设计标准》（DB32/4066-2021）第 5.2.1 ～ 5.2.4 条的条文说明：全装修建筑（成品住房）的分户楼板传热系数可考虑装修后的状态，非全装修建筑分户楼板的传热系数不得考虑装修后状态。

如下分户楼板示例，如果 K 限值≤ 1.80W/（m^2•K），则仅靠空气间层或混凝土楼板（毛坯验收）不能满足要求。

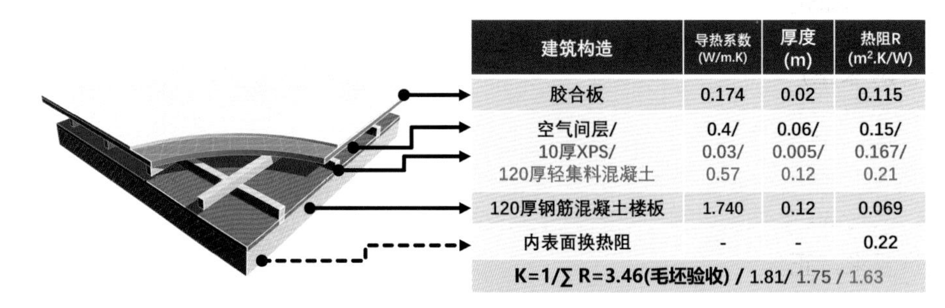

建筑构造	导热系数(W/m.K)	厚度(m)	热阻R(m^2.K/W)
胶合板	0.174	0.02	0.115
空气间层/ 10厚XPS/ 120厚轻集料混凝土	0.4/ 0.03/ 0.57	0.06/ 0.005/ 0.12	0.15/ 0.167/ 0.21
120厚钢筋混凝土楼板	1.740	0.12	0.069
内表面换热阻	-	-	0.22
K=1/∑ R=3.46(毛坯验收) / 1.81/ 1.75 / 1.63			

图2.2-3 分户楼板计算图示

2.2.2 建筑分类

不同的建筑类别对于节能设计的影响既有指标的差异，也有设计原则和方法的差异，是仅次于气候分区的总控参数，仅当先行选定建筑类别之后，才能进一步选择采用的设计规范，节能设计的建筑类别如下表所示（以江苏省为例）：

表2.2-2 节能设计建筑分类及设计原则

一级分类	规范示例	二级分类	分类方式	设计原则或指标差异
居住建筑	江苏省《居住建筑热环境和节能设计标准》(DB32/4066-2021)	分散采暖	不设置楼栋集中空调，主要考虑被动式采暖和自然通风等技术，仅在极端天气条件下采用分散式供暖空调系统	围护结构限值略宽松，传热系数K值的上限略大
		集中采暖	在充分采用被动式建筑技术基础上，设置了集中供暖或供冷系统	围护结构限值更严格，传热系数K值的上限更小
公共建筑	《建筑节能与可再生能源利用通用规范》(GB55015-2021)	甲类	单栋建筑面积大于300m^2的建筑或单栋面积小于或等于300m^2但总建筑面积大于1000m^2的公共建筑群	可以在满足基本条件后允许部分围护结构规定性指标不达标，通过权衡计算满足规范要求
		乙类	除甲类公共建筑外的公共建筑	规定性指标必须全部满足规范要求
工业建筑	《工业建筑节能设计统一标准》(GB51245-2017)	一类	以供暖、空调方式调节室内环境	通过围护结构保温隔热和暖通系统的节能设计降低采暖和空调能耗，控制体形系数不超标
		二类	以自然或机械通风的方式调节室内环境	通过自然通风和机械通风系统节能设计来降低通风能耗

2.2.3 规范版本更新

随着国家生产力的发展、社会的进步、人民群众对生活品质的美好追求，技术规范也处于动态更迭过程中，当前常说的“居住建筑节能率 75%”“公共建筑节能率 72%”，都是在全国范围内宏观层面相对于上世纪 80 年代的全国整体建筑节能水平而言的，即：认为 80 年代的大多数工业与民用建筑没有进行节能专项设计，外围护不考虑保温隔热要求，正如大部分建成于 80 年代或更早的住宅和公共建筑，外墙面只有简单的水泥砂浆找平而没有保温层、屋面是导热系数较大的水泥膨胀蛭石、外窗是气密性很差的钢型材单层玻璃窗等。

在宏观层面，每次规范更新都带来设备能耗的下降和初次投入建造成本的增加，所以当某个房地产开发项目恰好位于新规范执行前后报建时，将面临报建的时间成本与经济成本的博弈，如果要赶在新规范执行之前报建，将会压缩方案优化和施工图设计的时间，如果不得已在新规范执行之后报建，则必然会增加项目初期的经济成本，对于一些分期开发的项目，因为报建延迟导致的经济成本大幅提升甚至可能导致整片项目分区的规划和建筑方案修改。从开发商的角度，首先会千方百计将法定报建日期（而不是实际报建日期）提前至新规范执行以前，例如：以旧区改造的土地出让证获得时间、以工程规划许可证的获得时间为最早可报建时间，与施工图审查、政府相关部门进行博弈，试图采用过期节能规范以获取较优的方案设计和降低建造成本。

一般来说，新旧规范转化会有一个过渡期，但该过渡期不体现于规范之中，而是由项目所在地的市一级政府根据勘察设计合同或者其他立项文件拟定的时间给予一定的执行宽限期，例如:《建筑节能与可再生能源利用通用规范》（GB55015-2021）的法定实施日期为 2022 年 4 月 1 日，考虑到实际情况，广东省中山市住房和城乡建设局在其政府网站上公开第“11442000007332710H/2022-00213”号文件，指出:“勘察设计合同签订时间在 2022 年 4 月 1 日前、2022 年 5 月 31 日（含）前送施工图审查的项目（以审图系统上时间为准），可仍沿用执行勘察设计合同签订时有效的工程建设强制性标准，鼓励按《建筑节能与可再生能源利用通用规范》（GB55015-2021）进行设计。勘察设计合同签订时间在 2022 年 4 月 1 日（含）以后的项目，应严格按《通用规范》进行设计和审查。”

[工程案例 2-1：江苏省地方标准的更新对居住建筑节能设计外围护结构选材及建造成本的影响]

江苏省镇江某多层园区，整个小区共 87 栋 4 层住宅以及 11 栋配套公共建筑，总住宅建筑面积（计容面积）约为 180000㎡，总投资约 6 亿元。节能设计标准由《江苏省地方标准《居住建筑热环境和节能设计标准》（DB32/J71-2014）更新为《居住建筑热环境和节能设计标准》（DB32/4066-2021），在 https://www.cost168.com/ 网站询价最新报价为 2019 年的价格，双玻一腔铝合金窗约 450 元 /㎡，三玻两腔铝合金窗约 1300

元 /m^2，35mm 厚 EPS 板为 90 元 /m^3，55mm 厚的 EPS 板为 110 元 /m^3，50mm 厚的 XPS 板为 460 元 /m^3，140mm 厚的 XPS 板为 750 元 /m^3。标准更新后，外围护结构的建造成本增量约 3680 万元，如果再考虑人工费、设备机械台班费和税费的增量，按照材料费增量占比约 70%，则建造成本增量为 5400 万元，如果再考虑 2019 年至 2022 年间的通货膨胀约为 1.2 倍，则建造成本增量达到 6400 万元，折合楼面单价增量约为 360 元 /m^2，对于销售单价约 15000 元 /m^2 的中端住宅区来说，成本增量约 2.4%，如果期望开发利润达到 15%，则成本增量将消耗掉 16% 的开发利润。

主要选材变化如下表所示，表中可以看出，《居住建筑热环境和节能设计标准》（DB32/4066-2021）更新对于外墙的影响相对较小（十万元级别），屋面次之（百万元级别），外窗影响最大（千万元级别），因为外窗传热系数 K 的限值从 2.4W/(m^2•K) 降低至 1.7W/(m^2•K)，降幅达到 30%。

但是从另一个角度看，物以稀为贵，随着国家低碳发展战略的逐步推进和创新制造工艺的发展，高性能外窗将日益普及，制造成本有望大幅下降至目前的双玻窗水平。因此，不能因为新规范刚执行时有若干个住区开发成本增量较大，就否认节能减排的长远战略，也不能就此认为开发项目的成本增量维持高位不变，随着时间的推移和技术进步，三玻两腔外窗的制造成本必然会大幅下降。

表2.2-3 江苏省镇江某多层园区执行新规范后的外围护成本增量估算表

部位	《DGJ32/J71-2014》被动系列一，节能率 65%	总面积（m^2）	总体积（m^3）	成本估算（万元）	《DG32/4066-2021》5 层及以下分散供暖，节能率 75%	总体积（m^3）	成本估算（万元）
外墙外保温	煤矸石主墙体+(35mm) 厚 EPS 板（033 级）及岩棉条防火隔离带	115500（不含窗洞）	4000	36	煤矸石主墙体+(55mm) 厚 EPS 板（033 级）及岩棉条防火隔离带	6400	70
屋面	50mm 厚挤塑聚苯板（XPS）及泡沫玻璃防火隔离带	54000	2700	124	140mm 厚挤塑聚苯板（XPS）及泡沫玻璃防火隔离带	7600	570
外窗	双玻一腔，断热铝合金 6 高透 Low-E+12Ar+6，传热系数 K=2.4W/(m^2•K)，气密性 6 级	38000		1700	三玻两腔，隔热铝合金 5+19Ar（百叶）+5+12Ar+5，传热系数 K=1.7W/(m^2•K)，气密性 7 级		4900
合计		《苏居标 2014》		1860	《苏居标 2021》		5540

［工程案例 2-2：《建筑节能与可再生能源利用通用规范》（GB55015-2021）对江苏省居住建筑坡屋面和外墙面加权平均传热系数计算的影响］

江苏省镇江某多层园区，该住宅设计为多坡屋面，为了兼顾日照的影响，南向坡角为 50 度，北向坡角为 35 度。对于南向坡屋面，在斯维尔软件中，按照江苏省地方标准《居住建筑热环境和节能设计标准》（DB32/4066-2021）（以下简称《苏居标2021》）与按照《建筑节能与可再生能源利用通用规范》（GB55015-2021）（以下简称《通用标 2021》）的计算结果不同：一般情况下屋面的传热系数限值低于墙面（如：$K_{屋} \leqslant 0.40$W/（m^2•K），$K_{外墙} \leqslant 0.60$W/（m^2•K）），《苏居标 2021》坡屋面参与“屋面”的加权平均计算，在《通用标 2021》的坡屋面则参与“墙面”的加权平均计算，相当于考虑大倾角屋面对外墙的有利作用。

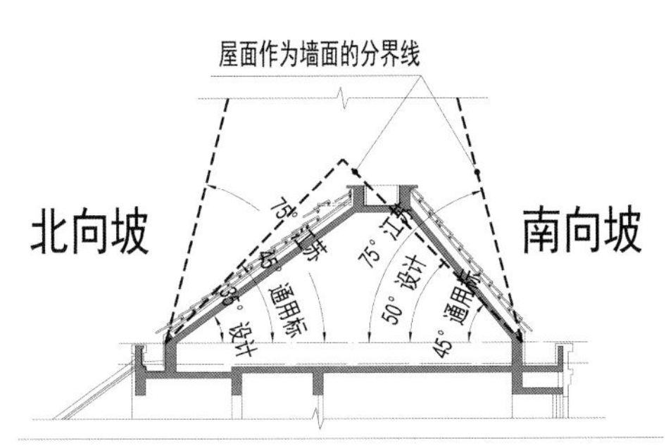

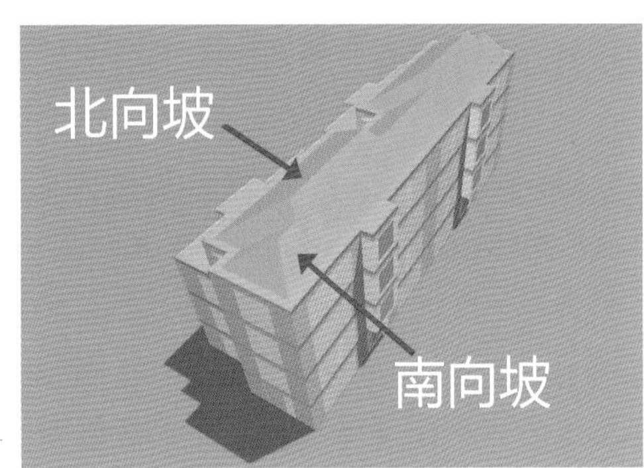

图2.2-4 江苏镇江某项目坡屋顶剖面及不同规范的规定

但是，《苏居标 2021》和《通用标 2021》中均未见关于屋面坡度归属的计算要求，经咨询绿建斯维尔公司，在软件开发时，经向地方主管部门咨询，江苏地区的项目在采用《苏居标 2021》计算时，参照深圳经济特区技术规范《公共建筑节能设计规范》（SJG 44-2018）（以下简称《深圳公建标 2018》）的规定，坡屋面以 75 度为分界确定其计算归属，该标准第 4.1.8 条规定：“当坡屋顶的坡度（坡屋顶所在平面与水平面的夹角）小于等于 75° 时，坡屋顶以实际面积按平屋顶计算与处理，同时坡屋顶上同坡度的天窗也按水平天窗计算与处理。当坡度超过 75° 时，坡屋顶按对应朝向的立面外墙计算与处理，同时坡屋顶上的天窗相应按立面外窗计算与处理。”

而江苏地区的项目在采用《通用标 2021》计算时，则参照北京市地方标准《公共建筑节能设计标准》（DB 11-687-2015）判别坡屋面归属，该标准第 A.1.8 条规定：“建筑物水平面和立面应如下确定：坡屋面与水平面的夹角大于等于 45° 时按外墙计，小于 45° 时按屋面计。”

究其原因，主要是考虑到《通用标 2021》的主编部门为中国住房和城乡建设部，以北京地区的专家为主，故采用北京地区的标准作为参考；《苏居标 2021》的主编部门为江苏省建筑科学研究院，偏于严格，仅当坡度很大时，才将屋面视为墙面，但《苏居标 2021》并未给出坡度限值，地方标准暂时只有《深圳公建标 2018》有明文规定，故采用该要求。

上述国家规范与地方规范算法不一致的问题，会导致关键参数与概念设计不协调、难以比较，采用两本规范计算的屋面和墙面加权计算的面积完全不同，无法直接进行包络设计或者选材方案优化。有两种解决问题的途径：

1. 修改节能分析模型，将 50° 坡屋面改为 44° 进行统一计算，则两个软件的围护结构计算面积相同，结果具有可比性，但是屋面面积略大、外墙面积不变，总体偏于不利，也是本项目笔者所采用的解决方法。该方法的优势在于方便切换不同标准直接对比计算，而不需要复杂的等效换算，且满足包络设计的要求

2. 不修改节能分析模型，维持南向 50° 坡屋面对两个标准分别计算，屋面 K 值基本相同，但是外墙 K 值需要人工判别计算结果，当屋面设计 K 值小于外墙的设计 K 值时，《苏居标 2021》外墙 K 值算法不考虑屋面，偏于不利，外墙 K 值应取《苏居标 2021》的计算结果，当屋面设计 K 值大于外墙的设计 K 值时，《通用标 2021》外墙 K 值算法考虑屋面，偏于不利，外墙 K 值应取《通用标 2021》的计算结果。

在其他条件参数均不改变，仅修改屋面坡度时，上述两种处理方法的计算结果如下表所示，可见，对于坡度大于 45° 的坡屋面，当其参与外墙加权平均传热系数时，屋面总体传热系数没有太大改变或略微变差，但是外墙的加权平均传热系数得到了明显的改善，降低了约（0.74-0.59）/0.74 ≈ 20%，如果按照《通用标 2021》考虑屋面对于外墙的大幅改善，将导致减薄外墙保温，大概率不能满足《苏居标 2021》的要求（当前外墙 K 值为：设计 0.58W/（m^2 • K）＜限值 0.60W/（m^2 • K），已经很接近）。

表2.2-4 江苏镇江某住宅项目屋面建模方式差异对计算参数的影响

<table>
<tr><th rowspan="2">类别</th><th rowspan="2">坡屋面或外墙面做法</th><th rowspan="2">选用标准</th><th rowspan="2">南向屋面坡度（°）</th><th rowspan="2">屋面或墙面总面积（m^2）</th><th colspan="2">其中</th><th rowspan="2">屋面或外墙加权平均 K 值 W/（m^2•K）</th><th rowspan="2">规范规定 K 值上限 W/（m^2•K）</th><th rowspan="2">设计综合权衡采暖空调耗电量（KWh/m^2）</th></tr>
<tr><th>坡屋面面积（m^2）</th><th>平屋面面积（m^2）</th></tr>
<tr><td rowspan="4">屋面</td><td rowspan="4">挤塑聚苯板（XPS）140mm＋钢筋混凝土 160mm</td><td rowspan="2">《苏居标 2021》</td><td>50</td><td>409</td><td>257</td><td>152</td><td>0.29</td><td rowspan="2">≤ 0.30</td><td>24.39</td></tr>
<tr><td>44</td><td>397</td><td>245</td><td>152</td><td>0.29</td><td>24.37</td></tr>
<tr><td rowspan="2">《通用标 2021》</td><td>50</td><td>279</td><td>126</td><td>153</td><td>0.31</td><td rowspan="2">≤ 0.40</td><td>19.61</td></tr>
<tr><td>44</td><td>397</td><td>245</td><td>152</td><td>0.29</td><td>19.93</td></tr>
<tr><td rowspan="4">南向墙面</td><td rowspan="4">EPS 板 55mm＋水泥砂浆 20mm＋蒸压加气混凝土砌块/钢筋混凝土 200mm</td><td rowspan="2">《苏居标 2021》</td><td>50</td><td>215</td><td>0</td><td>0</td><td>0.58</td><td rowspan="2">≤ 0.60</td><td rowspan="4">（同屋面）</td></tr>
<tr><td>44</td><td>215</td><td>0</td><td>0</td><td>0.58</td></tr>
<tr><td rowspan="2">《通用标 2021》</td><td>50</td><td>310</td><td>95</td><td>0</td><td>0.59</td><td rowspan="2">≤ 1.00</td></tr>
<tr><td>44</td><td>215</td><td>0</td><td>0</td><td>0.74</td></tr>
</table>

上述两种处理方法的优缺点如下：

表2.2-5 江苏镇江某住宅项目不同处理方式的优缺点比较

处理方法分类	将 50°坡屋面改为 44°进行统一计算	维持南向 50°坡屋面对两个标准分别计算
优点	侧重于概念设计，两个计算模型的外墙、屋面总面积完全相同，能直接切换标准计算，可比性强。	有规范依据，且采用了相对保守的算法，设计与分析模型一致。
缺点	无规范依据，分析模型与实际情况略有差异（屋面面积误差在5%以内）。	分析操作复杂，需要补充说明包络设计算法，不利于项目长期维护。
本工程最终采用方法	√	—

笔者从概念设计出发，经过测算后认为：（409-397）/409=3% 的屋面面积误差和权衡计算采暖空调耗电量 0.02KWh/m^2 的误差，均处于可接受的范围内，不会影响屋面综合 K 值的加权平均计算结果和其他外围护材料选择参数，再从项目的长期维护和计算的可识别性、可比性考虑，选用了修改分析模型的方法。上述案例也说明了概念设计的重要性，当遇到计算机无法完全模拟现实世界的时候，工程师们需要掌握能在多大的允许范围内合理地简化分析模型、并取得相对经济的设计成果。

此外，值得注意的是：当项目所在地不是江苏省，而是其他省份、不同气候区时，还需具体问题具体分析，不能机械套用上述结论，因为有些地区没有地方标准，而是执行国家标准，此时就不能机械地简化分析模型，而要回归初心，预判屋面作为墙面计算的有利与不利因素，再结合当地的气候条件、施工图审查的地方要求等因素综合考虑后再处理。

[工程案例 2-3:《建筑节能与可再生能源利用通用规范》（GB55015-2021）更新对公共建筑节能设计的影响]

江苏省镇江市某幼儿园在 2021 年 12 月开始设计时，采用《公共建筑节能设计标准》（GB50189-2015）进行设计（以下简称“《公建标 2015》”），至 2022 年 4 月报送审图，审图意见要求按照《通用标 2021》提高外围护结构性能。一般来说，除非采用中低透光 Low-E 玻璃，否则窗的自身遮阳很难达到规定性指标的要求，因而需要在设置活动遮阳的前提下进入权衡判断。由此带来另一个问题：按照《江苏省民用建筑施工图绿色设计文件编制深度规定（2021 版）》（以下简称“《苏绿建 2021》”）第 2.4.6 条，遮阳、传热系数不能同时不满足规定性指标的要求。南向窗墙比为 0.54，原设计的隔热金属多腔密封窗框系列外窗的最低传热系数为 $K_{整窗}$=2.20W/（m^2•K），如果结合《通用标 2021》表 3.1.10-4 的规定性指标要求，该窗墙比区间的最高传热系数不能超过 2.10W/（m^2•K），于是，南向外窗的传热系数和太阳得热系数都不满足《苏绿建 2021》的要求，不能进入权衡计算。如下表所示：

表2.2-6 《通用标2021》更新前后对该项目外窗的影响

参数	《公建标 2015》的选型构造	《公建标2015》规定性指标计值 [W/(m²•K)]	《公建标2015》规定性指标上限值 [W/(m²•K)]	按《通用标 2021》的选型构造	《通用标2021》规定性指标设计值 [W/(m²•K)]	《通用标2021》规定性指标上限值 [W/(m²•K)]	《通用标2021》可权衡判断上限值 [W/(m²•K)]
整窗传热系数 K[W/(m²•K)]	隔热金属多腔密封窗框 6 高透光 Low-E+12 氩气 +6 透明	2.20	≤ 2.20	隔热金属多腔密封窗框 6 高透光 Low-E+12 氩气或 19 氩气内置遮阳百叶 +6 透明	2.20	≤ 2.10	≤ 2.20
太阳的热系数 SHGC	无外遮阳	0.44	≤ 0.35	部分中置活动卷帘遮阳	0.44	≤ 0.35	不限制

该问题有 3 个解决方案：

1. 提高外窗自身要求，将隔热金属多腔密封窗框改为塑料窗框，玻璃维持“6 高透光 Low-E+12 空气 +6 透明”不变，因为铝合金双玻窗达不到整窗 K=2.2W/（m²•K），按照江苏省《居住建筑标准化外窗系统应用技术规程》（DGJ32/J157-2017），塑料窗框配合充氩气和高性能暖边条，整窗 K 值最低可以达到 1.90W/（m²•K），可以满足《苏绿建 2021》进入权衡计算的基本要求。

2. 提高外窗自身要求，全部南向活动室外窗设置中置遮阳，令南向太阳得热系数全部满足 SHGC ≤ 0.35 的要求，也可进入权衡计算。

3. 维持外窗为“隔热金属多腔密封”及整窗 K 值 2.20W/（m²•K）不变，且南向外窗不必满足 SHGC ≤ 0.35 的要求，仍应能进入权衡计算。理由如下：

按照苏建科［2021］146 号文件，《江苏省民用建筑施工图绿色设计文件编制深度规定（2021 版）》实施于 2021 年 12 月 1 日，其中的规范依据基础是《公共建筑节能设计标准 GB50189-2015》表格 3.3.1-4，当窗墙比为 0.5 ～ 0.6 时，整窗传热系数 K 的规定性指标上限为 2.20W/（m²•K）。

《通用标 2021》实施于 2022 年 4 月 1 日，废止了《GB50189-2015》第 3.3.1 条，同时代之以表 3.1.10-4，下调了整窗传热系数 K 的规定性指标上限至 2.10W/（m²•K）。

此处的关键在于，《苏绿建 2021》所指的“规定性指标”，是索引到《公建标 2015》的 K ≤ 2.20W/（m²•K）还是《通用标 2021》的 K ≤ 2.10W/（m²•K）。从规范执行的时间来看，《苏绿建 2021》在《通用标 2021》准实施之前实行，因此其第 2.4.6-5 条可以沿用《公建标 2015》的 K 限值 2.2W/（m²•K），且该 K 值也恰好满足《通用标 2021》附录表 C.0.1-2 权衡计算的基本要求。

如果上述判断是正确的，最后还有一个问题需要测试：分析计算软件是怎样考虑的？是否支持在整窗 K=2.20W/（m²•K）和 SHGC 超标时进入权衡计算？按照绿建斯维尔软件 BECS2023（20220401 版），当整窗 K=2.20W/（m^2•K）时，规定性指标不满足《通用标 2021》3.1.10-4 的要求；但是进入权衡计算的基本条件判别时，采用的是《通用标 2021》附录 C.0.1 条 K ≤ 2.20W/（m^2•K），而不是《通用标 2021》3.1.10-4 条的 K ≤ 2.10W/（m^2•K），即：默认《苏绿建 2021》所指的“规定性指标”，是索引到《公建标 2015》的 K ≤ 2.20W/（m^2•K），等效于《通用标 2021》附录 C.0.1 条，计算软件允许进入权衡计算，印证了笔者的观点。如下表所示的是该项目在规定性指标判别和权衡计算基本要求判别的计算结果（关键看“标准要求”一列）。

表2.2-7 规定性指标检查结果，南向外窗总体热工性能

朝向	立面	面积	传热系数	综合太阳得热系数	窗墙比	标准要求	结论
南向	南—默认立面	229.08	2.20	0.38	0.54	K ≤ 2.10, SHGC ≤ 0.30	不满足
标准依据	《建筑节能与可再生能源利用通用规范》GB55015-2021 第 3.1.10 条						
标准要求	外窗传热系数和综合太阳得热系数满足表 3.1.10-4 的要求						
结论	不满足						

表2.2-8 权衡计算基本条件判别，南向外窗总体热工性能

朝向	立面	面积	传热系数	综合太阳得热系数	窗墙比	标准要求	结论
南向	南—默认立面	229.08	2.20	0.38	0.54	K ≤ 2.20, SHGC ≤ 0.40	满足
标准依据	《建筑节能与可再生能源利用通用规范》GB55015-2021 附录 C.0.1 条						
标准要求	外窗传热系数应满足表 C.0.1-1、C.0.1-2 的要求						
结论	满足						

上述工程案例也说明另一个问题：当规范之间的相互索引关系比较复杂时，特别是涉及时间参数和先后执行顺序的情况下，有时仅靠工程师个人的推理是未必完善的，还需要借助分析软件进行辅助判别，因为分析软件的背后是一群工程师经过讨论和征询地方技术管理部门后得到的结果（参见第 6.2.1 小节“蜂群思维”），然后用编程的方式实现出来，在遇到模棱两可的规范条文时，有时偏于严格，有时偏于宽松。在此，笔者建议是：以软件分析结果为主，结合概念设计对模型留有一定的富余度，而不推荐手动修改软件生成的计算书或者特意设置某些“辅助参数”来达到计算目的，因为这样做将导致模型的可识别度变差、后期维护困难，且也未必正确地拟合概念设计。参见第 4.3 节“概念设计的等效原则和方法”

[工程案例 2-4:《建筑节能与可再生能源利用通用规范》(GB55015-2021) 对寒冷地区公共建筑和居住建筑节能设计的影响]

大连旅顺某园区配套公建项目，包括幼儿园、沿街商业等，位于寒冷 2A 气候区，报建的时间恰好在 2022 年 4 月 1 日前后，因而分别按照《公建标 2015》和《通用标

2021》进行了两次设计，《通用标2021》废止了《公建标2015》中的强制性条文，但同时提高了较多的要求，不能算作“搬运工”。以下是《通用标2021》执行前后的节能设计异同表，包括了软件使用、附加计算要求、围护结构限值变更等。

表2.2-9 《通用标2021》与《公建标2015》的关键指标对比

比较项目	《公共建筑节能设计标准》（GB50189-2015）	《建筑节能与可再生能源利用通用规范》（GB55015-2021）
01	可采用绿建斯维尔2020（20210101）版软件设计。	节能设计软件需要更新。 不能在2020版软件的基础上装补丁包，需要采用绿建斯维尔BECS2023（20220401）版进行设计。
02	第1.0.3条：条文说明，节能率约为65%。	第2.0.1条-3款：严寒和寒冷地区公共建筑平均节能率提高至72%
03	无需进行碳排放计算。	第2.0.3条：新建居住和公共建筑的碳排放强度分别在2016年执行的节能设计标准基础上平均降低40%，碳排放强度平均降低7kgCO$_2$/(m^2.a)以上。第2.0.5条：建议提供“碳排放计算书”，但不要求与相应限值比较。
04	设计变更方向不限制。。	第2.0.7条：当工程设计变更时，建筑节能性能不得降低。
05	第3.2.1条：体形系数限值	第3.1.3条：限值相同，但是按照条文说明，甲类公共建筑体形系数必须满足，否则不能权衡计算
06	第3.2.7条：屋顶透光部分占比	第3.1.6条：限值相同，但是按照条文说明，甲类公共建筑屋顶透光部分面积占比必须满足，否则不能权衡计算
07	表3.3.1-3 甲类公共建筑围护结构指标限值，寒冷地区，	第3.1.10条-3款：寒冷地区， * 屋面的K限值严格0.05W/(m^2•K) * 非供暖楼梯间与供暖房间之间的隔墙的K限值严格0.3W/(m^2•K) * 单一立面外窗的K限值按照窗墙比区间的不同而严格0.1～0.5W(/m^2•K)，太阳得热系数SHGC限值按照窗墙比区间的不同而严格0.03～0.08 * 屋顶透光部分太阳得热系数SHGC限值严格0～0.09 * 供暖、空调地下室的外墙（与土壤接触的墙）的热阻严格0.30
08	第3.3.2条 乙类公共建筑围护结构指标限值，寒冷地区	第3.1.11条：屋顶透光部分太阳得热系数SHGC限值严格0～0.04
09	第4.1.1条：暖通负荷计算	第3.2.1条：需要对“每个房间”进行负荷计算，暖通的精细化设计、计算可能会影响建筑围护结构选材。
10	第7.2.1条：“宜”充分利用太阳能，太阳能系统安装无强制要求	第5.2.1条：新建建筑应安装太阳能系统。

比较项目	《公共建筑节能设计标准》（GB50189-2015）	《建筑节能与可再生能源利用通用规范》（GB55015-2021）
11	附录 A.0.2：一般建筑，允许采用简化修正系数法计算外墙平均传热系数 K 值，即：Km=φ*KP	第 B.0.2 条：外墙、屋面的传热系数应为包括结构性热桥在内的平均传热系数。不再使用“面积加权平均法”和“简化修正系数法”，而改用“节点查表法”或“节点建模法”进行精细化设计。即：原本总体能耗分析模型和结露验算模型分别计算，现在则需要统筹考虑，将局部线性热桥的不利影响以附加传热系数的形式附加到总体模型的外墙传热系数 K 值中，导致原外墙加权平均传热系数 K_m 再放大 1.2 ～ 1.5 倍。 $$K_m = K + \frac{\Sigma \psi_j l_j}{A}$$
12	第 3.4.1 条：需要满足基本要求才能进入权衡计算，寒冷地区的太阳的热系数 SHGC 无限制	第 C.0.1 条：需要满足基本要求才能进入权衡计算， * 外墙严格 0.05W/(m^2•K)； * 屋面严格 0.15 ～ 0.20W/(m^2•K)； * 外窗按照体型系数差异，严格 0.2 ～ 1.0W/(m^2•K)；寒冷地区的太阳得热系数 SHGC 有上限
比较项目	《严寒和寒冷地区居住建筑节能设计标准（JGJ 26-2018）》	《建筑节能与可再生能源利用通用规范（GB55015-2021）》
01	第 4.1.4 条：窗墙面积比限值≤ 0.50	第 3.1.4 条：表格限值相同。每套住宅应允许一个房间在一个朝向上的窗墙面积比不大于 0.6。（笔者注：适当放宽，提高冬季得热）

［工程案例 2-5:《建筑节能与可再生能源利用通用规范》（GB55015-2021）与碳排放计算的数据搜集］

《通用标 2021》第 2.0.5 条提出需要进行建筑物碳排放计算，采用《建筑碳排放计算标准》（GB/T51366-2019），该标准给出了主要能源的碳排放因子、常用机械台班能源用量、建筑运输碳排放因子、建材碳排放因子等经验数据，以及各专业的能源用量的计算方法，需要在项目初始阶段进行资料建库工作，为后续计算提供数据来源。

表2.2-10 碳排放计算数据搜集及分析软件参数设置要点

比较项目	碳排放计算及数据搜集要点	绿建斯维尔碳排放计算软件 CEEB2023 的参数设置对话框示例
1	共性影响 1：碳排放计算是在建筑建成之前进行的建筑全生命周期的计算，所以，后期与施工、运行维护、拆除有关的碳排放数据，只能是按照工程经验和历史文献输入，与几十年后的实际碳排放量不可避免地存在偏差。	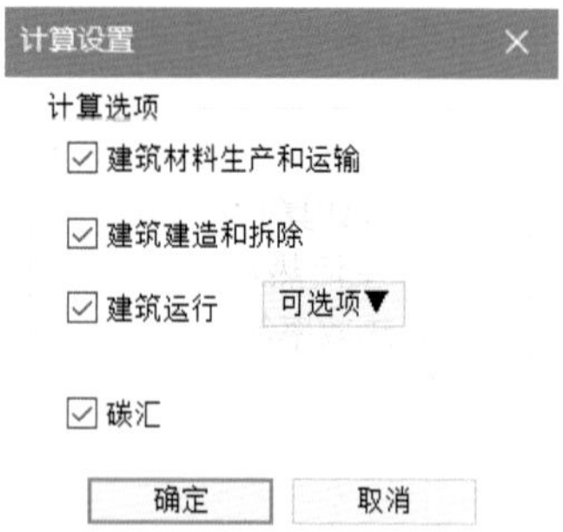 计算设置 计算选项 ☑建筑材料生产和运输 ☑建筑建造和拆除 ☑建筑运行 可选项▼ ☑碳汇 确定 取消
2	共性影响 2：碳排放计算是项目参见参与的设计，包括：甲方、施工单位、设计院多专业（建筑、结构、给排水、电气、暖通、景观等）。需要汇集多方的设计、建造数据，才能使计算结果相对接近于实际。其中的建筑耗材部分，得到材料用量后，乘以单位材料用量的碳排放指标，就得到该种材料的碳排放量。	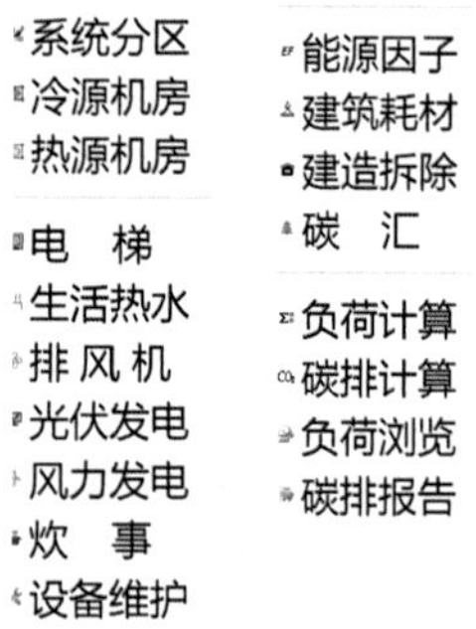 系统分区 冷源机房 热源机房 电 梯 生活热水 排风机 光伏发电 风力发电 炊 事 设备维护 能源因子 建筑耗材 建造拆除 碳 汇 负荷计算 碳排计算 负荷浏览 碳排报告
3	分专业需要提供的主要数据（建筑专业）： 1. 设计砖墙用量（m^3） 2. 设计保温材料用量（m^3）。例如：岩棉板、XPS、EPS 板、无机保温砂浆等 3. 设计窗用量（m^2） 4. 设计门用量（m^2） 5. 电梯、自动扶梯的用量、提升速度、额定载重量、设备维护次数等信息	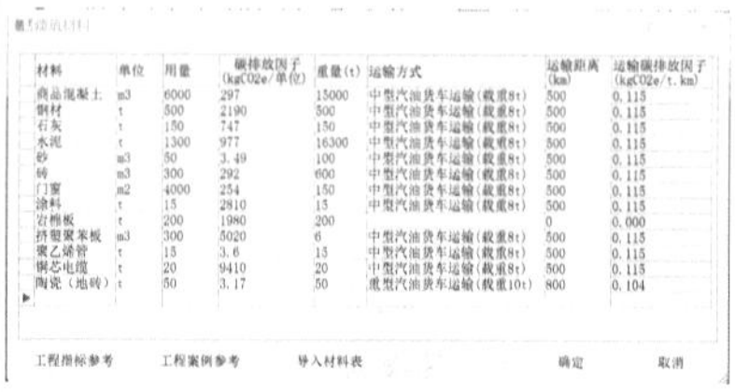 材料 / 单位 / 用量 / 碳排放因子(kgCO2e/单位) / 重量(t) / 运输方式 / 运输距离(km) / 运输碳排放因子(kgCO2e/t.km) 商品混凝土 m3 6000 297 15000 中型汽油货车运输(载重8t) 500 0.115 钢材 t 500 2190 500 中型汽油货车运输(载重8t) 500 0.115 石灰 t 150 747 150 中型汽油货车运输(载重8t) 500 0.115 水泥 t 1300 977 16300 中型汽油货车运输(载重8t) 500 0.115 砂 m3 50 3.49 100 中型汽油货车运输(载重8t) 500 0.115 砖 m3 300 292 600 中型汽油货车运输(载重8t) 500 0.115 门窗 m2 4000 254 150 中型汽油货车运输(载重8t) 500 0.115 涂料 t 15 2810 15 中型汽油货车运输(载重8t) 500 0.115 岩棉板 t 200 1980 200 0 0.000 挤塑聚苯板 m3 300 5020 6 中型汽油货车运输(载重8t) 500 0.115 聚乙烯管 t 15 3.6 15 中型汽油货车运输(载重8t) 500 0.115 铜芯电缆 t 20 9410 20 中型汽油货车运输(载重8t) 500 0.115 陶瓷（地砖） t 50 3.17 50 重型汽油货车运输(载重10t) 800 0.104 工程指标参考 工程案例参考 导入材料表 确定 取消
4	分专业需要提供的主要数据（结构专业）： 1. 设计混凝土用量（m^3） 2. 设计钢筋用量（m^3） 3. 设计钢材用量（t） 主要是作为结构构件的型钢	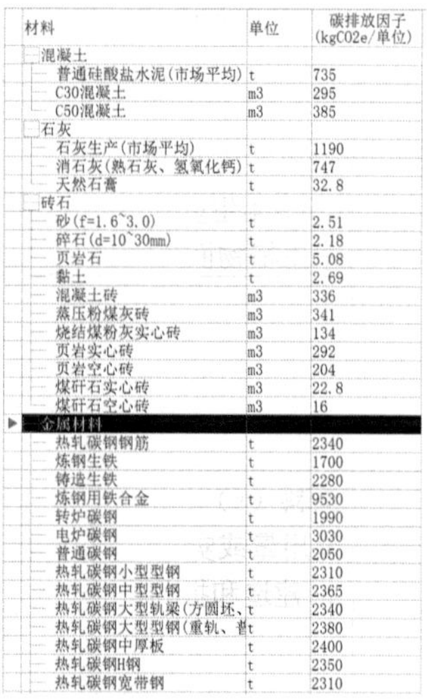 材料 / 单位 / 碳排放因子(kgCO2e/单位) 混凝土 普通硅酸盐水泥(市场平均) t 735 C30混凝土 m3 295 C50混凝土 m3 385 石灰 石灰生产(市场平均) t 1190 消石灰(熟石灰、氢氧化钙) t 747 天然石膏 t 32.8 砖石 砂(f=1.6~3.0) t 2.51 碎石(d=10~30mm) t 2.18 页岩石 t 5.08 黏土 t 2.69 混凝土砖 m3 336 蒸压粉煤灰砖 m3 341 烧结煤粉灰实心砖 m3 134 页岩实心砖 m3 292 页岩空心砖 m3 204 煤矸石实心砖 m3 22.8 煤矸石空心砖 m3 16 金属材料 热轧碳钢钢筋 t 2340 炼钢生铁 t 1700 铸造生铁 t 2280 炼钢用铁合金 t 9530 转炉碳钢 t 1990 电炉碳钢 t 3030 普通碳钢 t 2050 热轧碳钢小型型钢 t 2310 热轧碳钢中型型钢 t 2365 热轧碳钢大型轨梁(方圆坯、 t 2340 热轧碳钢大型型钢(重轨、普 t 2380 热轧碳钢中厚板 t 2400 热轧碳钢H钢 t 2350 热轧碳钢宽带钢 t 2310

续表

比较项目	碳排放计算及数据搜集要点	绿建斯维尔碳排放计算软件 CEEB2023 的参数设置对话框示例
5	分专业需要提供的主要数据（给排水专业）： 1. 设计给排水管用量（m） 2. 设计洁具用量（个），主要用于转化成陶瓷用量来计算碳排放量 3. 生活热水、太阳能系统的设计参数、运行天数、集热效率等	
6	分专业需要提供的主要数据（电气专业）： 1. 设计桥架用量（m） 2. 设计电缆用量（m） 3. 光伏发电的光伏板面积、系统效率运行时长等参数	
7	分专业需要提供的主要数据（暖通专业）： 1. 设计风管用量（按照截面周长和长度折算成面积 m^2），然后计算该种材料的重量及碳排放量 2. 暖通负荷计算相关的设备和计算参数。例如：控温期、系统分区、冷热源机房的设备选型、排风机台数、功率、运行时长等。 3. 炊事（燃气）指标或用量 4. 设备维护次数	
8	分专业需要提供的主要数据（景观专业，碳汇，负值，有利因素）： 设计各类植物的面积，包括： 1. 大小乔木、灌木、花草密植混种区面积 2. 阔叶大乔木面积 3. 阔叶小乔木、针叶乔木、疏叶乔木面积 4. 棕榈类面积 5. 密植灌木面积 6. 多年生蔓藤面积；草花花圃、自然野草、草坪、水生植物面积	
9	分单位需要提供的主要数据（施工单位）： 1. 预拌砂浆（t）、砂（t）、石（t）、石灰（t）、涂料（t）、陶瓷（m^2），例如地砖、墙砖等的估算用量或实际消耗量。 2. 建造和拆除所用的机械（能源种类、台班数等）	

2.2.4 关键参数的算法及应用

本小节主要阐述建筑节能率、导热系数λ、整窗传热系数K、整窗太阳得热系数SHGC、围护结构平壁的初始传热系数K、围护结构平壁的热阻R、线传热系数ψ共7个关键参数的算法和应用。梳理了规范中对某些参数较为晦涩的表达，补充计算图示及说明，以利于深入理解规范精神。

1. 建筑节能率的计算

建筑节能率（Building energy-saving ratio）在《建筑节能基本术语标准》（GB/T51140-2015）第2.0.3条及其条文说明中定义为：基准建筑年能耗与设计建筑年能耗的差占基准建筑年能耗的百分比。其中的基准建筑是指在中国在1980～1981年以地方的通用设计标准来建造的建筑作为比较能耗的基础，该建筑未曾采取当今的节能措施（例如：外墙保温设计、双玻窗、外遮阳等）。用公式表达为：

$$\text{设计建筑节能率} = 100\% - \frac{\text{设计建筑能耗}}{\text{80年代基准建筑能耗}}$$

$$= 100\% - \frac{\text{设计建筑能耗}}{\text{参照建筑能耗}/(1-\text{现行规范的目标节能率})}$$

其中：80年代基准建筑能耗=参照建筑能耗/(1-现行规范的目标节能率)

区别于基准建筑，在《建筑节能与可再生能源利用通用规范》（GB55015-2021）第C.0.3条定义的参照建筑，是指形状、大小、朝向、内部空间划分、使用功能与设计建筑完全一致的“孪生兄弟”，参照建筑的围护结构（外墙、屋顶、窗等）的材料参数取值即为所依据规范的“底线值”，也可以理解为某一地方规范的规定性指标的最差值。

基于一年8760个小时逐时负荷计算的权衡判断并不关心建筑物所处的年代是否为80年代，而会将同一个建筑物采用规范给定的围护结构指标计算能耗，用之与实际设计的围护结构的建筑能耗相比较，判断是否超限，所谓的“基准建筑”的能耗并未出现在能耗计算结果中，成为一个“隐形的数据”，在设计建筑和基准建筑之间起到桥梁作用的则是参照建筑，参照建筑是以当前规范的指标限值为输入参数，对于相同体型和内部空间分隔的建筑进行能耗计算，而此处“当前规范的指标限值”就是规范编制过程中，专家学者预估能达到相比80年代建筑节能率所需要采用的材料性能，也就是某个版本规范的“目标节能率”，当所有的指标都采用该版本规范的规定性指标的限值进行设计时，该建筑物的节能率就恰好是“目标节能率”，只要建筑物能耗低于参照建筑的能耗，就必然达到了规范标称的“目标节能率”，但是相对于80年代的基准建筑的具体的节能率是多少，还需要根据能耗计算的结果“反算”。

以上公式需要结合分析软件的输出结果进行理解，在 2016 年之前，PKPM 节能软件会在权衡计算的结果中输出能耗指标计算值、参考值和节能率，在 2016 年之后，一般不输出节能率，改为表达设计建筑与参照建筑的能耗相对大小。其实：如果该建筑的设计建筑能耗低于参照建筑能耗，就代表了该建筑的节能率肯定高于规范的“目标节能率”（例如 65% 或 75%），有的审图专家会要求设计院计算节能率的具体数值，笔者认为，如果不是为了绿色建筑评价等特别的要求，计算该节能率的具体数值意义不大，仅仅起到“心理安慰”的作用，因为“节能率”原本是全国范围内的大锅饭平均数，某栋建筑强制设计为其达到全国平均水平，要求偏高，既然节能率是全国平均水平，建筑单体来说就允许有高有低，否则全国平均节能率将更高。

［工程案例 2-6：江苏镇江某幼儿园的节能率计算］

该项目采用绿建斯维尔软件计算，未输出节能率，审图意见提出：需要参照早年 PKPM 的计算书来计算节能率指标。笔者采用手算补充说明的方式修改。具体步骤为：根据“综合权衡”算得的全年供暖和空调总耗电量（KWh/m^2），以及《建筑节能与可再生能源利用通用规范》（GB55015-2021）设定的公共建筑目标节能率为 72%，可算得该幼儿园相对于 80 年代建筑的静态节能率为：

$$100\%-\frac{\dfrac{\text{设计建筑能耗}}{\text{参照建筑能耗}}}{1-\text{现行规范的目标节能率}}=100\%-\frac{\dfrac{20.13}{21.27}}{1-72\%}=73.5\%$$

表2.2-11 江苏镇江某幼儿园能耗计算结果

指标	设计建筑	参照建筑
全年供暖和空调总耗电量（KWh/m^2）	20.13	21.27
供冷耗电量（KWh/m^2）	13.39	12.82
供热耗电量（KWh/m^2）	6.74	8.45
耗冷量（KWh/m^2）	46.87	44.87
耗热量（KWh/m^2）	15.43	19.33
标准依据	《建筑节能与可再生能源利用通用规范》（GB55015-2021）》附录 C.0.2 条	
标准要求	设计建筑的能耗不大于参照建筑的能耗	
结论	满足	

在《建筑节能与可再生能源利用通用规范》（GB55015-2021）第 2.0.1 和 2.0.2 条的条文说明中指出，随着我国建筑节能水平的提升，采用统一相对于 80 年代建筑的静态节能率的描述方式，提升的空间量化显示度将越来越小，在不久的将来，可能 5 年修订一次标准，提升的节能率也只是小于 1% 的量级，不利于观测，因此从科技工作的惯例，应及时转变量化描述的方式。《通用标 2021》的编制思想调整为与上一版节能设计标准的动态比较，对新建建筑节能水平的衡量是以 2016 年执行的建筑节能设计标准的节能水平为基准，在此基础上，居住建筑设计能耗再降低 30%，公共建筑能耗再降低 20%，作为执行该规范各项技术要求后全国范围建筑设计能耗的总体水平。

严格地说，节能率的概念属于全国建筑的宏观节能水平指标，中国幅员辽阔、地域差异明显，每栋建筑形态各异，因此，在进行具体的项目设计时，是通过设计建筑和参照建筑能耗的相对大小关系来判别是否满足要求，而不是强调节能率是 72.1% 还是 75.6% 等的具体数值。可以认为，如果每栋设计建筑在满足必要的基本条件（允许进入权衡计算的规定性指标要求）后，通过权衡计算得到的能耗都低于参照建筑的能耗，则全国范围内的节能水平就高于规范规定的底线，也就达到了规范编制的初衷。

2. 导热系数 λc 的算法及应用

规范的 λ 值是采用导热系数测定仪测得的正常使用条件下的实验值，一般需要乘以修正系数 α 之后才能用于节能计算。修正系数 α 定义是考虑了材料在温度、湿度、各种应力作用下的应变（如变形、开裂）以及材料导热系数随时间的变化等因素的修正参数，无量纲，一般为 1.0 ～ 1.5 之间。

实际工程中考虑了 α 修正的计算导热系数 λc=λ×α[W/(m•K)]，对于岩棉板、EPS 板等轻质材料，修正系数一般不同，在节能计算书中，不会出现“计算导热系数 λc”一列，而是分别列出 λ 和 α，该层材料的热阻 R=d(厚度)/λc=d(厚度)/(λ×α)。

表2.2-12 导热系数及其修正系数应用

材料名称 （由上到下）	厚度 δ (mm)	导热系数 λ W/(m•K)	蓄热系数 S W/(m^2•K)	修正系数 α	热阻 R (m^2•K）/W	热惰性指标 D=R*S
钢筋混凝土	50	1.740	17.060	1.00	0.029	0.490
挤塑聚苯板 (XPS)	100	0.030	0.540	1.25	2.667	1.800
页岩陶粒混凝土（ρ=1500)	30	0.770	9.391	1.00	0.039	0.366
钢筋混凝土	120	1.740	17.060	1.00	0.069	1.177
各层之和Σ	300	—	—	—	2.803	3.833
传热系数K=1/(0.15+ΣR)	0.34					

[工程案例 2-7：通过手算评估简单层次的构件传热系数 K]

江苏省地方标准《居住建筑热环境和节能设计标准》（DB32/4066-2021）第 5.2.4 条规定“通往室外的户门的传热系数 K 值应≤ 1.40W/（m^2•K)”，则该门是一扇普通的门还是一扇很好的门?

如果按材料分，用全玻璃材质为很好的“门”，若用内填保温材料的实体门则为普通的门。理由如下：

假设该门用岩棉填芯，岩棉的导热系数约为 0.048W/(m•K)，填芯厚度为 35mm，则门的非透明部分传热系数 K=0.048/0.035=1.37 ＜ 1.40W/(m^2•K)，可达到标准要求。此处因为岩棉被密封在门板之中，受到外界环境影响小到可以忽略不计，故修正系数 α=1.00，无修正，λc=λ×1=0.048W/(m•K)。

但是，采用大面积玻璃材质的节能门，节能计算时可以按照外窗建模，参照《居住建筑热环境和节能设计标准》（DB32/4066-2021）附录 C，当选用了其中最好的“隔热铝合金－三玻两腔 -5 高透 Low-E+12Ar+5+12Ar+5（暖边）” 的整窗传热系数也仅为 1.6W/(m²•K)>1.4W/(m²•K)，超标。

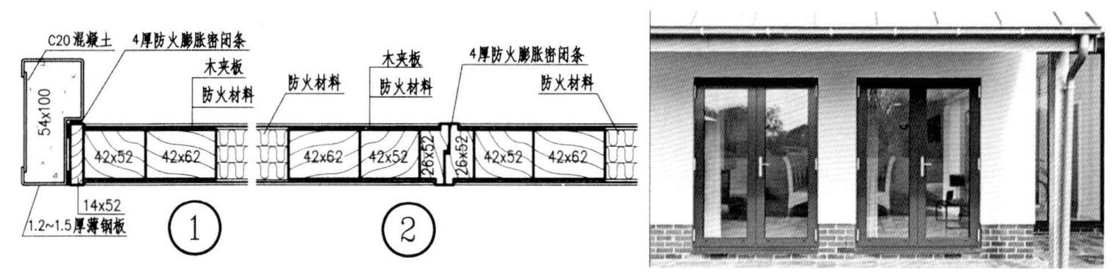

图2.2-5 左图：《12J609防火门窗》木夹板防火门；右图：玻璃外门

所以，规范对该类保温材料填芯的实体门则控制其透明部分（薄弱部位）不应低于外窗的要求。

3. 整窗传热系数 K 的精确算法

外窗选型的其中一个关键参数是整窗传热系数 K 值，其选型难点在于：国家规范和地方标准的材料参数不完全一致，需要相互比对才能正确选材。考虑到全国范围内的门窗产品众多，厂家的工艺水平参差不齐，所以国家标准只给出一部分最常用的整窗参数，《民用建筑热工设计规范》（GB50176-2016）的 C.5.3 条共计给出了 94 种最常用的典型玻璃配合不同窗框、且在典型窗框面积比的情况下的整窗传热系数 K 值，但其中有 39 种单片玻璃以及 20 种非隔热型材及 K ＞ 2.4W/（m²•K）的窗型，该 59 种窗型在实际工程中基本不会用到，仅剩余 35 种可选的整窗传热系数 K 值可以实际用于项目设计，数量偏少，且缺少三玻窗的整窗传热系数可查。因此，在遇到选用三玻窗或者其他类型组合外窗时，可根据《建筑门窗玻璃幕墙热工计算规程》（JGJ/T151-2008）第 3.3.1 条来精确计算整窗传热系数，具体的公式如下，式中各参数的含义参见以下工程案例。

$$Ut = \frac{\sum Ag * Ug + \sum Af * Uf + \sum L\psi * \psi}{At}$$

［工程案例 2-8：外窗传热系数 K 值的精确计算并与地方标准的整窗参数对比］

A 项目：某辽宁大连园区项目，由于国家标准暂无三玻整窗的参数，采用《建筑门窗玻璃幕墙热工计算规程》（JGJ/T151-2008）进行精确计算，对于窗洞尺寸为 2700mm×1800mm 的外窗，各参数取值及其依据见下表，计算得到整窗 K=1.81W/(m²•K)，精确计算的 K 值与窗的面积大小有关，在同样的玻璃面积占比（例如：70%）情况下，窗面积越小，则 K 值越大、越不利，例如：对于窗洞尺寸为 600mm*1200mm 的外窗，按照上述公式精算的整窗 K 值为 1.99W/（m²•K）。

对比辽宁省地方标准《居住建筑节能设计标准》（DB21/T2885-2017）附录表 D.0.4-1，塑料型材（四腔 65 系列）5+15A+5 高透光 Low-E 的整窗传热系数 K=2.1W/（m²•K）＞ 1.99W/（m²•K）（精算）＞ 1.81W/（m²•K）（精算），可见，该规程所给的整窗传热系数是偏于保守的，可以包络比较宽的窗洞尺寸区间，且考虑了生产工艺的不确定性，比精算的理论值放大 1.05 ～ 1.1 倍，与工程界常规的 5% ～ 10% 安全储备的设计概念不谋而合。

表2.2-13 辽宁大连某高层住宅双玻一腔外窗传热系数K值精确计算

参数	含义	单位	取值	备注
A_g	窗玻璃面积	m^2	3.40	按玻璃占比计算
A_f	窗框面积	m^2	1.46	按（1- 玻璃占比）计算
A_t	整窗洞口面积	m^2	4.86	典型窗洞口面积 LC2718=2.7m×1.8m
P	窗洞周长	m	9.00	P=2×（2.7+1.8）
b_f	窗框折算宽度	m	0.16	近似用“窗框面积 Af/ 窗洞周长 P”消除多算的 4 个边角
L_ψ	玻璃区域（或者其他镶嵌板区域）的边缘长度	m	8.35	窗玻璃镶嵌周长 =2×[$(L-b_f)+(B-b_f)$]
U_g	窗玻璃（或者其他镶嵌板区域）的传热系数	W/（m^2•K）	1.80	来源：辽宁省地方标准《居住建筑节能设计标准》（DB21/T2885-2017）A.0.4，参照 5+15A+5 高透光 Low-E
U_f	窗框的传热系数	W/（m^2•K）	1.50	来源：辽宁省地方标准《民用建筑门窗技术规程》（DB21/T3113-2019）A.0.5-1 塑料四腔（65）
ψ	窗框和窗玻璃（或者其他镶嵌板之间）的线传热系数	W/（m•K）	0.06	来源：辽宁省地方标准《民用建筑门窗技术规程》（DB21/T3113-2019）A.0.6 或者《建筑门窗玻璃幕墙热工计算规程》（JGJ/T151-2008）附录表 B.0.3，镀膜玻璃 - 塑料窗框
A_g/A_t	窗玻璃 Ag 面积占整窗面积比	无量纲	0.70	PVC 塑料外窗
整窗 U_t（即 K 值）		W/（m^2•K）	1.81	对比辽宁省地方标准《居住建筑节能设计标准》（DB21/T2885-2017）表 D.0.4-1“65 系列平开塑料窗（4 腔）5+15A+5 高透光”，整窗 U_t=2.10W/（m^2•K）

B 项目：某江苏镇江园区项目，由于国家标准暂无三玻整窗的参数，采用《建筑门窗玻璃幕墙热工计算规程》（JGJ/T151-2008）以及《民用建筑热工设计规范》（GB50176-2016）进行精确计算，对于窗洞尺寸为 2700mm×1800mm 的外窗，各参数取值及其依据见下表，计算得到整窗 K=1.56 ～ 1.74W/（m^2•K），类似的，江苏省地方标准《居住建筑热环境和节能设计标准》（DB32/4066-2021）附录表 C 序号 19 项次“65 系列平开塑料窗（5 腔）5Low-E+12A+5+12A+5 暖边”，整窗 K=1.80W/（m^2•K），同样比精算的理论值放大 1.03 ～ 1.15 倍。

表2.2-14 江苏镇江某多层住宅三玻两腔外窗传热系数K值精确计算

参数	含义	单位	取值	备注
A_g	窗玻璃面积	m^2	3.40	按玻璃占比计算
A_f	窗框面积	m^2	1.46	按（1- 玻璃占比）计算
A_t	整窗洞口面积	m^2	4.86	典型窗洞口面积 LC2718=2.7m*1.8m
P	窗洞周长	m	9.00	P=2×（2.7+1.8）
b_f	窗框折算宽度	m	0.16	近似用“窗框面积 A_f/ 窗洞周长 P”消除多算的 4 个边角
$L_ψ$	玻璃区域（或者其他镶嵌板区域）的边缘长度	m	8.35	窗玻璃镶嵌周长 =2×[(L-b_f)+(B-b_f)]
U_g	窗玻璃（或者其他镶嵌板区域）的传热系数	W/(m^2•K)	1.80	《民用建筑热工设计规范》（GB50176-2016）C.5.3-3 三玻 6 高透光 Low-E+12 空气 +6 透明 +12 空气 +6 透明
U_f	窗框的传热系数	W/(m^2•K)	1.50	《建筑门窗玻璃幕墙热工计算规程》（JGJ/T151-2008）附录表 B.0.2 塑料三腔、无金属加强筋
ψ	窗框和窗玻璃（或者其他镶嵌板之间）的线传热系数	W/（m•K）	0.06	《建筑门窗玻璃幕墙热工计算规程》（JGJ/T151-2008）附录表 B.0.3，镀膜玻璃 - 塑料窗框
A_g/A_t	窗玻璃 Ag 面积占整窗面积比	无量纲	0.70	PVC 塑料外窗
整窗 U_t（即 K 值）		W/(m^2•K)	1.56	对比江苏省地方标准《居住建筑热环境和节能设计标准》（DB32/4066-2021）附表 C 序号 19 项次“65 系列平开塑料窗（5 腔）5Low-E+12A+5+12A+5 暖边”，整窗 U_t=1.80 W/（m^2•K）

4. 整窗太阳得热系数 SHGC 的精确算法

外窗选型的另一个关键参数是整窗遮阳系数 SC 值或者太阳得热系数 SHGC 值的确定，其难点在于：国家规范和地方标准的材料参数不完全一致，且在输入电算参数时需要根据相关标准进行换算，有的标准给出的是玻璃遮阳系数 SC 值，有的标准则给出的是太阳得热系数 SHGC 值。一般情况下，公共建筑统一用 SHGC 值计算太阳辐射的影响，而居住建筑就不一而足，不同地方规范尚未对此达成共识（参见 1.1.2 节“关键参数及其含义”），因而在计算居住建筑时，有时需要将 SC 值换算成 SHGC 值。但是，当地方规范没有给出某些玻璃型号的 SC 值时，就需要利用《民用建筑热工设计规范》（GB50176-2016）第 C.7 条的公式进行精确计算，同时将计算结果与相接近的选型比较，从概念上保证其合理性。

如果地方标准没有给出同型号的整窗 SHGC 值，也可参照《近零能耗建筑技术标准》（GB/T51350-2019）①（以下简称《近零标 2019》）附录 D 中的整窗 SHGC 取值进行

① 中国建筑科学研究院有限公司. 近零能耗建筑技术标准:GB/T51350—2019[S]. 北京：中国建筑工业出版社 ,2019.

比对。《近零标 2019》附录 D 给出的 SHGC 值是一个区间，而不是一个固定的值，表示考虑了外窗在实际生产过程中的性能浮动，需注意，该标准同时给出了整窗传热系数 K 的取值区间，且变化趋势与 SHGC 值相同，较小的 K 值对应较小的 SHGC 值，如果选用该标准进行比对，则需同时考虑传热系数 K 值的一致性，否则比对的参考价值降低。

[工程案例 2-9：江苏南京某办公楼项目选用三玻两腔外窗的 SHGC 数值计算]

该办公楼设计时执行《民用建筑热工设计规范》（GB50176-2016）（以下简称《热工标 2016》）和《公共建筑节能设计标准》（GB50189-2015）（以下简称《公建标 2015》），出于隔声要求，需采用“隔热铝合金型材 6 高透光 Low-E+12A+6+12A+6”三玻两腔外窗，但是《公建标 2015》没有给出外窗的推荐取值参数，而《热工标 2016》的附录 C.5.3 仅给出三玻中空玻璃的太阳辐射总透射比 g_g 值和玻璃中部传热系数 Kg 值，没有直接给出整窗的 SHGC 值，故必须进行精确计算并与《近零标 2019》的取值进行比对，从概念上保证其生产实现的可能性。

《热工标 2016》的附录 C.7 条的计算公式为：

$$SHGC = \frac{\sum g_g * A_g + \sum \rho_s * \frac{K}{\alpha_e} * A_f}{A_w}$$

表2.2-15 江苏南京某办公楼三玻两腔外窗太阳得热系数SHGC值的精确计算

参数	单位	选型	取值	含义
g_g	（无量纲）	6 高透光 Low-E+12A+6+12A+6	0.42	门窗、幕墙的透光部分的太阳辐射总透射比，应按照现行国家标准《建筑玻璃可见光透射比、太阳光直接透射比、太阳能总透射比、紫外线透射比及有关窗玻璃参数的测定》GB/T2680-2021 的规定计算。典型玻璃系统的太阳能辐射总透射比可按《热工标 2016》附录表 C.5.3-3 的取值。
ρ_s	（无量纲）	抛光铝	0.12	门窗、幕墙中非透光部分的太阳辐射吸收系数。见《热工标 2016》附录 B5 条
K_f	W/（m^2•K）	隔热金属型材	5.00	门窗、幕墙中非透光部分的传热系数。见《热工标 2016》附录 C.5.3-1 条及附录 C.5.3-2 条
α_e	W/（m^2•K）	按外墙	19.00	外表面对流换热系数。见《热工标 2016》附录 B.4.1-2 条
A_g	m^2	玻璃占 80%	0.80	门窗、幕墙中透光部分面积。见《热工标 2016》附录 C.5.3-1 条

续表

参数	单位	选型	取值	含义
A_f	m^2	窗框占 20%	0.20	门窗、幕墙中非透光部分面积。见《热工标 2016》附录 C.5.3-1 条
A_w	m^2	按照比例加权	1.00	门窗、幕墙的（洞口）面积。可采用施工图设计窗洞尺寸
SHGC	（无量纲）		0.34	对比《近零能耗建筑技术标准》（GB/T51350-2019）（以下简称《近零标 2019》）附录 D 序号 4 项次“70 系列平开隔热铝合金窗 5 +12A+5+12A+5 Low-E”，整窗 K=1.8 ～ 2.0 W/(m^2•K)，SHGC=0.30 ～ 0.37

通过计算可知，精算的 SHGC 值与《近零标 2019》的推荐取值（0.30 ～ 0.37）较为吻合，验证了其生产制造的可行性，再从概念设计出发，忽略玻璃 1mm 厚度差异的影响（多玻多腔中空玻璃的传热系数 K 值主要与中空间层的厚度和填充气体的类型有关，受玻璃厚度影响较小，5mm 与 6mm 玻璃对传热的影响基本相同），同时考虑到 SHGC 越大则越不利，为生产制造的不确定性留有一定的富余度，将精算得到的 SHGC 值放大 3% ～ 5% 较为稳妥。综上所述，该项目采用的“隔热铝合金型材 6 高透光 Low-E+12A+6+12A+6”三玻两腔外窗，整窗参数取值为 K=1.80 或 1.90W/（m^2•K），SHGC 统一取为 0.350，进行整体规定性指标和能耗计算，并报送施工图审查及材料采购。

5. 围护结构平壁的传热系数 K 值的计算方法

《民用建筑热工设计规范》（GB50176-2016）第 3.4.5 条所指的“围护结构平壁”一般是指非透光的外墙、内墙或屋面、楼板，而外窗由于其具有透射性，改为采用《建筑门窗玻璃幕墙热工计算规程》（JGJ/T151-2008）及《建筑玻璃可见光透射比、太阳光直接透射比、太阳能总透射比、紫外线透射比及有关窗玻璃参数的测定》（GB/T2680-2021）计算，不在本条的讨论范围内。

《热工标 2016》第 4.3.5 条的 K 值计算公式为：$K=\frac{1}{R_0}$，单位：W/(m^2•K)

公式的形式很简单，但是当结合具体的项目计算时，就需要对其有清晰的理解，否则计算结果会导致材料用量不足或者偏大。问题在于：在乘以简化修正系数放大之前或者线性传热系数加权放大之前的 K 值（简称为“初始 K 值”），是指包含了剪力墙与砌块墙加权平均后的 K 值，还是不考虑剪力墙的不利影响，直接采用砌块墙的 K 值？如果是前者，则外墙最终用于能耗计算的加权平均传热系数 K_m 相当于进行了两次修正，否则就只修正 1 次。

［工程案例 2-10：辽宁大连某居住小区项目 18 层高层住宅的外墙外保温 K 值计算］

在斯维尔软件中，当不修改所有外围护结构的型号、厚度，直接将所有的外部钢筋混凝土墙体修改为砌块墙，权衡计算的规定性指标和建筑能耗对比如下表所示。可见，是否考虑钢筋混凝土剪力墙加权平均，外墙加权平均传热系数 K_m 相差（0.49-0.45）/0.49=8%，供热耗电量相差 0.82KWh/m^2，按照工程经验，0.82KWh/m^2 是一个较大的差距，有条件减薄外墙外保温的厚度至 80mm，材料用量减少了 20%，从开发商的角度属于降低成本的重大利好！

表2.2-16 外墙外保温K值的算法比较

<table>
<tr><th>计算分类</th><th>外墙构造</th><th>分项构造K值 W/(m²•K)</th><th>分项构造占比</th><th>初始K值 W/(m²•K)</th><th>考虑线性热桥后的外墙总体加权平均Km值 W/(m²•K)</th><th>权衡计算设计建筑供热耗电量 (KWh/m²)</th><th>权衡计算参照建筑供热耗电量 (KWh/m²)</th></tr>
<tr><td rowspan="2">钢筋混凝土墙+砌块墙加权平均</td><td>20mm 水泥砂浆 +100mm 岩棉板 +200mm 钢筋混凝土</td><td>0.40</td><td>51%</td><td rowspan="2">0.35</td><td rowspan="2">0.49</td><td rowspan="2">17.45</td><td rowspan="4">17.54</td></tr>
<tr><td>20mm 水泥砂浆 +100mm 岩棉板 +200mm 加气混凝土砌块（600 级）</td><td>0.31</td><td>49%</td></tr>
<tr><td rowspan="2">仅砌块墙</td><td>20mm 水泥砂浆 +100mm 岩棉板 +200mm 加气混凝土砌块（600 级）</td><td>0.31</td><td>100%</td><td>0.31</td><td>0.45</td><td>16.63</td></tr>
<tr><td>20mm 水泥砂浆 +80mm 岩棉板 +200mm 加气混凝土砌块（600 级）</td><td>0.36</td><td>100%</td><td>0.36</td><td>0.50</td><td>17.52</td></tr>
</table>

但是，作为工程设计人员，先不要着急向开发商报喜，反而需要高度警惕：初始 K 值到底应该用哪个？

先看一个直接的结论，在《严寒和寒冷地区居住建筑节能设计标准》（JGJ26-2018）附录 B.0.3 条规定：当墙体（屋面）、采用不同材料或构造时，应先计算各种不同类型墙体（屋面）的平均传热系数，然后再根据面积加权的原则，计算整个墙体（屋面）的平均传热系数。此处有两个同名不同义的“平均传热系数”，前者指的就是初始 K 值，后者指的就是考虑修正之后的外墙总体加权平均 K_m 值，换言之，初始 K 值需要考虑钢筋混凝土墙与砌块墙加权平均，计算结果更不利，外保温 100mm 厚的岩棉板不能减薄，开发商将空欢喜一场！

《民用建筑热工设计规范》（GB50176-2016）对于初始 K 值的表述比较含蓄，需要顺藤摸瓜才能梳理清楚：该标准第 3.4.5 条的定义的初始 K 值是通过围护结构的传热阻 R_0 计算得到的。R_0 的计算来自第 3.4.4 条，该条文的 R_i（内表面换热阻）和 R_e（外表面换热阻）通过查 B.4 表得到，跟围护结构的表面特征有关，与内部构造无关，可以认为是个常量；该条文仅剩下“围护结构平壁的热阻 R”这个关键参数，该参数的计算方法又索引至 3.4.1 条、3.4.2 条和 3.4.3 条，其中 3.4.1 条是计算单一匀质材料层的热阻，对于有厚度方向多层构造的墙体而言不适用，3.4.2 条是计算多层匀质材料层的热阻，适用于纯砌体外墙的框架结构，或者周圈绝大部分为钢筋混土墙体的剪力墙结构，关键的 3.4.3 条才将尤抱琵琶半遮面的 R 值算法露出庐山真面目：由两种以上材料组成的、二（三）向非匀质复合围护结构的平均热阻 $\bar{R}$，再次跳转至附录 C.1 节，适用的正是外墙由钢筋混凝土剪力墙和砌体墙混合的建筑外围护结构，本工程案例的钢筋混凝土外墙占比约 51%，砌体墙占比约 49%，应采用附录 C.1 节的二向非匀质算法计算 $\bar{R}$值，进而算出初始 K 值，换言之，初始 K 值是需要考虑钢筋混凝土墙与砌块墙加权平均的，热工设计概念与《严寒和寒冷地区居住建筑节能设计标准》（JGJ 26-2018）附录 B.0.3 条是一致的。$\bar{R}$值的计算参见以下第 6 点“围护结构平壁的热阻 R 值的计算方法”。

具体到节能建模，则需要区别建立钢筋混凝土墙体和砌体墙，建模方式对于地方标准和国家标准有所差异：在斯维尔软件中，当选用江苏省地方标准《居住建筑热环境和节能设计标准》（DB32/4066-2021）计算时，该标准附录 B 规定了外墙主体部位和周边热桥的定义，认可采用“热桥柱”作为剪力墙参与外墙整体加权平均传热系数 K_m 的计算，故采用“热桥柱”或者“钢砼墙”建模周圈剪力墙没有区别，软件都会视为钢砼墙计算。但是，当选用《通用标 2021》计算时，不能采用“热桥柱”建模剪力墙，而应采用“钢砼墙”来建模剪力墙并设置该墙体的材料为“钢筋混凝土”构造，因为《通用标 2021》没有“热桥柱”的概念，而是统一采用“线性热桥”的算法来考虑墙体周边的热桥部位的影响。因此，如果希望在斯维尔软件中直接切换《通用标 2021》和《苏居标 2021》实现一模多算，则只能采用“钢砼墙”来建模剪力墙。

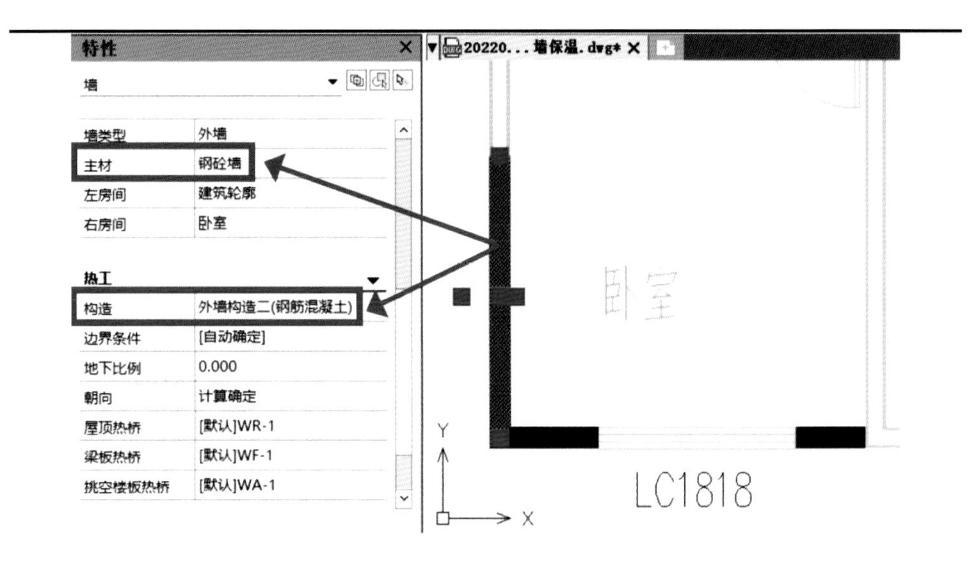

图 2.2-6 绿建斯维尔软件中选用《通用标准 2021》计算时的钢筋混凝土墙体建模方式及设置

表2.2-17 多维传热工况分类示意（假定X、Y轴在外墙平面内，Z轴为墙体厚度方向）

工况释义	单一匀质材料传热	二向非匀质传热	三向非匀质传热
	仅考虑单层匀质材料	仅考虑水平面或铅锤面独立的二向非匀质传热工况	同时考虑水平面与铅锤面非匀质传热工况
剖面示意图	单层砌块分户墙 Z 户型A 户型B 热流方向随墙体两侧温度高低而定	细石混凝土保护层 泡沫玻璃板防火隔离带 结构屋面板 细石混凝土保护层 XPS保温板 结构屋面板 女儿墙 500 Z 室外 室内 Y 沿Y、Z轴二向非匀质传热	见以下三维图
实际工程举例	无保温砌块内隔墙	水平防火隔离带附近的外保温屋面	钢筋混凝土柱与砌块组合外保温外墙及结构梁

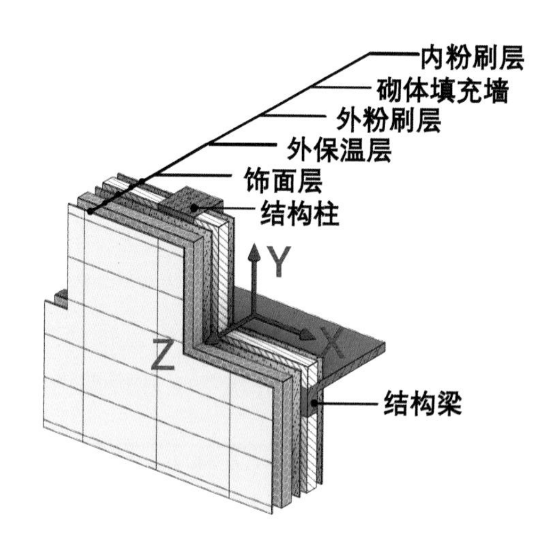

图 2.2-7 该片外墙在结构柱两侧附近的区域，属于三向非均匀传热，其中Z向为墙厚度方向，存在内粉刷层、砌体填充墙、外粉刷层、外保温层、饰面层等多种构造层次；X向为平行于外墙面方向，存在砌体填充墙、结构柱两种构造层次；Y向为沿层高方向，存在结构梁、砌体填充墙两种构造层次。

6. 围护结构平壁的热阻R值的计算方法

《民用建筑热工设计规范》（GB50176-2016）在C.1.1和C.1.2条给出了非匀质复合围护结构热阻的计算公式，公式表面上看较复杂，可以从图示开始理解每个参数的含义，然后再返回阅读公式，思路就变得清晰。

对于附录图C.1.1，该图既可以看作是水平面剖切断面图，也可以看作是铅锤面竖向剖切断面图，但是该图的表达过于概括和精炼，初学者很难理解。当看作是水平面剖切断面图时，就是常见的钢筋混凝土剪力墙与砌块墙的复合外墙的情况，属于 X、Y 水平面二向非匀质传热；如果看作是铅锤面竖向剖切断面图时，就是常见的钢筋混凝土结构梁与砌块墙的复合外墙的情况，属于 Y、Z 铅锤面二向非匀质传热；当同时考虑水平面与铅锤面二向非匀质传热时，就是三向非匀质传热工况。笔者结合实际工程将把规范图 C. 1. 1 具体化为下图，直观地展示了热阻 R 的计算原理，其中，δ_i 表示由外至内的构造分层，f_a、f_b、f_c 表示从左到右或者从上到下的构造分层。

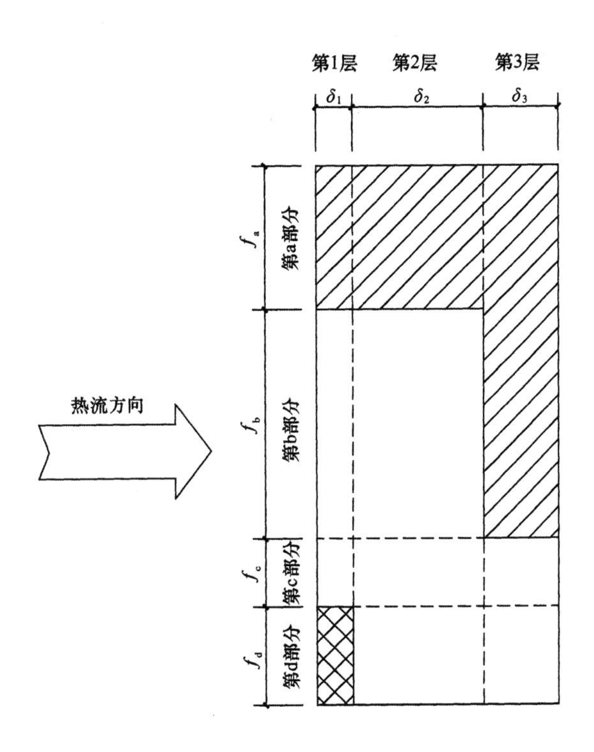

《热工标2016》附录图C.1.1非匀质复合围护结构热阻计算简图

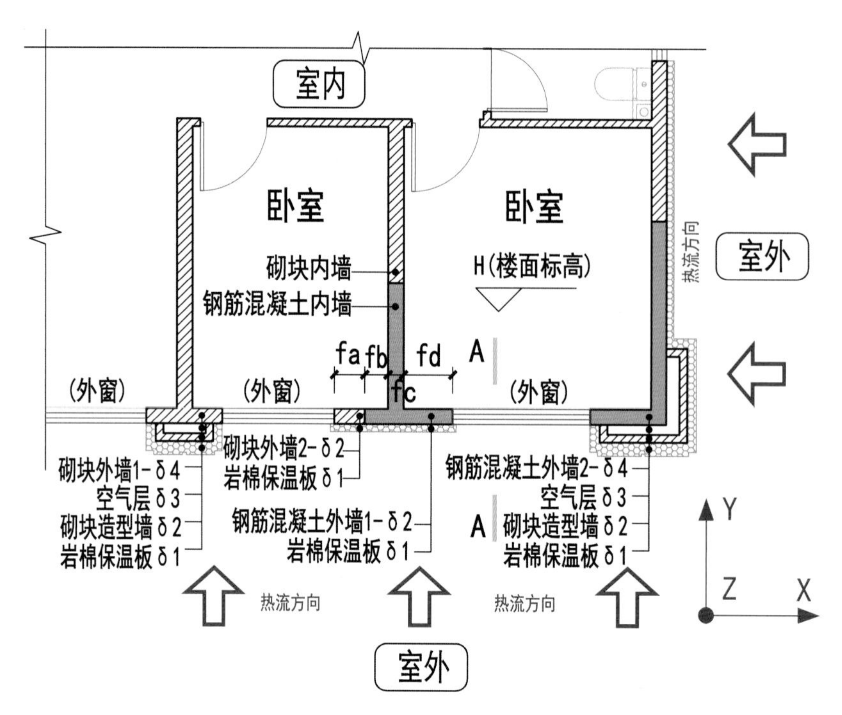

《热工标 2016》附录图 C.1.1（具体化，建筑平面图）*X*、*Y* 水平面二向非匀质传热复合围护结构热阻计算简图

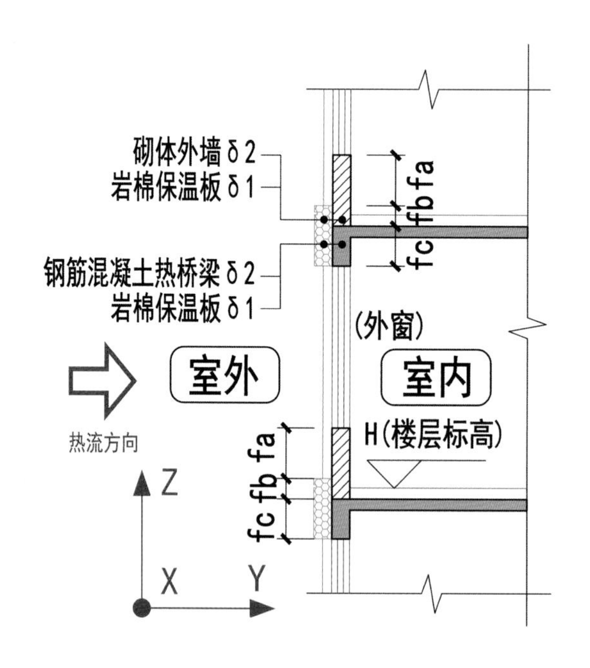

《热工标 2016》附录图 C.1.1（具体化，A-A 剖面图）*Y*、*Z* 铅锤面二向非匀质传热复合围护结构热阻计算简图

读懂了上述计算原理图示，回到规范公式就容易理解了：

《热工标 2016》计算式：

$$\bar{R}=\frac{R_{ou}+R_{ol}}{2}-(R_i+R_e) \tag{C.1.1-1}$$

$$R_{ou}=\frac{1}{\frac{f_a}{R_{oua}}+\frac{f_b}{R_{oub}}+\frac{f_c}{R_{ouc}}+\cdots+\frac{f_q}{R_{ouq}}} \tag{C.1.1-2}$$

$$R_{ol}=R_i+R_1+R_2+\cdots\ldots+R_j+\cdots\ldots R_n+R_e \tag{C.1.1-3}$$

$$R_j=\frac{1}{\frac{f_a}{R_{aj}}+\frac{f_b}{R_{bj}}+\frac{f_c}{R_{cj}}+\cdots+\frac{f_q}{R_{qj}}} \tag{C.1.1-4}$$

式中：

$\bar{R}$—— 非匀质复合围护结构的热阻 [(m^2•K)/W]（笔者注：对比《热工标 2016》3.4.3 和 3.4.4 条，此处的 $\bar{R}$ 指的就是不包含内外表面换热阻的 R，即已经扣除了内表面换热阻 R_i 和外表面换热阻 R_e，该 $\bar{R}$ 值本质上是取以下 R_{ou} 和 R_{ol} 的算术平均值，因为 R_{ou} 计算了一次内外表面换热阻，R_{ol} 又计算了一次内外表面换热阻，共计算两次，取算术平均后共计算 1 次，所以最后要减去 1 次内外表面换热阻，得到的 $\bar{R}$ 就不包含内外表面换热阻，与 3.4.4 式计算 R_0 时再加回内外表面换热阻的算法闭合了。）

R_{ou}—— 应按公式（C.1.1-2）计算 [(m^2•K)/W]（笔者注：该式是计算的第 1 种算法，本质是按照考虑了内外表面换热阻、且与热流平行方向各部分（如 f_a、f_b、f_c 等）的传热阻的加权平均值）

R_{ol}—— 应按公式（C.1.1-3）计算 [(m^2•K)/W]（笔者注：该式是计算 $\bar{R}$ 的第 2 种算法，本质是按照不包含内外表面换热阻、且与热流垂直方向各层次（如 δ_1、δ_2、δ_3 等）的传热阻的加权平均值）

R_i—— 内表面换热阻 [(m^2•K)/W]（笔者注：按本规范附录 B.4 节查表取值，可认为是与复合围护结构内部构造无关的常量）

R_e—— 外表面换热阻 [(m^2•K)/W]（笔者注：按本规范附录 B.4 节查表取值，可认为是与复合围护结构内部构造无关的常量）

f_a，f_b……f_q—— 与热流平行方向各部分面积占总面积的百分比；（笔者注：参见上述“《热工标 2016》附录图 C.1.1 的具体化平面和剖面图示中的标注”）

R_{oua}, R_{oub}, ……R_{ouq}—— 与热流平行方向各部分的传热阻 [(m^2•K)/W]，应按本规范第 3.4.4 条的规定计算；（笔者注：参见上述“《热工标 2016》附录图 C.1.1 的具体化平面和剖面图示中的标注对应 f_a、f_b、f_c 等”）

R_1, R_2, ……R_j……R_n—— 应按公式（C.1.1-4）计算；

R_{aj}, R_{bj}, ……R_{qj}—— 与热流垂直方向第 j 层各部分的热阻 [(m^2•K)/W]，应按本规范第 3.4.1 条计算；（笔者注：因为此处的算法时分层计算，每次仅算 1 层材料，所以此处就是计算单层匀质材料的热阻。）

综上所述，可以得到复合围护结构平壁的热阻 R_0 值的计算流程为 4 步：

①对所计算复合围护结构进行分层（如 δ_1、δ_2、δ_3 等）、分块（如 f_a、f_b、f_c 等）。

②按照分层以及分块分别计算 1 次该复合围护结构的加权热阻。

③对分层和分块求得的加权热阻取算术平均，并减去内外表面换热阻，得到围护结构本身的平均热阻 。

④ 返回 3.4.4 条，加上内外表面换热阻，计算围护结构“总的”加权平均传热阻 R0，计算流程结束。

算出 R_0 之后，就可用 3.4.5 条公式计算“初始 K 值”，参见以上“围护结构平壁的传热系数 K 值的计算方法”

以上通过具体化的图示、计算参数的补充注解和流程描述，梳理清楚了围护结构最重要的参数 R_0 值的计算方法。值得注意的是，笔者此处列举了详细的计算公式，并非让工程师们需要强行记忆、在实际项目中运用该公式手动计算，而是侧重于讲述公式的计算思想和逻辑关系，以利于在遇到问题时能知道从何处入手调整电算参数，例如：要降低 K 值，可以通过增加当前所用材料的厚度，或可以改用热阻 R 更大的材料等多种手段来实现。实际工程中，计算机软件已经内置了相应的程序，工程师们仅需要将合理的概念设计映射为参数取值，输入到计算机，而具体的材料分层、分块以及加权平均计算则由计算机完成。

最后，《热工标 2016》C.1 节还有一个“片尾彩蛋”，C.1.1 条和 C.1.2 条的选用条件判别。当相邻部分热阻（不含内表面换热阻 R_i 和外表面换热阻 R_e）的比值小于或等于 1.5 时，复合围护结构的热阻可采用上述 C.1.1 条的计算流程，否则，应考虑线性热桥的不利影响，转至 3.4.6 条计算。以下通过一个简单的算例给予读者感性的认识。

[工程案例 2-11：相邻部分（f_a、f_b）热阻比值的计算]

计算分类	外墙构造	热阻 R 值 [$(m^2 \cdot K)/W$]	相邻部分热阻比值 $R_{大}/R_{小}$
相邻部分为钢筋混凝土与砌块墙，参见附录图 C.1.1（具体化，建筑平面图）中的 f_a、f_b	100mm 岩棉板 [λ=0.040W/（m•K）]+200mm 蒸压砂加气混凝土砌块 [λ=0.16W/（m•K）]	3.900（较大，较有利）	3.900/2.765=1.41<1.50 可以直接采用 C.1.1 条计算而不必考虑线性热桥的影响
	100mm 岩棉板 [λ=0.040W/（m•K）]+200mm 钢筋混凝土 [λ=1.74W/（m•K）]	2.765（较小，不利）	

可见，外保温越厚，相邻部分的热阻比值越小，可以不考虑线性热桥；反之，如果没有外保温，则相邻部分的热阻比值将达到 1.74（纯混凝土）/0.16（纯砌块）=10.88>>1.5，需要考虑线性热桥算法。

7. 线传热系数 ψ 的计算方法

在《建筑节能与可再生能源利用通用规范（GB55015-2021）》颁布以前，建筑节能设计外墙综合 K 值的计算，大部分采用的都是“面积加权平均法”或者“简化修正系数法”，在该规范颁布后，新增“节点查表法”和“节点建模法”供选用，上述方法可在绿建斯维尔软件中选择：

图2.2-8 绿建斯维尔软件在“工程设置”对话框中选择算法

在《黑龙江省居住建筑节能 65% 设计标准》（DB23/1270-2008）中，引进了国际标准《ISO 14683-2007 建筑结构热桥 —— 线性传热系数、简易算法及默认值》中线传热系数的概念，该国际标准的最新版本为 2017 版《ISO 14683 Thermal bridges in building construction—Linear thermal transmittance—Simplified methods and default values(Third edition 2017-06)》，其中在 C.1 和 C.2 节有多种典型热桥节点在特定计算条件下的线性传热系数值 ψ_e 可供参考。该表中上方 4 个节点 C1 ～ C4 为凸墙角，下方 4 个节点 C5 ～ C8 为凹墙角，其中少数节点的线传热系数 ψ_e 出现了负值，原因详见以下关于 Q^{2D} 的注解。

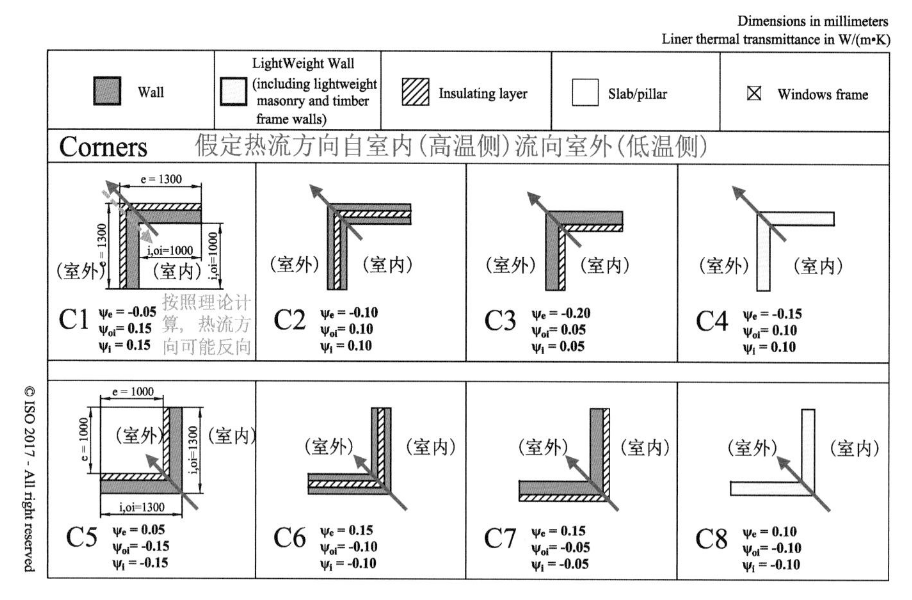

图2.2-9 ISLO14683-2017线性热桥图示（凸墙角负值）

随后中国多个省、直辖市的居住建筑均引入了线性传热系数的概念，包括:《黑龙江省居住建筑节能设计标准》(DB23/1270-2019)、辽宁省地方标准《居住建筑节能设计标准》(DB21/T2885-2017)、山东省工程建设标准《居住建筑节能设计标准》(DB37/5026-2022)、北京市地方标准《居住建筑节能设计标准》(DB11/891-2020)、天津市工程建设标准《天津市居住建筑节能设计标准》(DB29-1-2013)、《四川省居住建筑节能设计标准》(DB51/5027-2019)等。其中,《四川省居住建筑节能设计标准》(DB51/5027-2019)的附录表B. 0. 2-4给出了多种构造节点的线性传热系数 ψ 的参考值，可用于工程设计中选用或者对自建节点的校核，如下图所示：

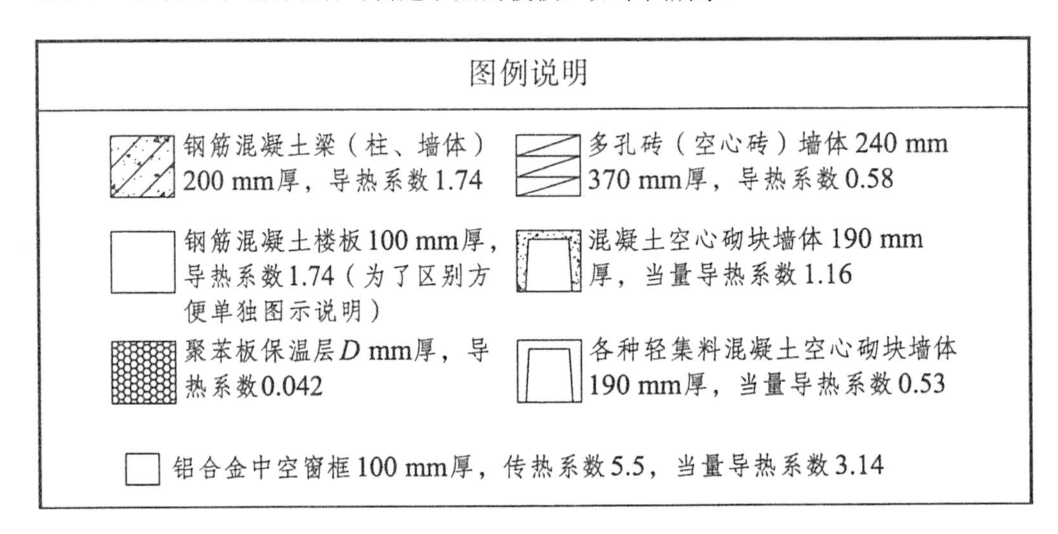

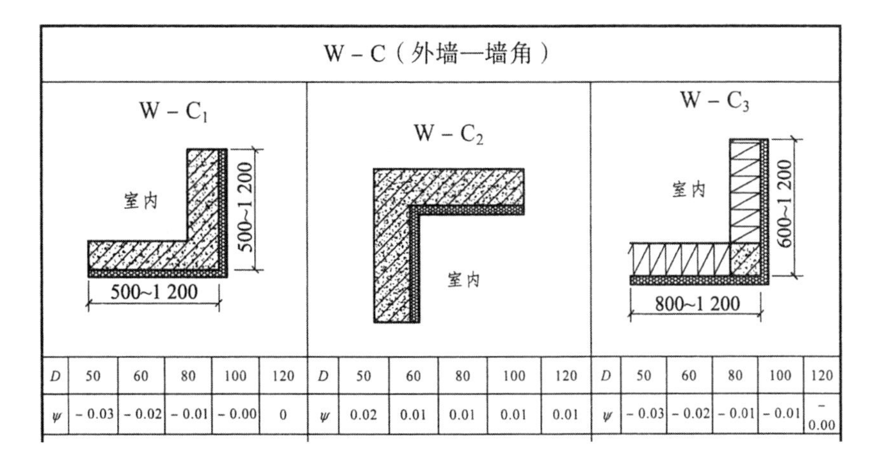

D	50	60	80	100	120	D	50	60	80	100	120	D	50	60	80	100	120
ψ	－0.03	－0.02	－0.01	－0.00	0	ψ	0.02	0.01	0.01	0.01	0.01	ψ	－0.03	－0.02	－0.01	－0.01	－0.00

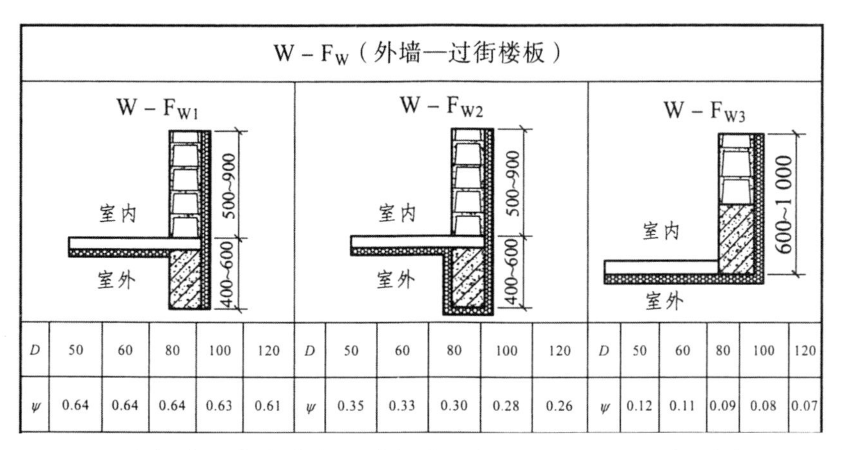

D	50	60	80	100	120	D	50	60	80	100	120	D	50	60	80	100	120
ψ	0.64	0.64	0.64	0.63	0.61	ψ	0.35	0.33	0.30	0.28	0.26	ψ	0.12	0.11	0.09	0.08	0.07

图 2.2-10《四川省居住建筑节能设计标准》（DB51/5027-2019）附表 B.0.2-4（部分），注意：外凸墙角有可能出现负数，保温厚度越薄越有利，与直观判断相反。

《民用建筑热工设计规范》（GB50176-2016）附录 C. 2. 2 条给出了热桥线传热系数的算法：

$$\psi=\frac{Q^{2D}-KA(t_i-t_e)}{l(t_i-t_e)}=\frac{Q^{2D}}{l(t_i-t_e)}-KC$$

式中：

ψ—— 热桥线性传热系数 [W/(m•K)]；

Q^{2D}—— 二维传热计算得出的流过一块包含热桥的围护结构的传热量 (W)，该围护结构的构造沿着热桥的长度方向必须是均匀的，传热量可以根据其横截面（对纵向热桥）或纵断面（对横向热桥）通过二维传热计算得到；

l—— 计算 Q^{2D} 的围护结构长度，热桥沿这个长度均匀分布，计算 ψ 时，l 宜取为 1m；

C—— 计算 Q^{2D} 的围护结构宽度，即 A=l • C，可取 C ≥ 1m；

A—— 计算 Q^{2D} 的围护结构的面积（m^2）；

K—— 围护结构平壁的传热系数 [W/(m^2•K)]；

t_i—— 围护结构室内侧的空气温度（℃）；

t_e—— 围护结构室外侧的空气温度（℃）；

该公式的计算思路是用流过一块围护结构的总传热量减去被围护结构阻挡的热量，得到单位长度内“附加的传热量”。其中大部分参数含义都不难理解，有两处需要补充解释：

a）计算图示

《热工标 2016》公式中 l、C 的取值仅用文字描述，并没有给出图示，初学者很难建立感性认识，此处可以参考辽宁省地方标准《居住建筑节能设计标准》（DB21/T2885-2017）附录图 B. 0. 5 墙面典型结构性热桥界截面示意图，以及笔者绘制的三维传热模型示意图，图中可以清晰地看出规范参数的含义。

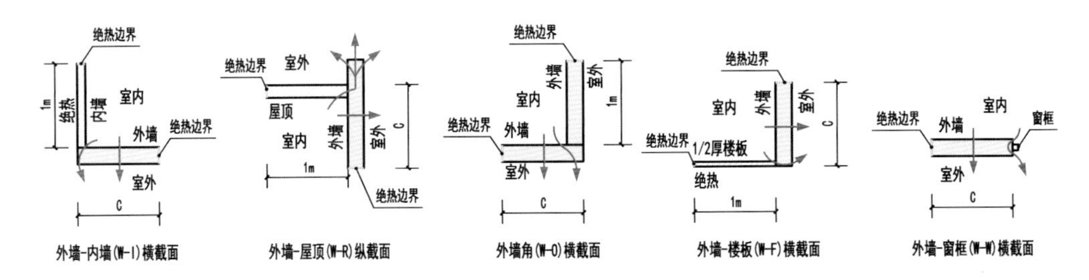

图2.2-11 辽宁省地方标准《居住建筑节能设计标准》（DB21/T2885-2017）附录图B.0.5

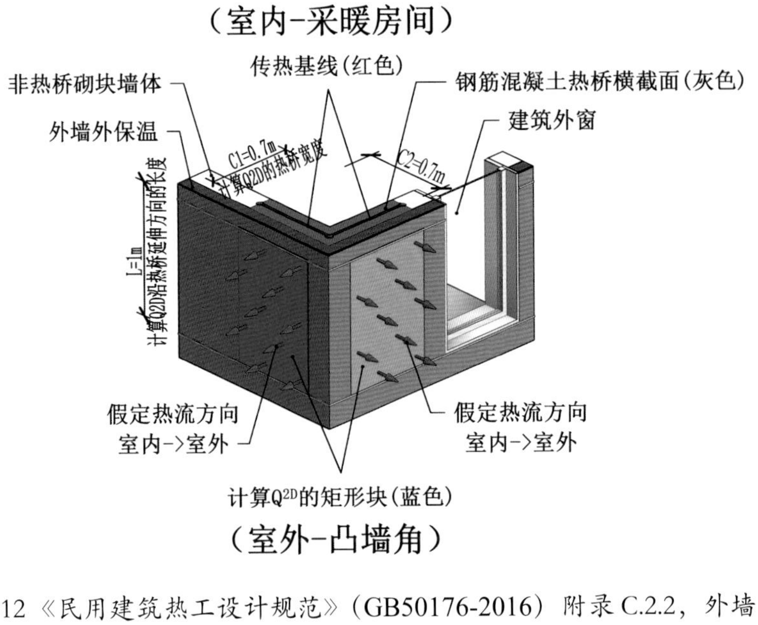

图 2.2-12《民用建筑热工设计规范》(GB50176-2016) 附录 C.2.2，外墙角节点传热计算三维示意图

b) Q^{2D} 的算法

该参数通过专用的二维稳态传热软件计算得到，由《热工标 2016》附录 C.2.5 条规定其计算的边界条件，该方法需要用偏微分方程计算温度分布和传递，计算量很大，不可能用手工的方式完成或验证，国内最早提供该算法的是《严寒和寒冷地区居住建筑节能设计标准》标准编制组旗下的中国建筑科学研究院建筑物理研究所于 2009 年编制的 PTemp 软件，但是年代久远，距今已经 13 年，且功能单一，目前已经很少使用，而是将传热计算整合在节能分析软件内部，作为一个工具使用。以下是早期的 PTemp 软件操作界面，其计算原理依然成立，是通过将待计算的节点剖面划分为规则的矩形微元（计算节点），然后沿着热流方向对每一个矩形微元采用二位稳态导热方程求解，一直传递计算到绝热边界为止，输出每个参与计算的矩形微元中心的温度，然后用材料的导热系数 λ[W/(m•K)] 乘以每个矩形微元入口和出口边界的温差 Δt(K)，汇总得到从外部传入内部的每延米的总热量 Q^{2D}(W)。

参考《传热学（第四版）》①，主要采用的方程式包括：

●二维稳态热传导的基本方程：$\frac{\partial^2 t}{\partial x^2}+\frac{\partial^2 t}{\partial y^2}=0$;（$0<x<a, 0<y<b$，无内热源，导热系数为常数）

●二维稳态热传导的离散方程：t(0,y)=t1，t(a,y)=t1，t(x,0)=t1，$t(x,b)=t_2$

矩形微元任一点温度的理论解析解：$\Theta(x,y)=\frac{2}{\pi}\sum_{n=1}^{\infty}\frac{(-1)^{n+1}+1}{n}\sin(\frac{n\pi x}{a})\frac{\sinh(n\pi y/a)}{\sinh(n\pi b/a)}$，式中的参数在笛卡尔坐标系中表示如下图所示：

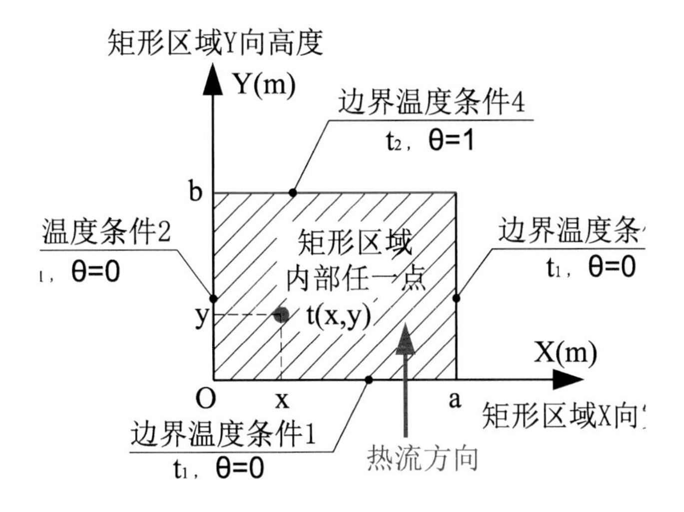

图2.2-13 二维稳态传热矩形微元计算图示

① 杨世铭，陶文铨．传热学（第四版）[M]. 北京：高等教育出版社，2006:80.

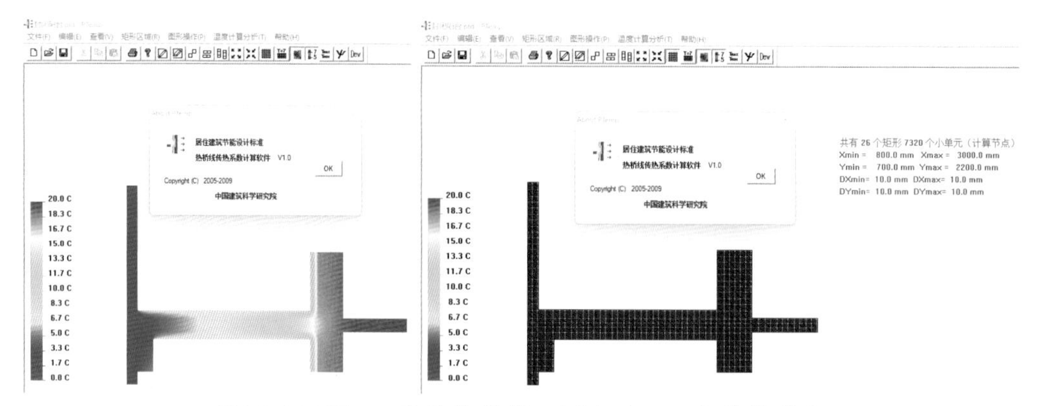

图2.2-14 PTemp线传热计算，划分为7320个计算节点

基于 Q^{2D} 的计算原理，在实际工程中可能出现如下情况：

线传热系数 ψ 出现负数，与直观的判断不一致。要解释这种情况，需从两点入手：一是 Q^{2D} 的假定热流方向是从室内流向室外（即假定室内的温度高于室外的温度），二是由传热学理论导出的规范的经验表达式（《热工标 2016》式 C. 2. 2）。当冬季室外温度很低时（例如：黑龙江省漠河市，冬季最低气温 -40℃），《热工标 2016》式 C. 2. 2 的第 1 项 $\frac{Q^{2D}}{l(t_i-t_e)}$ 将很小且大于零，甚至可能小于后一项，所以，理论表达式产生了与生活经验不一致的“溢出误差”。在辽宁省地方标准《居住建筑节能设计标准》（DB21/T2885-2017）B. 0. 8 条规定，外保温墙体的外墙与内墙交接形成的热桥、外墙与楼板交接形成的热桥、外墙墙角形成的热桥的线性传热系数可以近似取为 0，也就是从概念设计出发，忽略理论计算的有利影响，否则，如果将负值用于修正外墙初始 K 值，相当于减小了外墙的加权平均 K 值，对建筑物的保温隔热性能的估计过于乐观。

对于外凸墙角，当其外保温热阻低于某个限值的时候 [例如：采用 10mm 厚的 λ=0.041W/（m•K）的岩棉板，即 R≤0.30（m^2•K）/W 时]，线传热系数 ψ 开始出现负数，当采用无保温的纯钢筋混凝土墙角时，ψ=-0.468W/（m•K）。

下表是在绿建斯维尔 2020 版软件中测试凸墙角节点在外墙外保温岩棉板由 100mm 递减为 0mm 的传热量、线传热系数的变化规律。

共性参数：项目所在地：严寒地区，黑龙江省漠河市；基层墙体：200mm 钢筋混凝土；保温材料：岩棉板，λ=0.041W/（m•K）；内表面换热系数：8.7W/(m^2•K)；外表面换热系数：23W/(m^2•K)；室内温度：t_i=18℃；室外温度：t_e=-40℃。

表2.2-18 凸墙角节点线传热系数Ψ值随外保温变化比较表

严寒地区	外墙凸角节点的温度场变化，最不利点温度由 13.3℃降低至 -13.6℃	岩棉板保温厚度(mm)	二维稳态传热矩形微元数目	吸热量(W)[与放热量反向相等收敛]	传热基线长度(m)	主体传热系数K[W/(m²•K)]	平板总传热量 Q^{2D}(W)	线性传热系数Ψ(W/m)
黑龙江省漠河市	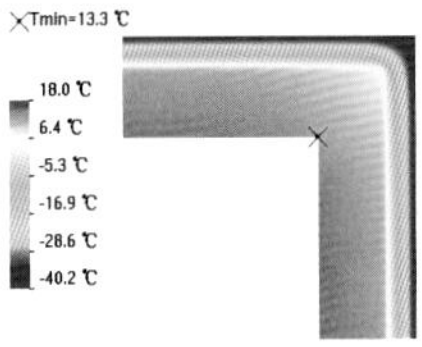	100	1500	-34. 132	0. 7*2	0. 3687	30. 05	0. 070
		85	1269	-39. 073	0. 7*2	0. 4262	34. 74	0. 075
		70	1056	-45. 770	0. 7*2	0. 5049	41. 15	0. 079
	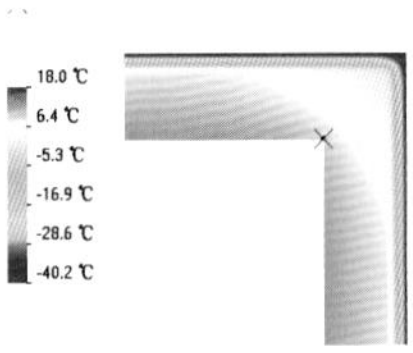	50	800	-59. 550	0. 7*2	0. 6699	54. 60	0. 085
		30	576	-85. 776	0. 7*2	0. 9950	81. 10	0. 080
		20	476	-110. 424	0. 7*2	1. 3138	107. 08	0. 057
	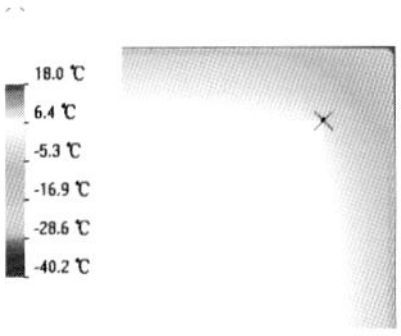	15	429	-129. 150	0. 7*2	1. 5644	127. 51	0. 028
		10	384	-155. 798	0. 7*2	1. 9332	157. 57	-0. 030
		5	341	-197. 016	0. 7*2	2. 5296	206. 19	-0. 157
	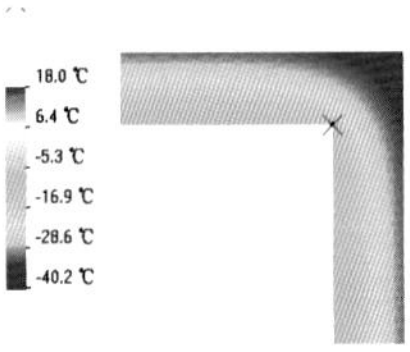	0	300	-270. 887	0. 7*2	3. 6581	298. 17	-0. 469

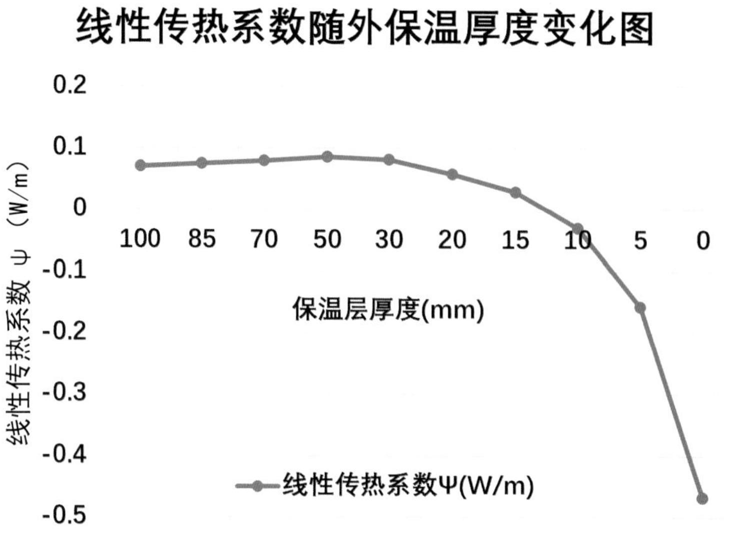

图2.2-15 线性传热系数随外保温厚度变化图

对于所选的同一款计算软件计算同一个模型，不同场合（例如：不同的计算机、不同的时间），ψ 值误差建议小于 0.001W/(m•K)，否则对于具有大量线性热桥（如：空调机外挑隔板、窗洞）的建筑，累计传热量 ∑ψ*L 将很大，对外墙 K 值附加增量偏多。

在采用分析软件建模热桥节点时，需注意材料块划分的规则性，每个矩形微元的前后左右的长度都要与相邻矩形微元一致，而不能错位，否则会导致计算结果出现较大的误差，很容易出现负数。

《德国被动房设计和施工指南》[①] 中提道:“当某个细部节点处的热桥效应（笔者注：即 ψ 值）为零或者甚至为负值，则称为无热桥设计。” 该书中也给出了用 PHPP 软件计算的若干节点的负 ψ 值，但一般都不大，从 −0. 064 ～ −0. 026W/(m•K) 不等。关于德国被动房研究所以及 PHPP 软件，可以访问 passivehouse.com 了解更详尽的内容。

①[德] 贝特霍尔德·考夫曼,[德] 沃尔夫冈·费斯特著,徐志勇译.德国被动房设计和施工指南[M].北京：中国建筑工业出版社,2015:37.

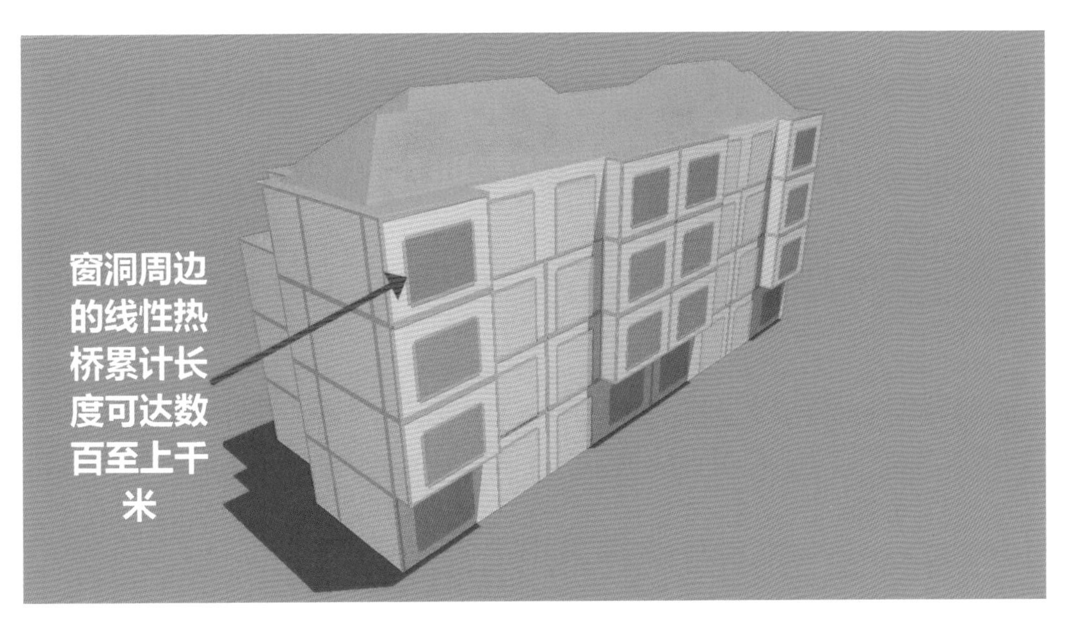

图2.2-16 结构性热桥的部位的斯维尔三维模型图

图2.2-17 德国被动房研究所PHPP节能分析软件，Version 10（2021）

第 3 章 节能设计前期策划与绿色建筑评价

在建设工程项目启动方案设计之初，各项指标都在频繁地变动，并且相互影响，节能设计如何为方案设计提供有价值的参考，需要从单体建筑和整体项目综合考虑，力求实现与初步设计和施工图设计的无缝衔接和包络设计，尽可能地避免施工图阶段逆向修改整体方案的风险。

3.1 节能设计前期策划

节能设计前期策划致力于解决项目层面的统一协调问题以及专业之间的参数衔接问题。在项目前期，各种条件、参数都频繁地变化，因此，在进行前期策划之前，需要明确项目当前所依据的图纸版本和规范依据，以利于后续核对及更新。参见“附录 A 某超高层住宅区建筑节能设计前期策划书”。

3.1.1 节能设计对于建筑总图设计的影响

总平面图的外墙消防间距以相邻建筑完成面之间的净距控制，建筑外墙有时会在首层设置石材、陶土板或铝板等较厚的构造做法，当外保温加厚时，相应的饰面材料完成面也会增加，如果建筑间距较为紧凑，则需要特别留意外保温厚度对建筑完成面外扩的影响，避免消防间距不足。

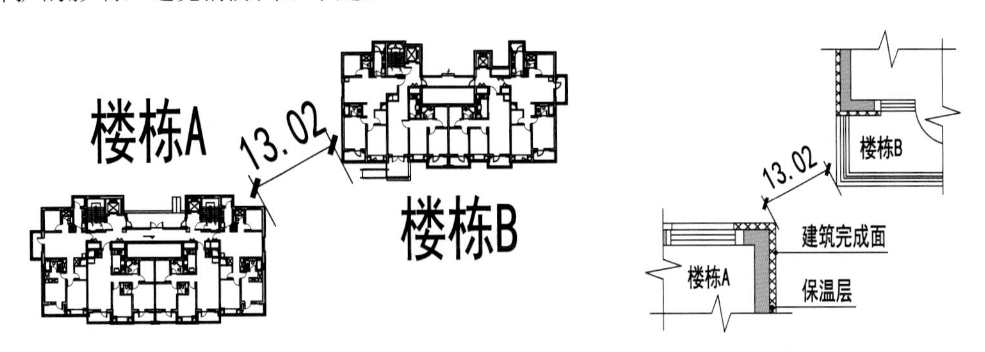

图3.1-1 左：总平面图建筑消防间距，右：放大后的总平面图建筑消防间距

建筑朝向主要由日照分析的结果控制，建筑朝向对节能设计的影响主要是朝向窗墙比和能耗计算。一般情况下，为了争取最大的可建面积和最好的日照条件，经济型住宅区的主要朝向都控制在南偏东 30° 或南偏西 30° 之间，而该区间也恰好是最有利于降低建筑物能耗的朝向或者朝向窗墙比档次的分界点。所以，一般情况下，住宅建筑的朝向不会对节能设计产生质的影响，而公共建筑因为其大体量、周边环境复杂，一般也不会因为节能设计而改变其平面朝向，更多是因地制宜地采取遮阳措施及可再生能源利用措施加以补偿。

3.1.2 节能设计对于建筑单体方案设计的影响

对于公共建筑来说，时常出现大面积的外窗或幕墙，导致能耗增量较大，且需采取遮阳措施，而公共建筑的平面位置、造型一般是不便于调整的，节能设计可以提供的修改意见主要是外立面开窗面积、外遮阳的形式和非透光部位的选材等。同济大学嘉定校区体育中心就采用了参数化设计的外窗，既有利于降低太阳辐射，也使得立面造型呈现出韵律美，是节能设计和建筑表皮设计的完美结合。

图3.1-2 同济大学嘉定校区体育中心的参数化设计玻璃幕墙及其自遮阳外框

3.1.3 节能设计对于建筑选材的影响

主要包括：材料的燃烧性能、密度（或容重）、导热性能、隔声性能、外窗型材及玻璃等主要参数。

按照《建筑材料及制品燃烧性能分级》（GB8624-2012），建筑材料（包括各种保温材料）的燃烧性能等级分为：A 级（不燃材料，细分为 A1 和 A2 级）、B1 级（难燃材料，细分为 B 级和 C 级）、B2 级（可燃材料，细分为 D 级和 E 级）、B3 级（易燃材料，又称 F 级），一般而言，轻质有机材料（如：聚苯板、酚醛板、聚氨酯板等）多属于 B2 级可燃材料，仅当其与无机材料共同形成复合材料时（如：石墨改性聚苯板、热固复合聚苯乙烯泡沫保温板等）才可能达到B1级，但是否能达到A2级是存在争议的，在上海市工程建设规范《民用建筑外保温材料防火技术规程》（DGJ08-2164-2015）第3.0.4条的条文说明中指出：“工厂预制复合保温板是指在工厂的专业生产线上生产的、以保温材料为芯材、两面或单面覆以某种面层的复合板材。……但复合保温板也不能保证火灾时芯材完全不会被引燃，因此芯材的燃烧性能应满足本规程的要求。”所以，在高层建筑和人员密集场所建筑中，要慎重对待以有机材料为芯材的复合保温材料。目前，能够完全满足A1级燃烧性能等级的材料只有岩棉板、水泥发泡板、发泡陶瓷板、泡沫玻璃、无机保温砂浆、真空绝热板等为数不多的几种，但这些材料也都有各自的优缺点和适用范围。（参见附录E：某园区外墙外保温材料比选及应用）

保温材料的密度（或容重）一般比较轻，在200kg/m^{3}以下（岩棉板为80～180kg/m^3，EPS聚苯板是20～35kg/m^3，酚醛板大约是60kg/m^3，发泡水泥板是150～300kg/m^3），对结构梁所承受的线荷载的增量一般在2kN/m^3×2.6m(墙高)×0.1m（保温板厚）=0.52kN/m以下，一般可以忽略不计，对结构设计不会产生质的影响。但是墙体所用填充砌体材料的密度（或容重）则不同，较轻的加气混凝土砌块密度为500kg/m^3，较重的页岩砖为1400kg/m^3，相差将近3倍，对于直接施加在结构梁的线荷载增量可达到14kN/m^3×2.6m(墙高)×0.2m(墙厚)=7.28kN/m，将对结构设计产生质的影响。参见第1.2.3节对错误观点3的讨论。

对于非金属材料和部分金属材料，其导热系数与其密度呈正相关关系，随着材料密度增大，材料趋于密实，则其导热性能越高，隔热性能越低，一般认为导热系数λ小于0.5W/（m•K）的材料才称为保温材料。

材料的空气声隔声性能也与其密度呈正相关关系，越致密的材料隔空气声的性能越好（区别于撞击声隔声量，与材料密度无关），为了达到45dB的空气声隔声量，一般需要采用密度达到800～1000kg/m^{3}以上的砌体。（参见附录B.10.2：不同墙体材料对隔声性能的影响）

区别于上述外墙和屋面的不透明保温材料，外窗型材及玻璃属于自保温的一体化透光组合型材料，依靠玻璃、空气间层、热反射涂层、多腔室框料、密封条等精细化工业产品共同实现保温效果。在项目前期，主要关注外窗的整体传热系数、太阳得热系数SHGC或遮阳系数SC，以及是否需要采取外遮阳措施等主要参数，特别是一些大面积玻璃幕墙的公共建筑和窗墙比偏大的居住建筑，其外窗或幕墙的热工性能往往对整体建筑能耗造成决定性的影响。（参见第2.2.4节：外窗K值和SHGC值的计算以及附录B.9.1节关于外窗窗墙比偏大的影响）

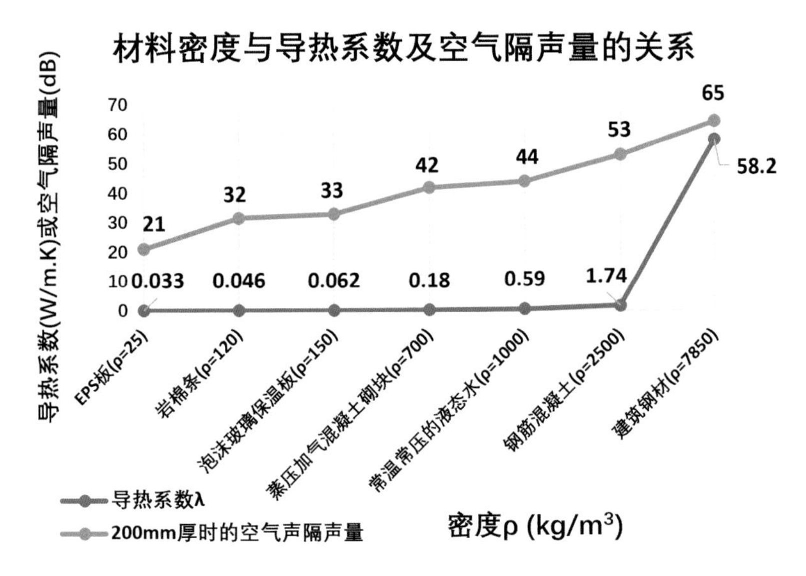

图3.1-3 不同密度的多种材料的导热系数和空气声隔声量的关系图

3.1.4 节能设计对于其他专业设计的影响

主要包括：外围护结构 K 值大小影响暖通专业的设备选型、设置电动遮阳卷帘将影响电气专业布线、卫生间分户楼板保温厚度将影响同层排水的结构降板深度。

在《公共建筑节能设计标准》（GB50189-2015）第 1.0.2 条的条文说明指出:“在公共建筑的全年能耗中，供暖空调系统的能耗占 10% ～ 50%，照明能耗占 30% ～ 40%，其他用能设备占 10% ～ 20%。而在供暖空调能耗中，外围护结构传热所导致的能耗占 20% ～ 50%(夏热冬暖地区大约 20%，夏热冬冷地区大约 35%，寒冷地区大约 40%，严寒地区大约 50%)。”

《民用建筑供暖通风与空气调节设计规范》（GB50736-2012）第 5.2.4 条给出围护结构的基本耗热量计算公式为 $Q=\alpha FK(t_n-t_{wn})$，第 7.2.7 条给出围护结构的逐时冷负荷计算公式为 $CL=KF(t_{wl}-t_n)$，其中 K 即为围护结构的传热系数。可见，当外围护保温隔热性能越差时，K 值越大，则热负荷及冷负荷也呈线性增大，相应需要选用的设备功率也增大，进而增加建筑物整体的用电量。因此，降低外围护结构的传热系数 K 值，将有助于减少空调采暖系统的能耗。

参见第 1.2.3 节关于错误观点 3 的讨论。

3.2 节能设计与绿色建筑评价

建筑节能设计是绿色建筑设计的核心部分，其中最重要的又是围护结构传热系数 K 值和采暖空调耗电量的降低，属于“硬核控制”，没有打擦边球的余地，因此，在项目方案设计阶段，及时与建设单位协商拟建项目的绿建评星等级显得至关重要，同时需将各方协商达成的共识写入“节能设计前期策划书”中，为后续的施工图深化设计提供指引。目前最新的国标为《绿色建筑评价标准》(GB/T50378-2019)，以下结合该标准的《绿色建筑评价标准技术细则 2019》[①]（以下简称《技术细则（2019)》）阐述该标准对节能设计的主要影响。

3.2.1 《绿色建筑评价标准》(GB/T50378-2019)对节能设计的影响

该标准于 2019 年 8 月 1 日实施，其中对节能设计的首要影响是第 3.2.8 条对于各星级绿色建筑的技术要求，摘录如下：

表3.2-1 《绿色建筑评价标准（GB/T50378-2019）》表3.2.8（部分）

	一星级	二星级	三星级
围护结构热工性能的提高比例，或建筑供暖空调负荷降低比例	围护结构提高 5%，或负荷降低 5%	围护结构提高 10%，或负荷降低 10%	围护结构提高 20%，或负荷降低 15%
严寒和寒冷地区住宅建筑外窗传热系数降低比例	5%	10%	20%
外窗气密性能	符合国家现行相关节能设计标准的规定，且外窗洞口与外窗本体的结合部位应严密		

此处需要注意，《技术细则（2019)》在 7.2.4 条指出，“对围护结构热工性能提高的比例”中的围护结构基准值（K 值、SHGC 值和 SC 值）是取自 2019 年 3 月之前发布的国家标准，包括：《公共建筑节能设计标准》（GB50189-2015）《严寒和寒冷地区居住建筑节能设计标准（JGJ26-2018)》《夏热冬冷地区居住建筑节能设计标准》（JGJ134-2010）《夏热冬暖地区居住建筑节能设计标准》（JGJ75-2012）以及《温和地区居住建筑节能设计标准》（JGJ475-2019），不是 2022 年 4 月实施的《建筑节能与可再生能源利用通用规范》（GB55015-2021）等新国标。

① 王清勤，韩继红，曾捷. 绿色建筑评价标准技术细则 2019[M]. 北京：中国建筑工业出版社，2019.

《技术细则（2019）》在附录 A 以表格的形式列出了不同气候分区、不同建筑类型的围护结构提升 5%、10%、15% 时的围护结构传热系数要求，工程师只需根据设计建筑的气候分区、体形系数、层数、热惰性指标 D 值以及窗墙面积比 5 个基本参数，就可查得某类围护结构提升之后的 K 值、SHGC 值或外窗综合遮阳系数值，用于校验当前节能设计是否满足要求。此处应正确理解“提升”的含义，是指的围护结构保温隔热能力的改善，传热系数 K 值或太阳得热系数 SHGC 值降低，而不是增加。所以，《技术细则（2019）》在附录 A 中的传热系数性能提升 5%，实际是 K 值比基准值降低 5%，太阳得热性能提升 5%，实际是 SHGC 值比基准值降低 5%，以此类推。

对于公共建筑来说，多数地方采用国家标准《公共建筑节能设计标准》（GB50189-2015）或者《建筑节能与可再生能源利用通用规范》（GB55015-2021）进行设计，或者地方的公共建筑标准与国家标准的要求基本持平，所以在满足国家节能设计标准之后，一般都需要额外提升相应的比例。对于居住建筑而言，地方标准的要求普遍高于国家标准，如果满足了地方标准的要求，一般也会高于国家标准一定的比例，但是高出多少、基于地方标准的设计值能否包络绿建评星的要求，则需要手动验算或者借助绿建评价软件进行辅助判别，如：绿建之窗（北京）科技有限公司开发的“绿色建筑设计评价软件 v5.0”，该软件将繁杂的绿建评价条文录入数据库，以交互式界面协助绿建工程师快速计算得分和调整绿建部署方案，软件的用户界面如下图所示：

图3.2-1 绿色建筑设计评价软件v5.0 方案工作界面

除了“硬核”降低传热系数的 K 值以外，还可以通过能耗计算，使得设计建筑的单位面积采暖空调耗电量比参照建筑低 5%、10% 或 20%。按照工程经验，外围护综合传热系数 K 值（外墙和外窗按面积比例加权平均值）的下降比例与建筑能耗的下降比例基本持平，换言之，采用降低传热系数或者降低能耗这两种方式的要求是接近的，没有“油水”可捞。以下展示了辽宁大连某项目 10 栋楼在外墙保温增加前后的外围护综合传热系数 K 值与设计建筑能耗的下降比例之间的关系：

［工程案例 3-1：辽宁大连某项目绿建一星评价的能耗及平均传热系数变化规律］

该项目位于寒冷地区，采用《建筑节能与可再生能源利用通用规范》（GB55015-2021）为依据进行节能设计，拟参评绿建一星，在绿建一星提升围护结构之前，采用 90mm 或 100mm 厚的岩棉板外墙外保温，在绿建一星提升围护结构之后，外墙外保温增加 20mm 厚，外窗的传热系数 K 值不变，屋面 K 值不变，以下比较在绿建一星提升围护结构前后的外墙加权平均传热系数与设计建筑能耗降低的关系，由下表可见，除了其中的 29# 楼通过外围护改善的节能优势更明显外，其余楼栋通过改善外围护或降低能耗的方法基本等效，两者的比值接近于 1.00，误差不超过 10%，处于工程设计的容差范围内。

表 3.2-2 绿建一星提升围护结构前后的外围护加权平均传热系数与设计建筑能耗降低比例的关系

楼栋编号	墙—屋—窗综合加权平均传热系数（改善前）Km[W/(m²•K)]	设计建筑采暖耗电量（改善前）[KWh/m²]	墙—屋—窗综合加权平均传热系数（改善后）Km[W/(m²•K)]	设计建筑采暖耗电量（改善后）[KWh/m²]	墙—屋—窗综合加权平均传热系数降低比例	采暖耗电量降低比例	外围护降低比例/能耗降低比例
20#21#	0.77	16.18	0.73	15.40	4.44%	4.82%	0.92
22#	0.79	17.00	0.75	16.04	5.34%	5.65%	0.95
23#	0.78	16.42	0.74	15.67	4.32%	4.57%	0.95
24#	0.78	16.81	0.74	15.98	5.10%	4.94%	1.03
26#	0.79	17.35	0.74	16.47	5.42%	5.07%	1.07
28#	0.73	17.37	0.70	16.49	5.11%	5.07%	1.01
29#	0.74	17.28	0.70	16.43	6.07%	4.92%	1.23
30#	0.70	17.45	0.67	16.63	4.29%	4.70%	0.91
31#	0.70	17.73	0.67	16.84	5.34%	5.02%	1.06
32#	0.73	17.47	0.70	16.54	5.11%	5.32%	0.96

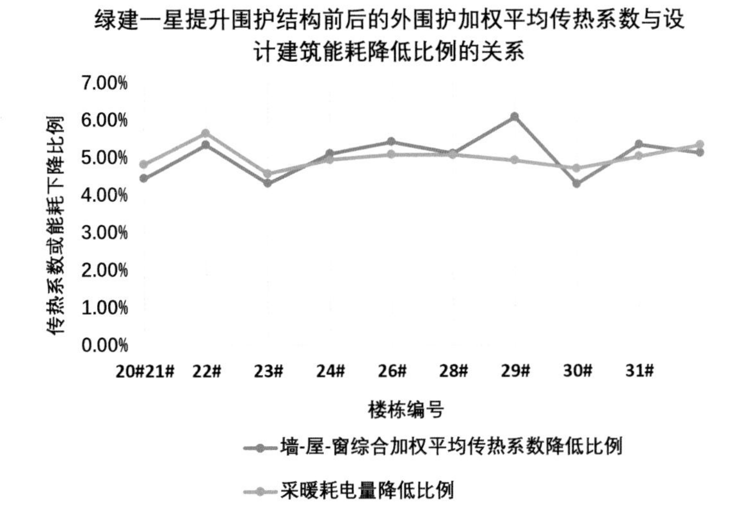

图 3.2-2　大连项目绿建一星提升围护结构前后的外墙加权平均传热系数与设计建筑能耗降低的关系

3. 2. 2 隔声设计对内外围护结构选材的影响

1. 空气声隔声

《民用建筑隔声设计规范》（GB50118-2010）① 第 4. 2. 2 条和 4. 2. 6 条分别规定了分户墙、分户楼板的空气声隔声性能应≥ 45dB、外墙的空气声隔声性能应≥ 45dB 以及交通干线两侧的外窗空气声隔声性能应≥ 30dB。在《民用建筑隔声设计规范》（GB50118-202X）（2019 版征求意见稿）和《住宅项目规范》（GB55XXX-202X）（2022 版征求意见稿）中，进一步提高了分户墙、外墙和外窗的隔声性能要求。以下摘录部分一般住宅的关键条款及其对节能设计选材的影响列举如下：

① 中国建筑科学研究院. 民用建筑隔声设计规范:GB50118—2010[S]. 北京:中国建筑工业出版社,2010.

表 3.2-3《民用建筑隔声设计规范》（GB50118-202X）（2019 版征求意见稿）第 4.2.2 条和《住宅项目规范》（GB55XXX-202X）（2022 版征求意见稿）第 6.1.2 条、6.1.3 条

房间类型	空气声隔声单值评价量 + 频谱修正量（dB）	R 限值	节能设计选材影响
卧室、起居室（厅）与邻户房间之间的楼板	计权标准化声压级差 + 粉红噪声频谱修正量 $D_{nT,w}+C$	≥ 48	需要增设浮筑楼板构造
住宅和非居住用途空间分隔楼板上下的房间之间的楼板	计权标准化声压级差 + 交通噪声频谱修正量 $D_{nT,w}+C_{tr}$	≥ 51	需要增设浮筑楼板构造
住宅外墙	计权隔声量与交通噪声频谱修正量之和 R_w+C_{tr}	≥ 45	需要采用密度不小于 900kg/m³ 的砌块
交通干线两侧卧室、起居室（厅）的窗	计权隔声量 + 交通噪声频谱修正量 R_w+C_{tr}	≥ 35	需要采用三玻两腔或夹胶玻璃
其他窗	计权隔声量 + 交通噪声频谱修正量 R_w+C_{tr}	≥ 30	需要采用三玻两腔或夹胶玻璃

为使读者能对构件的隔声性能有感性的认识，以下根据《建筑隔声设计 —— 空气声隔声技术》[①] 中推荐的两个经验公式对给定的材料进行计算：

$$R=23\times lgm-9(m\geqslant 200kg/m^2)，以及R=13.5\times lgm+13(m\leqslant 200kg/m^2)$$

式中：m 为隔声材料的面密度，单位是“千克每平方米”，对于墙体，若已知墙体的密度为 ρ（kg/m^3），墙体厚度为 t（m），则墙体的面密度 m=ρ×t（kg/m^2）。隔声量与面密度的（10 为底的）对数 lgm 呈正相关关系。

由下表可见，当采用“最重的”密度为 700kg/m^3 的轻质加气混凝土砌块时，墙体的空气声隔声性能仅为 44dB，不仅达不到《住宅项目规范》（GB55XXX-202X）（2022 版征求意见稿）规定的 48dB，连《民用建筑隔声设计规范》（GB50118-2010）规定的 45dB 都达不到。而采用一般的密度为 1400kg/m^3 的煤矸石多孔砖时，墙体的空气声隔声性能可以达到 49dB ＞ 48dB，满足了新国标的要求。

① 康玉成 . 建筑隔声设计——空气声隔声技术 [M]. 北京：中国建筑工业出版社 ,2004:31.

表3.2-4 双面抹灰轻质砌块墙的隔声性能计算

外墙构造 1 （轻质加气块主墙体）	密度（kg/m^3）	厚度（mm）	面密度（kg/m^2）	主墙体材料图示
水泥砂浆（外墙外部）	1800	15	27	
EPS 板（033 级）	20	100	2	
蒸压加气混凝土砌块（主墙体）	700（或 900）	200	140（或 180）	
水泥砂浆（外墙内部）	1800	15	27	
综合面密度（kg/m^2）	—	—	196（或 236）	
空气声计权隔声量 R(dB)	—	—	43.95（或 45.58）	

表3.2-5 双面抹灰重质砌块墙的隔声性能计算

外墙构造 2 （重质砌块主墙体）	密度（kg/m^3）	厚度（mm）	面密度（kg/m^2）	主墙体材料图示
水泥砂浆（外墙外部）	1800	20	36	
EPS 板（033 级）	20	100	2	
煤矸石多孔砖（主墙体）	1400	200	280	
水泥砂浆（外墙内部）	1800	20	36	
综合面密度（kg/m^2）	—	—	354	
空气声计权隔声量 R(dB)	—	—	49.63	

建设单位有时无视墙体的隔声性能而采用轻质加气块的原因包括：

• 轻质加气块购买、运输和现场切割方便，有利于节省采购和施工成本。

• 轻质加气块有利于减轻结构自重，进而减少钢筋用量。

• 轻质加气块具有自保温性质，导热系数约为 0.18W/（m•K），小于重质煤矸石多孔砖的 0.54W/（m•K），可以减薄外墙保温厚度、节约造价。

• 居民很少留意墙体的隔声性能，一般不会造成投诉。绿建评审专家一般也不关注墙体隔声性能，只要计算通过，具体施工采用何种密度的砌块，不太细究。

上述观点中，只有前两个观点具有一定的合理性，后两个观点并不妥当。

首先，关于自保温性质的判断有失偏颇，虽然轻质加气块的导热系数仅为重质材料的 1/3，看上去很优秀，实际上，相对于真正的外保温材料［如 EPS 板，导热系数为 0.039W/（m•K）］来说，导热系数依旧很大，约为 EPS 板的 13.8 倍，如果将轻质加气块替换为重质砌块，对于真正外保温材料的厚度增量不会超过 10mm，而外墙外保温材料本身的价格不高，对于一个十几万平方米建筑面积的园区来说，外墙外保温加厚 10mm 造成的成本增量不会超过 100 万元，相比外窗性能提升引起动辄几千万元的成本增量，可以说是九牛一毛。参见第 2.2.3 小节“规范更新对于项目建造成本的影响”。

［工程案例 3-2：辽宁大连某高层住宅楼外墙主材由轻质加气块修改为煤矸石多孔砖的外保温厚度增量对比］

该项目位于寒冷 A 区的 18 层高层住宅，采用岩棉外墙外保温系统，在其他参数都不变的情况下，如果将蒸压加气混凝土砌块换成煤矸石多孔砖，砌块复合平壁的传热系数由 0.295W/（m^2•K）增加到 0.362W/（m^2•K），外墙总体加权平均传热系数由 0.49W/（m^2•K）增加至 0.52W/（m^2•K），但只需将 100mm 厚度的岩棉增加至 110mm，无论是外墙总体加权平均传热系数还是设计建筑供热耗电量，都与原蒸压加气混凝土砌块主墙体持平。

表3.2-6 某高层住宅的外墙主材变化对建筑物整体热工性能的影响

外墙主材	蒸压加气混凝土砌块	煤矸石多孔砖	
砌块的导热系数［W/（m•K）］	0.19×1.25 修正 =0.24	0.54×1.00 修正 =0.54	
砌块厚度（mm）	200		
岩棉保温板导热系数［W/（m•K）］	0.041×1.10 修正 =0.45		
岩棉板选用厚度（mm）	100	100	110
考虑了线性热桥之后的外墙总体加权传热系数［W/（m^2•K）］	0.49	0.52	0.49
设计建筑的供热耗电量（KWh/m^2）	17.45	17.94（超标）	17.44
参照建筑的供热耗电量（KWh/m^2）	17.54		

最后一个观点，是无视工程质量且对质量检查抱有侥幸心理的做法，应在设计阶段给予纠正，否则一旦竣工，则后续影响十分恶劣。既然国家层面已经出台了严格的防噪声法律法规，2022 年 6 月 5 日起施行《中华人民共和国噪声污染防治法》，说明自上而下从专家到普通民众已经关注到噪声问题，如果顶风作案，无异于知法犯法，建设工程质量将大打折扣。

2. 撞击声隔声

对分户楼板或分隔安静与噪声房间楼板的撞击声隔声性能做规定，旨在控制楼板上层产生的诸如脚步声、物体坠地等撞击噪声对楼下人员的干扰。不像空气声隔声可以通过经验公式计算，撞击声隔声目前只能通过查阅有关声学手册或者技术规程、图集，找到其上与当前项目做法接近的经过实验检测的构造做法，直接采用参考值。同时，分户楼板的隔声构造与保温性能相关，《建筑节能与可再生能源利用通用规范》（GB55015-2021）第 3.1.8 条规定了居住建筑的分隔供暖与非供暖空间的楼板、分隔供暖设计温差大于 5K 的楼板的传热系数 K 限值为≤ 1.50 ～ 1.80W/（m^2•K）。

规范对于住宅建筑起居室和卧室的分户楼板撞击声的要求如下：

表3.2-7 《住宅项目规范》（GB55XXX-202X）（2022版征求意见稿）第6.1.2条

构件名称	撞击声隔声单值评价量	R 限值（dB）
卧室、起居室（厅）的分户楼板	计权规范化撞击声压级 $L_{n,w}$（实验室测量）	＜65
	计权标准化撞击声压级 $L'_{nT,w}$（现场测量）	≤65

目前，给出撞击声隔声参考做法及隔声量参考值的相关规范、图集包括：

·《浮筑楼板隔声保温系统应用技术规程》（T/CECS672-2020）

·《再生集料楼板隔声保温系统应用技术规程》（T/CECS706-2020）

·《江苏省居住建筑浮筑楼板保温隔声技术规程》（DB32/T3921-2020）

·《安徽省民用建筑楼面保温隔声工程技术规程》（DB34/T3468-2019）

· 国标图集《建筑隔声与吸声构造》（08J9311）

· 地标图集《广西壮族自治区隔声砂浆浮筑楼板构造图集》（桂 20TJ014）

· 地标图集《中南地区绿色建筑楼板隔声构造》（20ZTJ503）

上述规范、图集的撞击声隔声构造通常与分户楼板保温相结合，例如《浮筑楼板隔声保温系统应用技术规程》（T/CECS672-2020）中，当选用 8mm ～ 30mm 厚的橡塑隔声保温垫、改性聚丙烯隔声保温垫、石墨聚苯乙烯隔声保温垫、交联聚乙烯复合石墨聚苯乙烯隔声保温垫、交联聚乙烯复合挤塑聚苯乙烯隔声保温垫、交联聚乙烯复合聚氨酯隔声保温垫、交联聚乙烯复合铝箱隔声保温垫、聚醋纤维复合橡胶隔声保温垫等浮筑楼板构造时，分户楼板的计权空气声隔声量 + 粉红噪声频谱修正量 R_w+C(dB)可 ＞ 50(dB)，计权规范化撞击声压级 $L_{n,w}$ 可达到＜ 65(dB)，传热系数 K 可达到＜ 0.89 ～ 1.98W/（m^2•K），满足了国家标准对于分户楼板隔声、保温性能的要求。

［工程案例 3-3：江苏镇江某多层住宅楼分户保温隔声楼板选材和计算］

该项目为 4 层分散采暖住宅，按照江苏省地方标准《居住建筑热环境和节能设计标准》（DB32/4066-2021）第 5. 2. 2 条规定，分户楼板应满足 K ≤ 1.2W/（m^2•K）的要求。由于该项目的起居室（卧室）、厨房、卫生间做法不相同，故采用加权平均传热系数的算法评估合规性。按照江苏省《居住建筑浮筑楼板保温隔声技术规程》（DB32/T3921-2020）选择保温隔声板，主要构造做法和计算结果如下：

表3.2-8 控温房间楼板构造一a(居室,第3层)

材料名称	厚度 δ (mm)	导热系数 λ W/(m•K)	蓄热系数 S W/(m^2•K)	修正系数 α	热阻 R (m^2•K)/W	热惰性指标 D=R×S
钢筋混凝土	40	1.740	17.060	1.00	0.023	0.392
石墨 XPS 交联聚乙烯保温隔声板	25	0.030	0.540	1.50	0.556	0.450
钢筋混凝土	120	1.740	17.060	1.00	0.069	1.177
各层之和Σ	185	—	—	—	0.648	2.019
传热系数 K=1/(0.22+ Σ R)	1.15					
数据来源	用于居室、餐厅、卧室					

表3.2-9 控温房间楼板构造二a(卫生间,第3层)

材料名称	厚度 δ	导热系数 λ	蓄热系数 S	修正系数	热阻 R	热惰性指标
	(mm)	W/(m•K)	W/(m²•K)	α	(m²•K)/W	D=R×S
钢筋混凝土	40	1.740	17.060	1.00	0.023	0.392
XPS 板（030 级）	25	0.030	0.540	1.25	0.667	0.450
钢筋混凝土	120	1.740	17.060	1.00	0.069	1.177
各层之和Σ	185	—	—	—	0.759	2.019
传热系数 K=1/(0.22+ Σ R)	1.02					
数据来源	用于卫生间					

表3.2-10 控温房间楼板构造三a(厨房,第3层)

材料名称	厚度 δ	导热系数 λ	蓄热系数 S	修正系数	热阻 R	热惰性指标
	(mm)	W/(m•K)	W/(m²•K)	α	(m²•K)/W	D=R×S
钢筋混凝土	40	1.740	17.060	1.00	0.023	0.392
XPS 板（030 级）	25	0.030	0.540	1.25	0.667	0.450
钢筋混凝土	120	1.740	17.060	1.00	0.069	1.177
各层之和Σ	185	—	—	—	0.759	2.019
传热系数 K=1/(0.22+ Σ R)	1.02					
数据来源	用于厨房					

表3.2-11 分户楼板平均热工特性

构造名称	面积 (m²)	面积所占比例	传热系数 K[W/(m²•K)]	修正系数
控温房间楼板构造一 a（居室，第 3 层）	228.29	0.878	1.15	2.02
控温房间楼板构造二 a（卫生间，第 3 层）	11.22	0.043	1.02	2.02
控温房间楼板构造三 a（厨房，第 3 层）	20.40	0.078	1.02	2.02
合计	259.91	1.000	1.14	2.02
标准依据	《江苏省居住建筑热环境和节能设计标准》DB32/4066-2021 第 5.2.1 ～ 5.2.4 条			
标准要求	分户楼板的传热系数符合表 5.2.1 ～ 5.2.4 的规定 (K ≤ 1.20)			
结论	满足			

设计中特别注意，各种保温隔声板需要乘以修正系数，且该系数较大，可达 1.50，对于楼板的保温层厚度起到不可忽视的作用，如果漏乘该系数，将导致过于乐观，设计厚度不足。同时，结构降板需预留足够的厚度，以保证建筑完成面标高的正确性（涉及楼梯平台标高、门窗洞口的距地高度、栏杆防护高度等的重要衔接）。

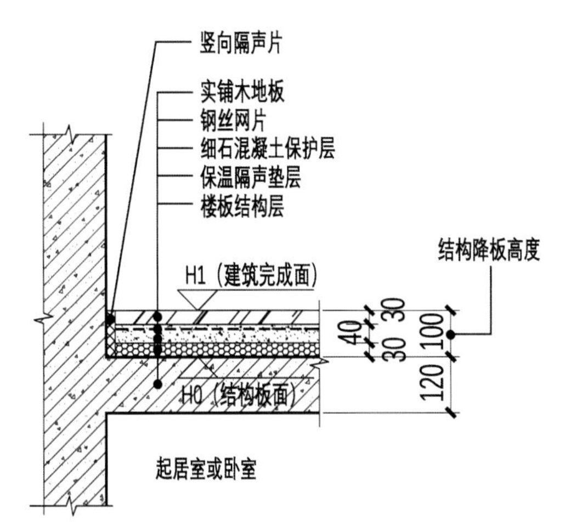

图 3.2-3 来自江苏省地方标准《居住建筑浮筑楼板保温隔声技术规程》（DB32/T3921-2020）第 5.2.1 条图 4：浮筑楼板保温隔声系统基本构造（非玻璃棉），其中的尺寸为笔者根据实际工程设计的构造尺寸，供参考，不同的项目可能有所差异。

3.3、《建筑隔声与吸声构造》（08J931）① 中的一些问题

在国标图集《建筑隔声与吸声构造》（08J931）第 10 页列举了“外墙 4”和“外墙 5”两种蒸压加气混凝土砌块，声称其 R_w+C 可达到 47 ～ 48（dB），与上文 3.2.2 小节按照 700kg/m^3 密度计算的空气声隔声量 43.95（dB）相差 3 ～ 4（dB），图集中 190mm 厚的蒸压加气混凝土砌块满足规范要求，而按照经验公式计算的 200mm 厚蒸压加气混凝土砌块的空气声隔声量却不满足规范要求，原因何在？不少设计人员为了达到绿建隔声要求，直接选用该图集的构造做法，并声称其满足隔声要求。

常用外墙的隔声性能

编号	构造简图	构造	墙厚 (mm)	面密度 (kg/m²)	计权隔声量 Rw (dB)	频谱修正量 C (dB)	频谱修正量 C_{tr} (dB)	Rw+C	Rw+C_{tr}	附注
外墙4	20 190 20 230	蒸压加气混凝土砌块 390×190×190 双面抹灰	230	284	49	-1	-3	48	46	满足外墙隔声要求
外墙5	15 190 15 220	蒸压加气混凝土砌块 390×190×190 双面抹灰	220	259	47	0	-2	47	45	满足外墙隔声要求

注：1. 一般情况下，当外墙有保温层时，墙体的隔声性能会有所提高。
2. 表中隔声数据根据中国建筑科学研究院建筑物理所提供的资料编制。

常用外墙的隔声性能　图集号 08J931　审核 张树君　校对 雷艺君　设计 焦冀曾　页 10

图3.2-4 国标图集《建筑隔声与吸声构造》（08J931）第10页

此处需特别注意，图集中的“蒸压加气混凝土砌块”与《民用建筑热工设计规范》（GB50176-2016）附录 B.1 表中所列的“加气混凝土（蒸压加气混凝土砌块）”不是同

① 中国建筑标准设计研究院．建筑隔声与吸声构造 :08J931[S]. 北京 : 中国计划出版社 ,2008.

一种块材，只是名称恰好相同而已，此“砌块”非彼“砌块”，可以从两者的面密度差异推断出来。

首先按照经验隔声公式，已知综合面密度 m=259 或 284kg/m^2 ＞ 200kg/m^2，则隔声量约为 R=23×lgm-9=23×lg259-9=46.51≈47（dB）或 23×lg284-9=47.43≈48（dB），验证了经验隔声公式的适用性，“墙 4”和“墙 5”的隔声量就是根据综合面密度的值按照隔声公式计算出来的。

关键是其中的综合面密度 m 值，按照上文 3.2.2-1 小节的“外墙构造 1”计算表，两侧 15mm 厚砂浆的面密度为 2×27=54kg/m^2，则“外墙 5”中的“蒸压加气混凝土砌块”的单种材料面密度为 259-54=205kg/m^2，厚度为 0.19m，则此处的所谓“蒸压加气混凝土砌块”的密度 ρ=m/t=205/0.19=1079kg/m^3 ＞ 700kg/m^3（《热工标 2016》中的“加气混凝土”）。同理，按照上文 3.2.2-1 小节的“外墙构造 2”计算表，两侧 20mm 厚砂浆的面密度为 2×36=72kg/m^2，则“外墙 4”中的“蒸压加气混凝土砌块”的单种材料面密度为 284-72=212kg/m^2，厚度为 0.19m，则此处的所谓“蒸压加气混凝土砌块”的密度 ρ=m/t=212/0.19=1116kg/m^3 ＞ 700kg/m^3。

由上述分析可知，图集中的选材为“重质蒸压加气混凝土砌块”，与一般的轻质蒸压加气混凝土砌块不同，不能直接混用。因此，工程师在直接引用图集构造做法时，一定要警惕被引构造做法的数值计算依据和适用性，不能只看表面名称。

4. 关于外窗的隔声性能

参照《民用建筑隔声设计规范》（GB50118-202X）（2019 版征求意见稿）第 4.2.5 条和《住宅项目规范》（GB55XXX-202X）（2022 版征求意见稿）第 6.1.3 条，进一步提高外窗的隔声性能要求，如下表所示：

表3.2-12 外窗（包括未封闭阳台的门）的空气声隔声标准

构件名称	空气声隔声单值评价量 + 频谱修正量（dB）	
交通干线两侧卧室、起居室（厅）的窗	计权隔声量 + 交通噪声频谱修正量 R_w+C_{tr}	≥ 35
其他窗	计权隔声量 + 交通噪声频谱修正量 R_w+C_{tr}	≥ 30

参照国标图集《建筑隔声与吸声构造》（08J931）第 42 页的“玻璃隔声性能表”，一般的双玻一腔中空玻璃窗，如：8+6A ～ 12A+6 中空玻璃，其 R_w+C_{tr} 隔声量只有 29(dB) ＜ 30(dB)，即使采用了夹胶玻璃，如：6+6A ～ 12A+10+ 中空夹胶玻璃，其隔声量 R_w+C_{tr} 最多仅有 33(dB) ＜ 35(dB)。意味着在新标准实施后，如果希望采用双玻一腔外窗，就需要增设夹胶层（相当于一共有 3 片玻璃），如果外窗面临交通干线，则需要采用三玻两腔的组合玻璃才能满足隔声要求。

拟建项目所在的声环境功能分区，可在《建筑环境通用规范》（GB55016-2021）附录 A 中检索；外窗判定是否临“交通干线两侧”，可在《声环境功能区划分技术规范》

（GB/T15190-2014）第 8.3.1 条“4a 类声环境功能区划分”中检索。

［工程案例 3-4：江苏南京某多层办公楼隔声外窗判别及选型］

该项目位于南京市城区，项目用地北邻城市高架快速路，道路红线宽度约 44m，属于“城市交通干线”，南邻城市支路，红线宽度约 9m，西侧为园区，东侧为城市公园。按照《建筑环境通用规范》（GB55016-2021）附录 A.0.1，该项目为行政办公为主要功能，需要保持安静，属于 1 类声环境区，又按照《声环境功能区划分技术规范》（GB/T15190-2014）第 8.3.1.1-a）款，相邻区域为 1 类声环境功能区时，距离城市高架快速路红线 50±5m 的区域内划分为 4a 类声环境功能区，由于该项目是北侧单面城市快速道路，故取最不利距离（最大距离）55m 作为声环境分区边界。将城市高架快速路的红线向南偏移 55m，可见 1、2、3、5 号楼均有一半以上外立面（洋红色粗实线）位于 4a 类声环境区（绿色阴影区），需要进行隔声处理。

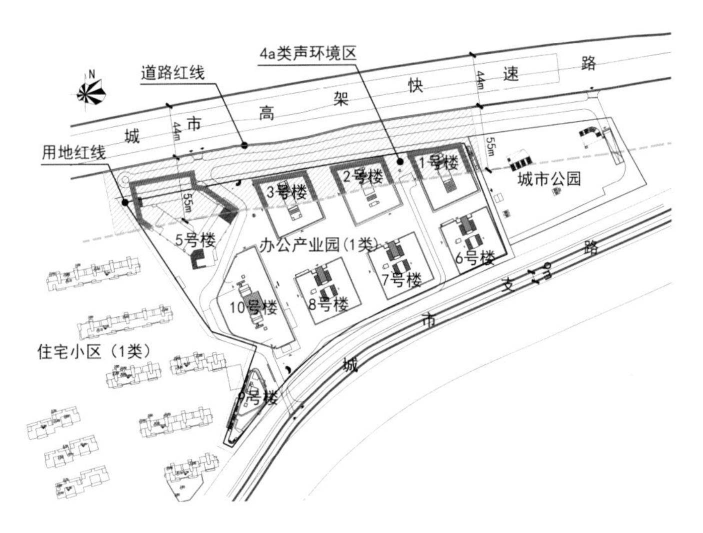

图3.2-5 某办公产业园声环境功能区划分及隔声窗应用部位判别

经讨论，综合考虑节材、便于施工，该项目将在 1、2、3、5 号楼的东、北、西三个方向设置三玻两腔隔声窗，南向设置普通外窗。

表3.2-13 南京某商办项目1号楼的节能计算书（部分）外窗构造

序号	构造名称	构造编号	传热系数	太阳得热系数	可见光透射比	备注
1	隔热铝合金型材 (6+1.52PVB+6) 高透光 Low-E+12A+6+12A+6 （东西向 2-5 层外窗）	111	1.90	0.35	0.620	来源：用户自定义，三玻 + 夹胶，（考虑窗框遮阳）
6	隔热铝合金型材 6 高透光 Low-E+12A+6+12A+8 （南向 2-5 层外窗）	81	1.80	0.35	0.620	来源：用户自定义，三玻 + 夹胶，（考虑窗框遮阳）

本工程聘请专业声学顾问公司进行声学模拟分析以及厂家取样检测，建议南向外窗采用“隔热铝合金型材 6 高透光 Low-E+12A+6+12A+8”，空气声隔声量 R_w+C_{tr}=32dB 大于 30dB，满足《民用建筑隔声设计规范》（GB50118-202X）（2019 版征求意见稿）第 4. 2. 5 条的要求；东、北、西向外窗则采用“隔热铝合金型材 (6+1.52PVB+6) 高透光 Low-E+12A+6+12A+6”，软件模拟玻璃部分的空气声隔声量 R_w+C_{tr}=36 ～ 38.5dB，生产样品检测报告的整窗 R_w+C_{tr}=35dB，均大于等于 35dB，满足规范的要求。

外窗选型除满足隔声要求外，还需同时考虑整窗的传热系数 K、太阳得热系数 SHGC 的要求，多要素综合判别才能遴选出相对较优的产品。

3. 2. 3 关于隔声性能与《绿色建筑评价标准》(GB/T50378-2019) 中的控制项

《绿色建筑评价标准》(GB/T50378-2019) 第 5. 1. 4 条规定，“主要功能房间的室内噪声级和隔声性能应符合下列规定：

1. 室内噪声级应满足现行国家标准《民用建筑隔声设计规范》（GB50118-2010）中的低限要求；

2. 外墙、隔墙、楼板和门窗的隔声性能应满足现行国家标准《民用建筑隔声设计规范》（GB50118-2010）中的低限要求。”

上述绿建评价提到的“低限要求”，就是规范的限值要求，并非只有参评绿建的建筑单体才需要满足。有的项目包含较多的单体，其中选取一部分单体参评绿色建筑星级，除了参评建筑需要满足上述“控制项”要求外，其余建筑同样需要满足《民用建筑隔声设计规范》(GB50118-2010) 的要求，只是相同的限值指标，在《绿色建筑评价标准》(GB/T50378-2019) 中的名称变为“低限要求”而已。

第 4 章 节能设计与计算机软件应用

4.1 节能设计软件概述

市场上商用建筑节能设计软件较多，由于需要跟国内标准对比，所以一般工程项目在建筑施工图审查阶段多采用国产软件，主要包括：北京构力科技有限公司的 PKPM 绿建与节能系列软件、北京绿建软件股份公司的 GBsware 系列节能设计软件、北京天正软件股份公司的 T20 天正节能软件、北京盈建科软件股份有限公司的建筑节能设计软件 Y-GB 等，以下简要介绍几种。

4.1.1 eQUEST

eQuest 是由美国劳伦斯伯克利国家实验室开发的基于 DOE2 的软件中较优秀的一款。其最大的特点在于对空调、控制等机电系统的模拟，因而特别适合机电或能源工程师分析各种设备的节能潜力和全年运行状况，进行分室负荷计算，以确定合适的节能策略和最佳的节能方案。

eQUEST=DOE-2.2 内核 + 分析向导 + 图形化用户界面，目前的最新版本是 2018 年 11 月的 3. 6. 5 版，可以到 https://doe2.com/equest/ 免费下载

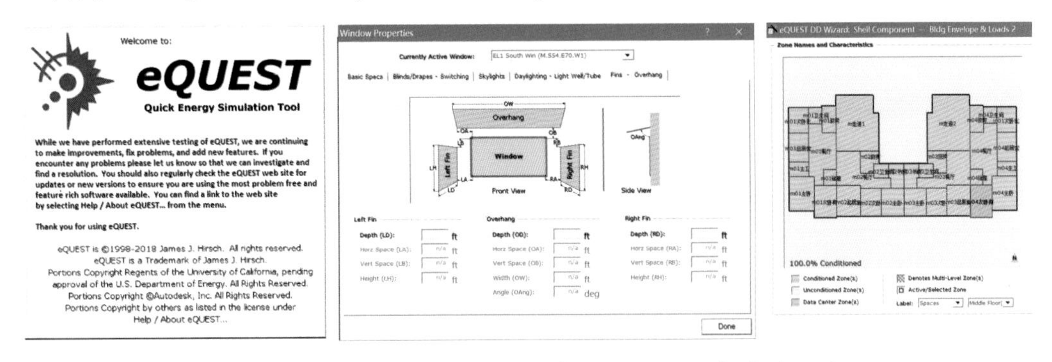

图4.1-1 eQuest软件启动界面，房间定义，及窗外遮阳定义

4.1.2 PKPM绿建节能（也称PBECA）

软件基于通用计算核心“DOE2.1”，自成一体，在 AutoCAD 中以常规线和代理实体来创建“PKPM 平面图”，如墙、门窗等，保存在“ACARX_”开头的图层中。模型文件（模型兼工程设置文件）：*.BDL。支持现行的各省规范及全国规范，允许分别选用地方规范和国标计算，在省会城市如上海、天津等有定制的专版软件。

图4.1-2 PKPM绿建节能系列软件的工作界面

4.1.3 绿建斯维尔

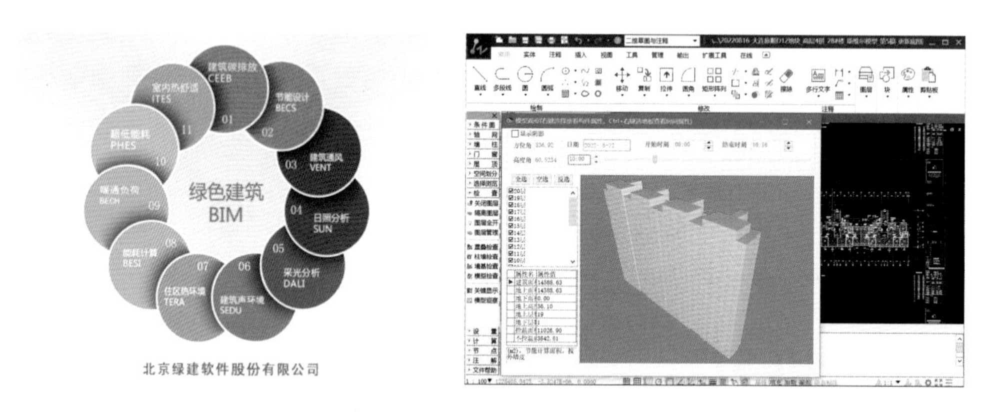

图4.1-3 绿建斯维尔2023启动界面及工作界面

该软件将通用计算核心“DOE2.1”嵌入 AutoCAD 平台，在其中创建斯维尔的代理实体，如墙、门窗等，保存在“建—墙、建—门窗”等以“建—”开头及“公—视口”的图层中，该类图层中的图元在纯 CAD 或天正中不可见，仅在斯维尔软件中能被识别和修改。支持现行的各省规范及全国规范。

4.1.4 新一代基于BIM三维平台的分析软件

如盈建科公司的 Y-GB V2023、北京绿建软件股份有限公司的 BECS for Revit 等，该类软件或者与国产的 BIM 平台对接，或者基于国外的 BIM 平台开发，期望去掉二维设计图转三维分析模型的中间环节，减少数据损失。截至 2022 年底，该类软件还处于改进之中，其中一个关键问题是：施工图 BIM 模型的信息丰富，细节饱满，但是对于分析模型来说显得营养过剩，因为分析模型是节能概念设计的结果，要把与热工分析无关的信息隐藏，同时要增加相关图元的空间属性、材料属性等，如何能兼顾施工图模型和分析模型共存，而不是另行导入导出分析模型，是此类新生软件需要解决的问题。

BIM 三维平台分析的优越性在于，直接从空间模型判别构件属性，而不是通过拼装的层模型分层统计，特别是一些特殊造型的建筑，具有不规则外墙、屋面的建筑，按照空间模型测算的体形系数更接近于实际情况，有望用数字模型替代缩尺实体模型进行模拟。

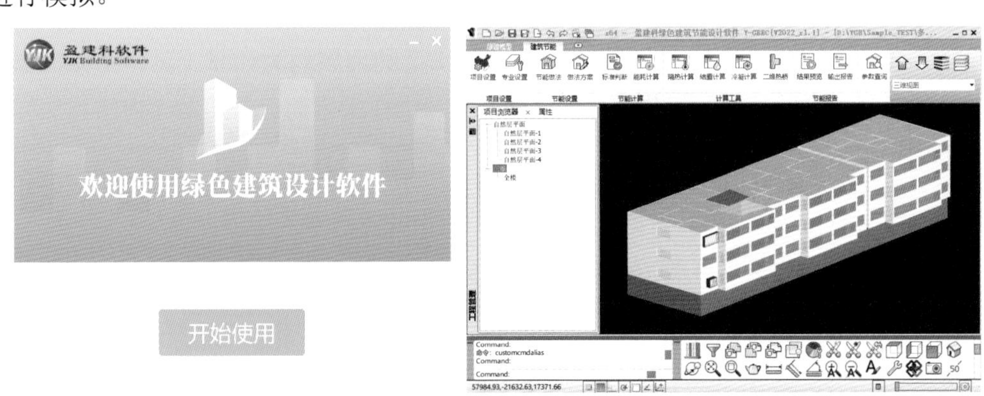

图4.1-4 盈建科YJK-GBV2022 r1.1版启动界面及工作界面

4.2 能耗分析的核心算法

4.2.1 DOE-2

DOE-2 是目前市场上多数的节能软件的能耗分析模块（即“权衡计算”）采用的核心算法，由美国能源部资助，劳伦斯伯克力国立实验室（Lawrence Berkeley National Laboratory）模拟研究小组开发，其名称就是美国能源部（Department Of Energy）的缩写。DOE-2 以小时为单位对建筑进行能耗分析，可以计算建筑物全年的逐时负荷，我国建筑节能设计标准的大多数临界值，均是经由该软件计算得出的。国内有学者曾对

DOE-2 算法与我国传统的供暖空调能耗计算方法进行比对①，认为 DOE-2 比较适用于全年"打包计算"的供暖空调总用电量，但具体到不同的季节，夏季冷负荷差异小、冬季热负荷差异大，需要谨慎采用。换言之，DOE-2 更适用于全年、整体的建筑能耗的分析，而对于局部分析或者短时分析，则要考虑其他的补充方法，例如：线性节点传热法等。

DOE-2 属非商业性软件，可以到其官方网站 https://www.doe2.com/ 免费下载，目前的最高版本是 DOE 2.3。但是其原生的用户界面和操作却过于专业化，对于数据的输入要求很严格，而输出结果也过于宽泛，所以，衍生出很多基于该计算内核的商业软件，通过友好的用户界面与用户进行数据交换，包括：建立分析模型、设置气候分区、楼层属性、房间属性、材料属性，随后由软件将输入的数据转化为 DOE-2 所识别的 Fortran 数据源 (*.inp)（如下表所示），再调用 DOE-2 计算内核的算法进行计算，同时将 DOE-2 的繁杂枯燥的数字转化成图、表、三维示意图等直观明了的信息，并且将计算结果与中国国家规范或地方规范的限值进行比对，最后反馈给用户能耗是否达标，也就是俗称的"权衡计算或动态计算是否通过"。国内的代表性绿建软件厂商如：北京绿建斯维尔、PKPM、盈建科等，都采用了 DOE-2 的内核作为计算工具。例如，在绿建斯维尔 2023 的"工程设置"对话框，就会显示当前采用的计算工具（内核算法）为"DOE2.1E"，且是唯一的计算内核。

表4.2-1 江苏镇江某住宅项目*.inp文件内容示例

```
    $ 江苏镇江某住宅项目 7#10#13#27#29#35#50#.inp   DOE2 Input File
    $Created by BECS 22.07.13
    INPUT LOADS
    INPUT-UNITS METRIC
    OUTPUT-UNITS METRIC ..
    ABORT ERRORS ..
    LIST WARNINGS ..
    RUN-PERIOD   JAN 1 2001 THRU DEC 31 2001 ..
    $Locaiton: City= 江苏 - 镇江      DateFile=JS_NANJING1.bin
    BUILDING-LOCATION                 // 建筑所在地理位置
AZIMUTH= 0
HOLIDAY = YES
```

① 侯余波，付祥钊，郭勇．用DOE2程序分析建筑能耗的可靠性研究[J]．暖通空调HV&AC.2003年第33卷第3期:p90-p92.

```
 DAYLIGHT-SAVINGS = NO
 LAT=**.** LON=****.** T-Z=-8 ALT=  0.0   ..
      ALT-HOLIDAYS
JAN 1
FEB 1 FEB 2 FEB 3 FEB 4 FEB 5 FEB 6 FEB 7
MAY 1 MAY 2 MAY 3 MAY 4 MAY 5 MAY 6 MAY 7
OCT 1 OCT 2 OCT 3 OCT 4 OCT 5 OCT 6 OCT 7 ..
      RB-Bud-Load = REPORT-BLOCK
  VARIABLE-TYPE = BUILDING
      VARIABLE-LIST = (1,2,19,20) ..
      HR-Bud-Load HOURLY-REPORT
   REPORT-SCHEDULE = YearSchALL1
  REPORT-BLOCK = (RB-Bud-Load)  ..
      $Report:
      LOADS-REPORT
   S (LS-C,LS-D,LS-E,LS-F)
   V (LV-B,LV-I)    ..
      $ 水泥砂浆
      M1 MATERIAL TH=0.1 COND=0.93// 材料物理参数，导热系数、密度、蒸汽渗透
系数等
      DENS=1.8e+03 S-H=1.05e+03 ..
      $ 钢筋混凝土
      M4 MATERIAL TH=0.1 COND=1.74
      DENS=2.5e+03 S-H=920 ..
      。。。。。。(类似数据省略)。。。。。。
      $ Room 4003 起居室 **********
      Rm-4003 SPACE    // 房间属性
   SPACE-CONDITIONS 起居室
   AREA= 20.98
   VOLUME= 63.510
 FUNCTION = (*NONE*,*FSA2*)
   INF-METHOD=AIR-CHANGE
   INF-FLOW/AREA=3.000
   INF-SCHEDULE=YearSch7   ..
```

```
    DWall2084 I-W CONS G48 X= 18.836 Y= 9.984 Z=9.000
  WIDTH= 0.300 HEIGHT=3.000 AZ=348.0 TILT=90.0
NEXT-TO Rm-4009
    。。。。。。(类似数据省略)。。。。。。
    PLANT-PARAMETERS      // 植被参数
 HW-BOILER-HIR = 1.282
 HCIRC-MOTOR-EFF = 0.9
 HCIRC-IMPELLER-EFF = 0.9015
 HCIRC-HEAD = 15
 HCIRC-DESIGN-T-DROP = 10
 HCIRC-LOSS = 0.05
 CCIRC-MOTOR-EFF = 0.9
 CCIRC-IMPELLER-EFF = 0.7558
 CCIRC-HEAD = 35
 CCIRC-DESIGN-T-DROP = 5
 CCIRC-LOSS = 0.05..
    ENERGY-RESOURCE       // 能量来源：电能
 RESOURCE = ELECTRICITY
 ENERGY/UNIT = 3412.97..
    ENERGY-RESOURCE       // 能量来源：标准煤
 RESOURCE = COAL
 FUEL-METERS = (m2)
 ENERGY/UNIT = 11541.9..
    PLANT-REPORT
 HOURLY-DATA-SAVE = FORMATTED
 S (PS-A,PS-B,PS-C,PS-D,PS-E,PS-F,PS-G,BEPS,BEPU) ..
    END ..
    COMPUTE PLANT ..
    STOP ..
    (数据文件结束)
```

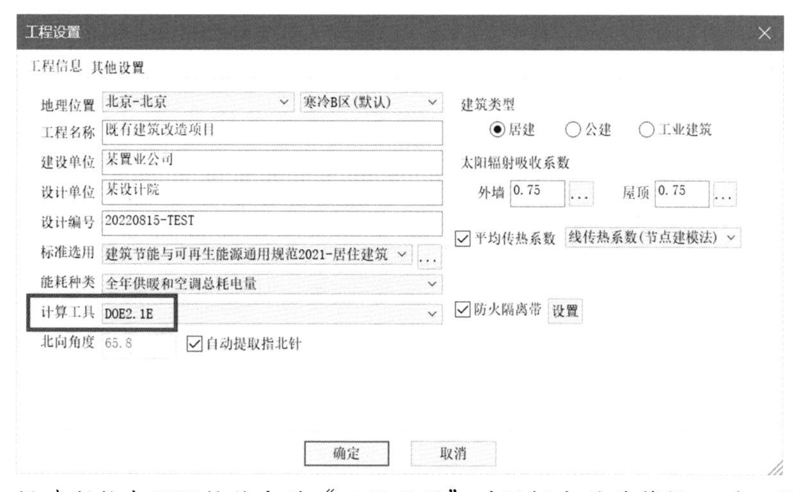

图4.2-1 绿建斯维尔2023软件中的“工程设置”对话框中的计算核心（工具）选项

3. 建筑节能评估结果

对比 1 和 2 的模拟计算结果，汇总如下：

计算结果	设计建筑	参照建筑
全年能耗	160.89	164.23

能耗分析图表：

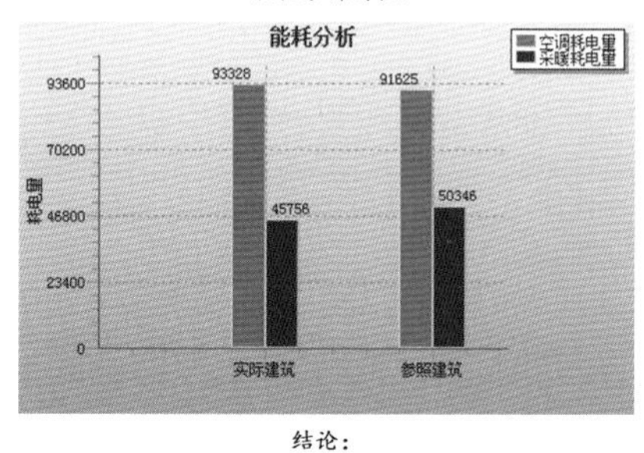

结论：

该设计建筑的单位面积全年能耗小于参照建筑的单位面积全年能耗，节能率为 51.02%，因此苏州朗诗东吴绿郡项目 1.2 期,独立商业 19# 楼已经达到了《江苏省公共建筑节能设计标准》（DGJ32/J96-2010）节能 50%的要求。

图4.2-2 PKPM的权衡计算结果（采用DOE-2计算核心）

［工程案例 4-1：北方某办公楼 DOE-2 算法报错］

工程名称：北方某办公楼

建筑面积：地上 46321m^2，地下 4479m^2

建筑层数：地上 11 层，地下 1 层

建筑高度：41.4m

建筑（节能计算）体积：177130m^3

建筑（节能计算）外表面积：35432m^2

体形系数：0.20

结构类型：钢筋混凝土框架结构

计算分析软件：绿建斯维尔节能设计 BECS2020

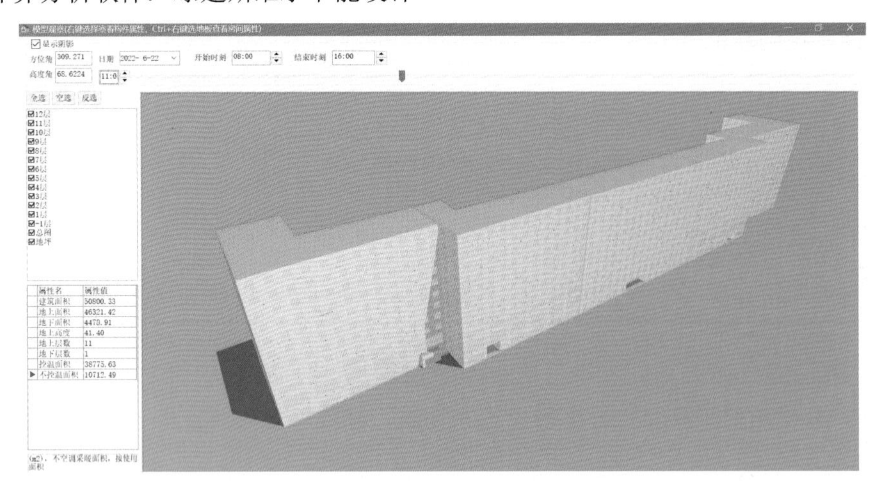

图4.2-3 北方某办公楼节能计算模型

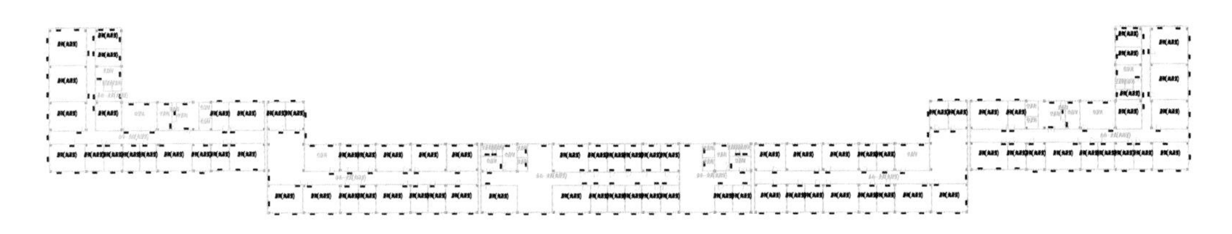

图4.2-4 北方某办公楼平面

该建筑节能计算的问题在于 DOE-2 算法对房间数量的上限限制，DOE 算法对于建筑规模的限制如下表所示（与软件平台无关，PKPM、绿建斯维尔均受此限）：

表4.2-2 DOE-2算法的计算值上限

序号	项目	DOE-2 计算上限值	二进制表达
1	该模型的总房间数	1023	$2^{10}-1$
2	外墙、屋顶与挑空楼板个数之和	4095	$2^{12}-1$
3	内墙及楼板个数之和	3047	$2^{10}+2^{11}$
4	构造材料层数目	9	$2^{3}+1$
5	同一系统中的最大房间数	256	2^{8}
6	系统个数	256	2^{8}
7	地下墙和地面总个数	256	2^{8}
8	门总数	1024	2^{10}
9	窗总数	8191	$2^{13}-1$
10	窗类型	48	$2^{4}+2^{5}$

在绿建斯维尔软件的命令行输入“LJ_GMTJ”，则软件将统计模型中所有参与节能计算构件的数量，该办公楼完成建模之初，由于内墙及楼板个数之和、同一系统中的最大房间数、门总数超过 DOE-2 的限值，软件提示“能耗计算出错，运行能耗模拟程

序失败！设计建筑计算或语法发生错误！”，不能完成权衡计算。

因此，需要精简模型，精简模型的原则是：

1. 合并相同功能的相邻房间，这些房间之间不会因为采暖与非采暖而产生热量耗散，也不会因为房间功能不同、采暖空调负荷不同而产生热量传递。

对于有双墙分隔的相同的功能房间，分两种情况：一是双墙为外墙，墙间设有保温层，此时不建议合并相邻房间，因为如果合并房间，则会减少建筑整体的外表面积，进而减小体形系数，能耗计算偏于乐观。二是双墙的设置仅是为了隔离噪声、防水、防火，双墙都是内墙，此时可以合并相邻房间。需注意的是，节能设计简化合并房间，是出于热工性能等效的考虑，并非指建筑设计也需要合并房间，因为内墙的设置是由特定的分隔要求确定的，不能随意合并。

房间合并也体现了节能概念设计的重要性，即：分析模型是现实世界的抽象和概括，不需要与现实世界完全相同，而是根据项目需求、建筑特点进行等效简化，所谓“等效”，是外围护结构总传热面积等效，还是相邻房间功能等效，或者是总遮阳效果等效？都需要绿建工程师进行专业判断，因项目而异，具体问题具体分析，才能使节能模型与现实世界相对匹配，计算结果相对可靠。

2. 尽可能减少建筑内部的房间门数量，内门不会影响建筑整体能耗分析结果，仅作为构造要求，特别是电梯井道的电梯门，可以全部删除。从节能概念设计来说，节能模型中大部分建筑的内门都可以全部取消。之所以建模内门，主要是出于便于定位模型房间，增强模型的可识别性，或者是因为某些地区居住建筑节能规范要控制“通往封闭室内空间的户门”的 K 值上限 [例如：江苏地区，$K_{封闭户门} \leqslant 2.0W/(m^2 \cdot K)$]，“封闭室内空间”一般是指封闭楼梯间、大堂等从户内采暖房间出来的非采暖房间。所以，对于居住建筑，建模内门也是有节能意义的，当工程师一时不能明确哪些门有限值要求时，至少首先建立外墙面上及楼梯间周圈内墙面上的门。

3. 外门窗的数量不应减少，不得已时，应按照分朝向总面积相同的等效原则进行合并。

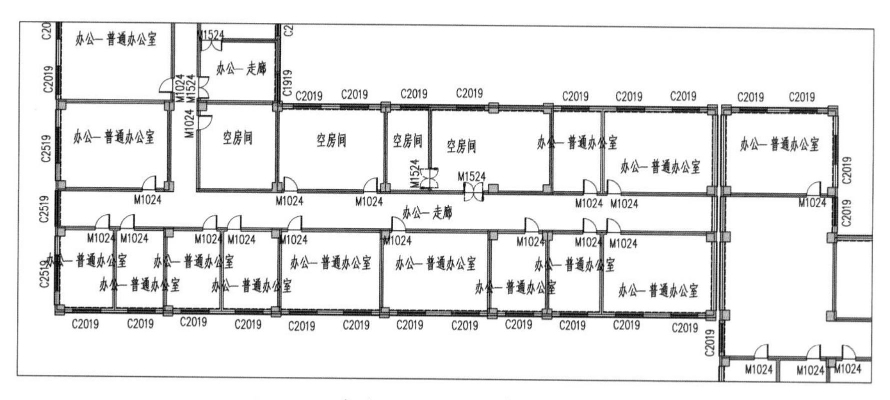

图4.2-5 某办公楼平面房间，精简前

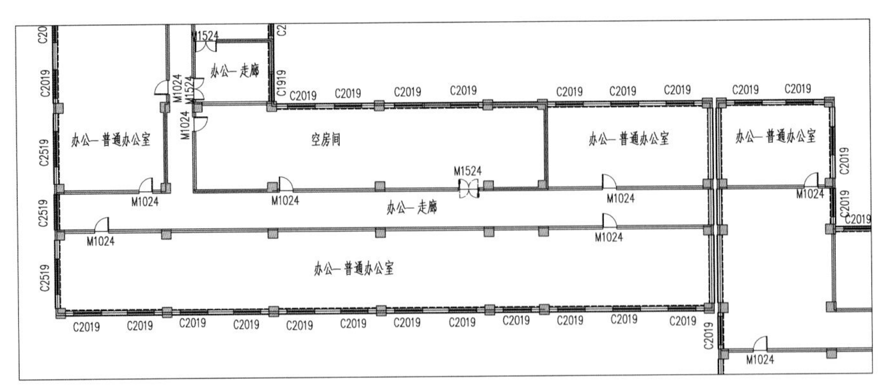

图4.2-6 某办公楼平面房间，精简后

表4.2-3 房间合并前后与DOE-2限值比对

序号	项目	DOE-2 计算上限值	合并房间前	合并房间、精简内门后
1	该模型的总房间数	1023	997	687
2	外墙、屋顶与挑空楼板个数之和	4095	1863	1661
3	内墙及楼板个数之和	3047	3122（超限）	2375
4	构造材料层数目	9	3	3
5	同一系统中的最大房间数	256	997（超限）	105
6	系统个数	256	1	12
7	地下墙和地面总个数	256	19	19
8	门总数	1024	1104（超限）	878
9	窗总数	8191	1543	1543
10	窗类型	48	2	2

4.2.2 EnergyPlus

EnergyPlus 同样是由美国能源部和劳伦斯伯克利国家实验室 BLAST 和 DOE-2 的基础上开发的一款建筑能耗模拟引擎，EnergyPlus 也属非商业性软件，其特点包括：

1. 集成解决方案，不必预先假设暖通空调系统满足区域负荷的要求，并能够模拟无空调和空调不足的区域。

2. 基于热平衡的辐射和对流效应解决方案，可进行表面温度、热舒适性和冷凝计算。

3. 对于热区和暖通空调系统之间的相互作用具有自动变化的时间步长，能够以快速的动态特性对系统建模，可以在速度和计算精度之间取得平衡。

4. 可以考虑区域间空气流动的综合传热模型。

5. 先进的开窗模型，包括可控百叶窗、电致变色玻璃和逐层热平衡，计算窗玻璃吸收的太阳能等。

6. 可生成视觉舒适度和驾驶照明控制的照度和眩光计算报告。

7. 基于组件的暖通空调设备，支持标准和新型系统配置。

8. 大量内置 HVAC 和照明控制策略，以及用于用户定义控制的可扩展运行时脚本系统。

9. 功能实体模型界面导入和导出，用于与其他引擎进行协同仿真。

10. 标准总结和详细输出报告，以及用户可定义的时间分辨率从 1 年到 1 小时的考虑了能量放大的报告。

4.2.3 DeST

DeST 建筑能耗模拟软件由中国清华大学建筑技术科学系开发，软件研发始于 1989 年，截至 2022 年，共有 3 大模块，分别是住宅模块（DeST-h，2004）、商业建筑模块（DeST-c，2013）、航站楼专用模块（DeST-T，2017），最新软件版本为 DeST3.0（20220712 版）。DeST 软件基于 AutoCAD 平台开发，目前支持 AutoCAD2021 ～ 2023 平台。

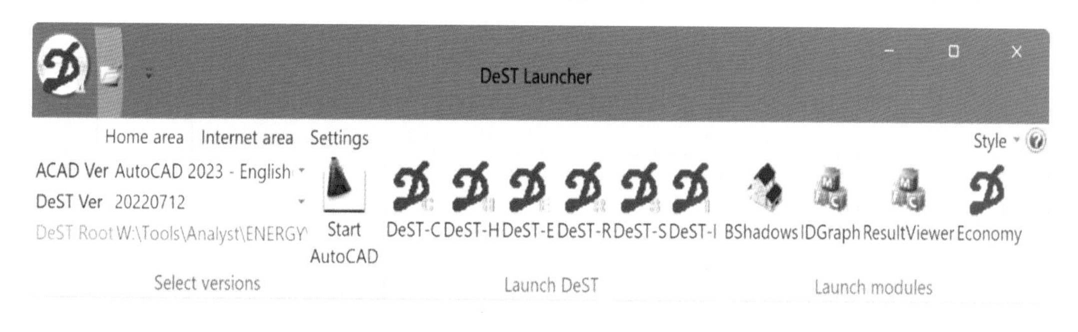

DeST 软件有如下特点：①

1. 全工况分析

指的是对建筑的热环境、设备的性能等进行全年逐时的动态模拟分析，以自然室温为桥梁，联系建筑物和环境控制系统。自然室温指当建筑物没有采暖空调系统时，在室外气象条件和室内各种发热量的联合作用下所导致的室内空气温度。它全面反映了建筑本身的性能和各种被动性热扰动（室外气象参数，室内发热量）对建筑物的影响。这样，当分析模拟建筑热性能时，可以立足于建筑，通过精确的建筑模型，模拟计算各室的自然室温，继承和扩充 DOE-2 与 ESP-r 在建筑描述与模拟分析上的各种优越性。而在研究空调系统时，又可以以各室的自然室温为对象，把自然室温与建筑特性参数合在一起构成建筑物模块，这样从系统的角度看来，建筑就可以成为若干个模块，与其他部件模块一起，灵活组成各种形式的系统，继承 TRNSYS 类软件的各种优越性。这是 DeST 对建筑与系统解耦的基本方法。

2. 分阶段设计，分阶段模拟

指的是将空调系统的设计过程分为如下几个阶段：建筑设计阶段、系统方案设计

① 清华大学建筑技术科学系 DeST 开发小组 .DeST 用户使用手册 .2004.

阶段、设备选择阶段、输配系统设计阶段，在每一阶段，设计者通过对不同方案的模拟校核计算，可以比较选择出较为理想的设计方案。

实际的设计过程包含不同的设计阶段，每个阶段的设计目标和侧重点不同，随着设计的不断深入，信息量扩大但同时可调节性降低。在不同的设计阶段，已知和未知条件不同，随着设计的展开，各阶段的已知和未知条件也在不断转化，前一阶段的未知因素通过设计成为本阶段的已知条件。例如，在初步设计阶段，内部发热量和外界气象参数是已知条件，在这些作用下建筑物的热特性是未知的；而到了方案设计阶段，建筑物的热特性成为已知因素，设计者需要在此基础上对空调方案进行比较、取舍，并为进一步的设备选择提供依据。

3. 理想控制的概念

分阶段模拟对计算模型提出了一定的要求，对于每一个设计阶段而言，上一阶段的设计属于既定的计算条件，而下一阶段的设计尚未进行，相关部件和控制方式未知，因此必须明确后续阶段的计算方法。由于当前阶段的模拟分析目的是评价这一阶段的设计是否满足要求以及存在哪些问题，并对下一阶段设计提出要求，因此，DeST 没有采用 DOE-2 和 TRNSYS 的“缺省模式”，而采用“理想化”方法来处理后续阶段的部件特性和控制效果，即假定后续阶段的部件特性和控制效果完全理想，相关部件和控制能满足任何要求（冷热量、水量等），这样处理有以下优点：

• 排除后续设计阶段的“缺省模式”对本设计阶段设计效果的干扰，突出本设计阶段的模拟分析目的，获得该阶段设计方案的客观评价结果；

• 由于采用相同的输入和假设，模拟结果具有可比性和实际的指导意义；

• 实现当前阶段的模拟完全不需要下一阶段的设计信息，不给当前阶段的设计工作增加额外的工作量；

• 可以得到对下一阶段的需求，为下阶段设计提供有益的信息。

4. 通用性平台

尽管 DeST 的模拟思路是整合建筑环境及其控制系统的各阶段模拟分析工作，但是由于融合了模块化的思想，继承了 TRNSYS 类软件模块灵活的优点，其计算模块具有较好的开放性和可扩展性，DeST 可以作为建筑环境及其控制系统模拟的通用性平台，实现相关模块的不断完善和软件的功能扩展。

国家大剧院、国家主体育场（鸟巢）、国家游泳中心、西安咸阳机场 T3 航站楼等大型建筑都采用 DeST 进行了节能咨询。

4.2.4 其他计算内核

其他的计算内核包括美国的 BLAST、Energy-10、ENER-WIN、SPARK、TRNSYS 等，加拿大的 HOT2000，英国的 ESP-r，日本的 HASP 等，上述计算内核的普及性和稳定性不及 DOE-2 和 Energyplus，此处不逐一赘述。

4.2.5 小结

总的来说，DOE-2 的冷热负荷的能耗模拟所采用的反应系数法，不能考虑模块之间反馈的顺序，目前还是世界范围内使用最广的计算核心，EnergyPlus 兼具 BLAST 和 DOE-2 的优点，被视为取代 DOE-2 的下一代能耗模拟内核，其采用模块之间彼此能够反馈的集成同步模拟方法，故而模拟出的能耗结果较 DOE-2 会更为精确。

由于大多数建筑无法完全达到规定性指标的要求，因此能耗计算时常成为围护结构选材的控制因素，而能耗计算又依赖于核心算法。对于建筑设计师来说，主要关注核心算法的概念合理性及稳定性，其中：

“概念合理性”是指计算结果与实际生活体验和设备运行实测数据基本相符（未必是与直观判断相符，因为直觉有时并不准确）。例如：对于地面以上的采暖房间，冬季的热流方向总是从室内（18℃）流向室外（0℃以下），如果线性传热节点出现了负数，表明室外更热，与生活体验不一致。

“算法稳定性”是指同一个模型和参数设置，在不同时间计算、在不同的计算机上计算，应该呈现相同的计算结果，或者数值误差控制在 1/1000 以内。此外，对于同一品牌的商业软件，同一算法核心在不同的软件迭代版本中的计算结果应相对稳定，不应出现大幅波动。

4.3 节能建模的等效原则和方法

科幻小说《三体》中有个情节：“主人公云天明由于身患绝症，人类的科技无法将其救治，但三体人的科技可以治愈他，于是，人类把云天明的大脑发送到太空，三体人截获以后，将云天明的大脑从一个器官还原成一整个健康的人。”截至 2023 年，人类的科技还不能实现 100% 的还原世界，而用计算机模拟现实世界，总是抽象和概念性的，分析软件也不可能面面俱到地满足客户的各种奇形怪状建筑的建模要求，因而只能根据既有的生活经验，结合工程设计原理，用简化的概念模型，算出相对合理的结果。所以，如何构建一个相对合理的概念模型来等效复杂的物质世界显得十分重要。

4.3.1 总的等效原则

笔者提出如下总等效原则，并通过若干算例加以阐释，简称为“三合理，一简单”原则：

1. 构件的空间信息在概念上要合理，特别是墙、外窗、楼板、屋面等直接参与热工计算的围护结构的面积、布置方式等关键参数，会直接影响外保温厚度和玻璃选型，如果软件不能完全模拟实际情况，则倾向于偏于不利的建模方式。例如：坡屋面能否用平屋面模拟？是按照外凸的凸窗建模，还是按照墙体在外的平窗建模？

2. 构件的热工属性在概念上要合理。例如：实际上是外挑楼板，则不要变为内围护结构；实际上是屋面，则不要变为凸窗顶板等，需结合工程实际判别。

3. 模型的简化方式在概念上要合理。例如：地下室小型天井内的窗，实际上对于建筑节能的贡献很小，规范也没有规定，则可以不建模，直接当作地下室外墙，施工图中采用同朝向外窗的构造即可。

4. 模型的建立方法，尽量简单易懂、直观，减少中间手动推算的过程，特别要注意避免为了达到特定暂时目的而进行的“不留痕迹且沉默的修改”，因为项目持续时间长（3 ～ 5 年或更长），中途可能出现人员调整、项目变更，要让不熟悉这个项目的新手很快就能读懂该模型，而不是采用所谓的“聪明的手段”去构建一个表面上很精细的模型。

需要注意的是，此处指的“合理”，并非是指一模一样、完全相同，而是指：在现有的分析软件的能力范围内，尽可能地接近实际情况。从人类分析和解决问题的能动性出发，必须将纷繁复杂的现实世界提炼出来，不需要，也没必要把模型建得惟妙惟肖。

有些情况下，甚至会像结构专业计算基础沉降一样，调整计算参数去拟合概念设计的估算值，而不是被数据牵着鼻子走，唯数据是瞻。

[工程案例 4-2：总等效原则：隔层半凸窗窗槛墙敞开作为空调机位的建模]

江苏镇江某住宅区项目 4 层住宅单体，南向外窗在第 2、4 层的窗槛墙向内凹进、敞开作为空调机位、外保温设置在凹口内，第 1、3 层和屋面层的窗槛墙与外墙面平齐、外保温设置在外墙平面内。外窗两侧没有与空气直接接触的侧板，而是与主体墙面平齐。其实际的空间模型如下图所示：

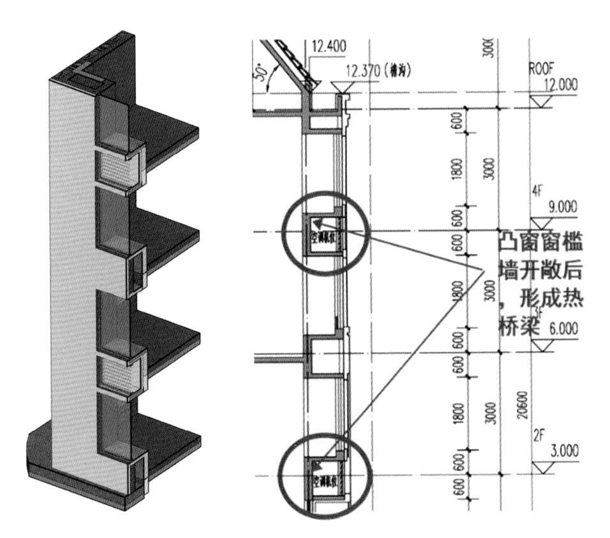

图 4.3-1 隔层半凸窗建筑设计剖面图，本工程实际的外窗模型，黄色的为外保温，在有空调机隔栅的位置，外保温设置于凹口内

斯维尔软件暂不支持下部开敞、上部封闭的“半凸窗”建模方式，故需要综合考虑如何合理地进行概念模型简化，需注意的是，所谓的“概念模型简化”，并不是单一地建模，而是结合建模与计算统筹考虑，有时虽然模型与实际建筑比较接近，但围护结构的属性失真，也是要慎重采用的，甚至要放弃该种惟妙惟肖的模型，转而采用更合理的概念模型。

有 4 种方法供选择：

1. 按照建筑设计仿真建模

将实际的墙体外凸，并设置墙体的高度同外窗的高度，从立面上模拟外凸的窗。但是该种建模方式的缺陷在于：

• 窗口底板和顶板的标高需要单独设置，且构件属性变异，概念上应该属于“凸窗底板或者挑空楼板”，属性却变成了“首层周边地面”或者“控温房间楼板”，概念上应该属于“凸窗顶板”，属性却变成了“控温房间楼板”或者“屋面”，概念上应该属于“外墙窗槛墙”，属性却变成了“控温房间隔墙（内墙）”。

• 房间上方的顶盖无法封闭。因为目前的节能分析软件时主要基于“层模型”，每层只有一块楼板，凸窗区域也不例外，该块楼板如果设置为凸窗底板，就不能在指定为凸窗顶板，两者只能居其一。如果新增一种“内围护结构”，材质改为“凸窗顶底板”，采用构造保温，则会变成内围护结构判定，也不合理。

• 由于提高窗台而形成的窗槛墙，因为属性变成了内墙（无论是否手动将其设置为“外墙”），均不参与外表面积统计和外墙加权平均 K 值统计，但体积统计则包含窗下体块，导致体形系数整体略低，偏于乐观。

• 最后，此种建模方式过于复杂，手动设置、修改参数多，不利于后续判读和修改。因此，本工程放弃此种表面上仿真的建模方式。

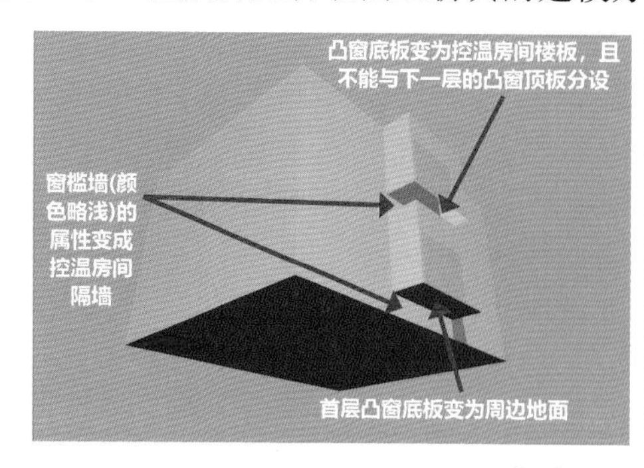

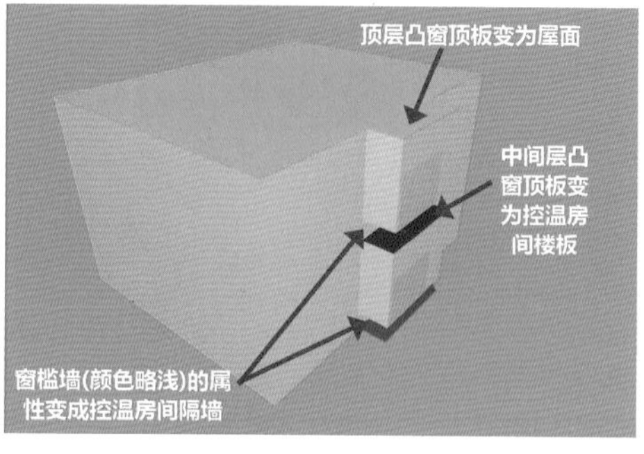

图4.3-2 仿真建模导致的构件属性变化

2. 按照全凸窗建模

按照墙体在内侧，各外窗均为节能意义上真凸窗，此时模型中出现了真正的凸窗顶、底、侧板，且规定性指标按照凸窗冷热桥的要求加以限制，偏于宽松。按照江苏省地方标准《居住建筑热环境和节能设计标准》（DB32/4066-2021）第 5. 2. 5、5. 2. 11 条，凸窗顶、底、侧板的构造保温要求传热阻不低于冷桥要求，即 R ≥ 0.52（m^2•K)/W，K ≤ 1/R=1.92W/（m^2•K），一般采用 15mm 厚度的 XPS 板 [λ=0.030W/（m•K）] 即可，注意所采用保温材料的导热系数需要乘以修正系数放大。

表4.3-1 凸窗构造在绿建斯维尔软件中的输出结果

材料名称（由外到内）	厚度 δ	导热系数 λ	蓄热系数 S	修正系数	热阻 R	热惰性指标
	(mm)	W/(m•K)	W/(m^2•K)	α	(m^2•K)/W	D=R×S
XPS 板（030 级）（屋面）	15	0. 030	0. 540	1. 25	0. 400	0. 270
钢筋混凝土	100	1. 740	17. 060	1. 00	0. 057	0. 980
各层之和 Σ	115	—	—	—	0. 457	1. 250
传热阻 R=0. 15+ Σ R	0. 61					
标准依据	《江苏省居住建筑热环境和节能设计标准》DG32/4066-2021 第 5. 2. 11 条					
标准要求	凸窗顶板传热阻不低于冷桥要求 (R ≥ 0. 52)					
结论	满足					

从概念上，此处外窗仅顶、底表面外露，侧面为平行墙面，可以参照外挑楼板和凸窗顶板，不算完全暴露在外的屋面，如果按照屋面板考虑，则屋面保温太厚，凹口中无法放置空调外机。此外，由于参与加权平均的砌体外墙面积减少（主要是外窗两侧的外墙面减少），导致外墙加权平均 K 值提高，外保温需要整体增加厚度才能达到原设计水平。

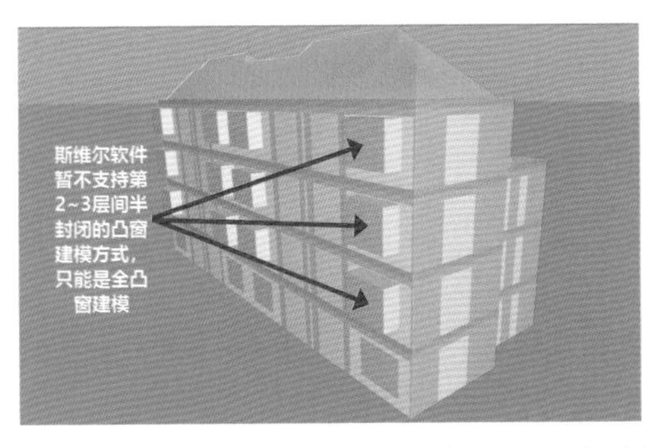

图4.3-3 左：全凸窗建模，右：全平窗建模

3. 按照凸窗数量等效的方式建模

结合建筑设计特点，第 4 ～ 6 层按外墙平窗设置，第 2、3 层设置真正的凸窗。该方法从构件数量统计和体形系数计算来说，精度有一定的提高，具有顶、底、侧板的凸窗总数量与实际情况相对接近，实际设计有凸窗构造，节能计算书中也有体现，同样符合概念设计的思想。

但是每个项目要处理十多个模型，对于不熟悉这种反算楼板数量的用于建模的过程的工程师而言，模型中只看到有的楼层凸窗、有的不是，而设计图都是一样的平面，容易产生误解，不利于模型的长期维护。因此，该种建模方式可作为一种备选的建模方式。

图4.3-4 按照凸窗数量等效原则建模

4. 按照外墙平窗建模

使实际的墙体外凸，不单独设置墙体高度，也不单独设置窗台底板、顶板标高，房间楼板自然延伸至窗所在的外墙。该种建模方式的不足之处在于忽略了隔层凸窗的存在，统一用外墙模拟。但其优点更明显：概念清晰，窗侧有外墙面时更接近于平窗，而不是具有转折侧板的节能意义上的凸窗；其次，模型简单便于维护，即使一名完全不熟悉该项目的工程师打开模型，也能很快了解建模方式和构件属性，十分有利于模型的长期“保鲜”。

由于忽略了外窗顶底板内凹的比例影响，故还需进行热工概念设计，局部加强凸窗凹口处构造保温，降低热桥的不利影响。凸窗周圈侧墙可采用“钢筋混凝土200mm+EPS板90mm”，$K_{热桥}$=0.391W/（m^2•K），略低于“砂加砌块200mm+EPS板50mm”的$K_{砌块}$=0.399W/（m^2•K）。凸窗顶、底板可按照挑空楼板构造，保温厚度取为EPS板50mm，K=0.673W/（m^2•K），优于规范对凸窗构造保温的最低要求K ≤ 1/0.52=1.92W/（m^2•K），如下图所示。

需留意，凸窗板顶、底面的保温厚度需综合考虑空调设备的净高需求，如果设备净高略高于670mm，则可适当减薄凸窗板顶、底面的保温厚度，但最小厚度建议不小于30mm的经验厚度。

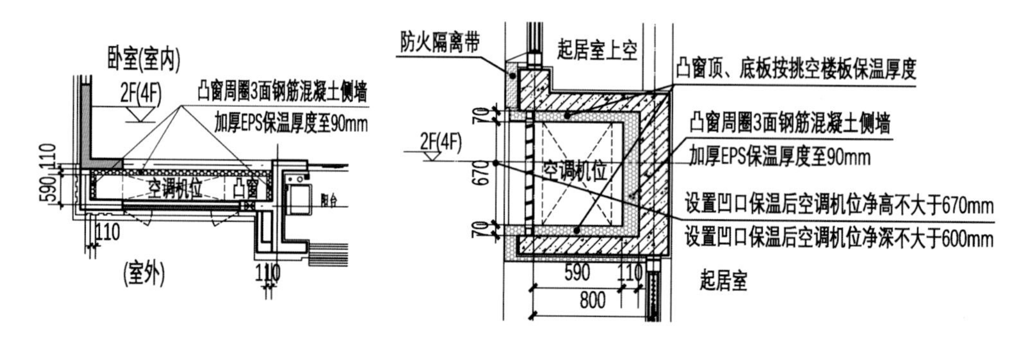

图4.3-5 左：第2、4层凸窗平面。右：第2、4层凸窗剖面详图

关于凸窗的建模方式在其他项目中的差异，参见附录工程案例A.8.2的凸窗建模方式比较。

4.3.2 等效类型1：传热面积（或长度）等效

传热面积等效多用于外墙多种热桥面积或者不同构造屋面面积等效。

[工程案例4-3：江苏镇江某园区4层住宅外墙热桥柱面积等效]

该项目为剪力墙结构，在外墙凹口处（如下图所示）1轴和2轴上，由于结构布置的需要，墙体两端各有一段钢筋混凝土墙，在节能分析模型中，含有窗洞的A～B轴墙体是一片整墙，如果要从中分离出一小段钢筋混凝土墙进行仿真建模，则需要在窗洞处将A～B轴墙体打断，然后将外窗南侧的墙体设置为钢筋混凝土墙，加上B～C段墙体也需要打断分离成钢筋混凝土墙，建模工作增加了复杂度，容易出错。

此时应该放弃仿真建模的思路，采用传热面积等效的概念设计方法，仅将B～C段墙体分离为不同材料，同时延长1、2轴的钢筋混凝土墙体，使之增量等于A～B轴的钢筋混凝土墙体长度，此时，外墙加权平均传热系数与分设钢筋混凝土墙体的建模方法相同，实现“热桥传热面积等效”。

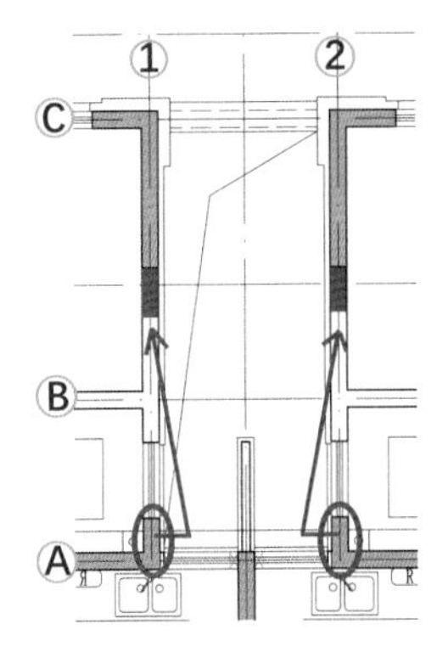

图4.3-6 剪力墙面积等效建模

表4.3-2 外墙加权平均传热系数规定性指标计算

构造名称	构件类型	面积 (m^2)	面积所占比例	传热系数 K[W/(m^2·K)]	热惰性指标 D	太阳辐射吸收系数
外墙构造一（加气块）	主墙体	477.06	0.544	0.38	4.37	0.75
外墙构造二（钢筋混凝土）	主墙体	399.90	0.456	0.60	2.80	0.75
合计	—	876.96	1.000	0.48	3.66	0.75
考虑线性热桥后 K	0.48+153.35/876.96=0.65					
标准依据	《建筑节能与可再生能源利用通用规范》（GB55015-2021）第 3.1.8 条					
标准要求	K 应满足表 3.1.8 的规定（K ≤ 1.00）					
结论	满足					

[工程案例 4-4：江苏苏州某 4 层住宅屋面防火隔离带面积等效]

在斯维尔软件中，“屋面防火隔离带”只有 1 种方式统一设置，即在工程构造 -> 防火隔离带，当采用软件默认的方式设置防火隔离带时，所有屋面只能采用 1 种构造，不能区分含有露台平屋面与顶部大屋面的构造差异。

本工程露台设置泡沫混凝土等轻质填充层找坡兼保温，沥青瓦坡屋面则无需设置泡沫混凝土找坡，以致两者的保温厚度不同，坡屋面为 150mm 厚 XPS，露台平屋面为 100mm 厚 XPS，此时如果仅采用同一种防火隔离带，则软件会统一采用排序第一位的防火隔离带及其厚度材料赋予每种屋面，当多种不同构造的屋面面积相当时，会产生一定的偏差。如果为了项目的经济性，需要贴近规范指标设计保温厚度，则应该考虑该误差。

解决方案为：在斯维尔软件中，将“工程设置”中的屋面防火隔离带宽度改为 0，手动将 500mm 宽水平防火隔离作为屋面进行建模等效，以分离不同构造厚度的防火隔离带，其中坡屋面泡沫玻璃防火隔离带厚度随坡屋面主体保温厚度 150mm，露台平屋面泡沫玻璃防火隔离带厚度随露台主体保温厚度 100mm。该方法的优点在于可以相对准确地模拟不同种类的屋面防火隔离带且面积总量和权重较为准确，缺点在于需要手动建模防火隔离带，需要有清晰的防火概念（何处需要设置水平防火隔离带）和热工概念（防火隔离带对应屋面的主体保温厚度是多少），设计工作量增加。

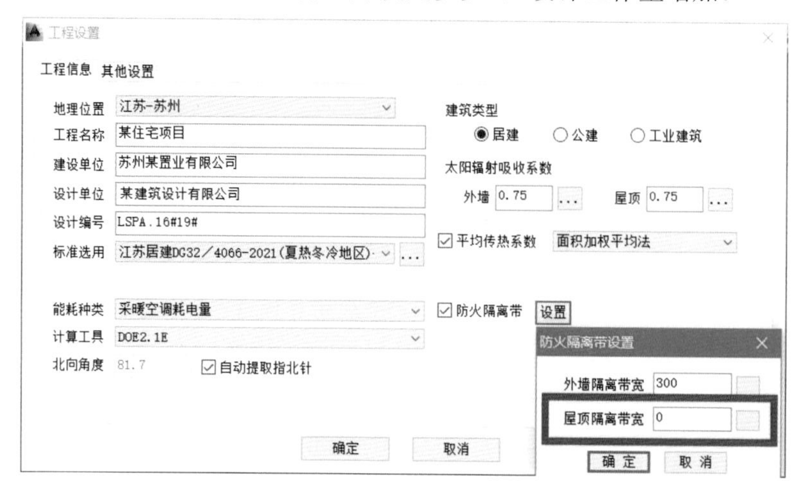

图 4.3-7 绿建斯维尔软件的“工程设置”对话框，手动防火隔离带时，屋面防火隔离带宽度为零

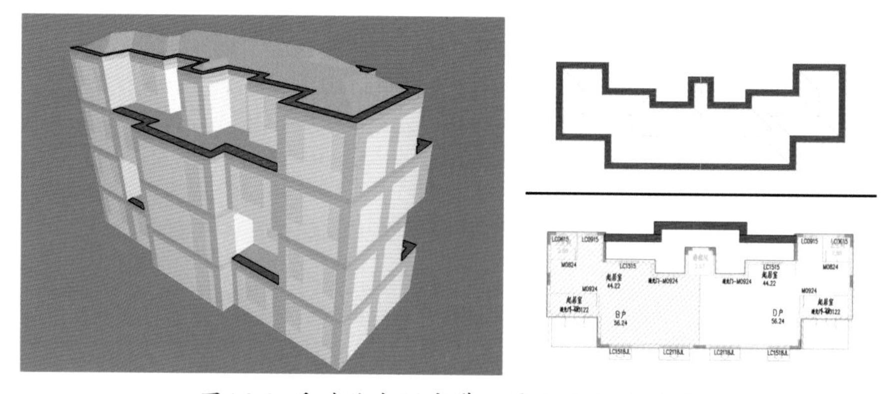

图4.3-8 手动防火隔离带，露台层和屋面层

表4.3-3 屋面加权平均传热系数计算判定表

构造名称	面积（m^2）	面积所占比例	传热系数 K[W/(m^2•K)]	热惰性指标 D	太阳辐射吸收系数
屋顶构造一（坡屋面）	97.41	0.485	0.24	4.27	0.75
屋顶构造二（坡屋面防火隔离带）	31.75	0.158	0.44	3.38	0.75
屋顶构造三（露台平屋面）	15.35	0.076	0.33	4.19	0.75
屋顶构造四（露台防火隔离带）	7.10	0.035	0.58	3.59	0.75
屋顶构造五（南阳台及北设备平台）	49.08	0.245	0.30	4.37	0.75
合计	200.68	1.000	0.30	4.12	0.75
标准依据	《江苏省居住建筑热环境和节能设计标准》（DG32/4066-2021）第 5.2.1 ～ 5.2.4 条				
标准要求	屋面传热系数值、热惰性指标应满足表 5.2.1 ～ 5.2.4 条规定（K ≤ 0.30）				
结论	满足				

［工程案例 4-5：辽宁大连某小区住宅楼的空调机搁板线性热桥长度等效］

该项目位于寒冷地区，需要考虑结构性热桥的不利影响，线性热桥的构造类别在墙体属性中指定。按照建筑设计，空调机搁板布置分散，如果要进行仿真建模，则要在空调机搁板处将外墙打断。此时，可通过长度等效，将空调机搁板线性热桥集中在其中几片墙，降低模型的复杂性，避免墙体分段。

如下图所示，共有 8 处设置了外伸楼板线性热桥，其中外墙 1 等效相邻两个空调搁板，外墙 8 等效凹口两侧的空调机搁板，外墙 2、4、5、6、7 分别对应整片墙体，注意外墙 3 的长度比实际空调机搁板的长度多出约 600mm，此处体现了模型合理简化的原则：没有必要为了很短的热桥长度去打断墙体、仿真建模，因为即使打断墙体精细化建模，600mm 的热桥长度不会对外墙整体热工性能的设计方向（保温层厚度、能耗等）产生质的影响，而应采用最直观、简练的方式为模型赋值。

从线性传热量表中可知，整栋楼的 WF-2 型线性热桥的长度约 500m，而外墙 3 的多余长度为 0.6m，整栋楼为 11 层，两侧对称，总共只有 0.6×2×11=13m，占比不到 3%，对于精度为 0.01 级别的传热系数 K 值的增量影响微乎其微。

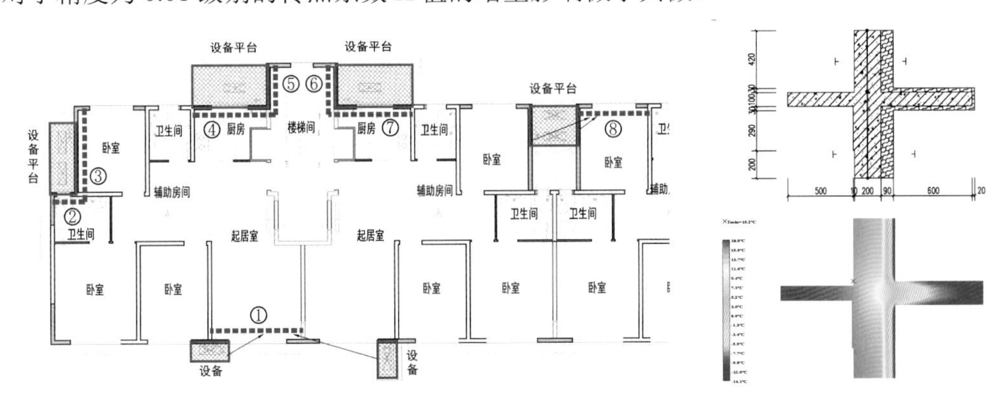

图4.3-9 大连某高层住宅外墙线性热桥长度等效

表4.3-4 线性热桥传热量统计，空调机搁板对应WF-2节点

热桥部位	朝向	索引号	线传热系数 Ψ[W/(m•K)]	热桥长度 L(m)	L*Ψ(W/K)
外墙－楼板	南	WF-1	0.007	388.55	2.72
		WF-2	0.298	146.95	43.79
	北	WF-1	0.007	336.10	2.35
		WF-2	0.298	191.00	56.92
	东	WF-1	0.007	103.20	0.72
		WF-2	0.298	77.69	23.15
	西	WF-1	0.007	103.20	0.72
		WF-2	0.298	77.69	23.15

4.3.3 等效类型2：遮阳效果等效

遮阳效果等效，多用于立面遮阳类型新颖或造型特殊的情况。

[工程案例 4-6：江苏南京某办公楼外遮阳效果等效]

该办公楼西侧采用距离玻璃幕墙面 600mm 且平行于墙面穿孔铝板遮阳，穿孔率大约 40%，但节能分析软件中暂时不支持“穿孔板遮阳”建模，需要进行等效简化。对建筑设计进行分析，发现其穿孔铝板上方有不透明平板收口构造，可视为水平挡板遮阳，绿建斯维尔软件中可以支持“倒 L 型”平板遮阳建模，同时控制下垂挡板的高度约为幕墙洞口高度的 40%，即 3200×40%=1300mm，其定位及尺寸与建筑设计适配。（如下图所示）

图4.3-10 南京某办公楼穿孔铝板外遮阳设计模型，图示矩形红框为其中1块

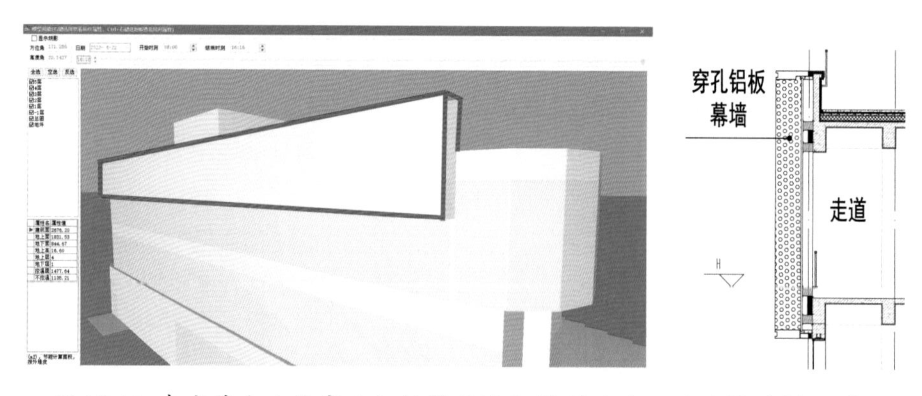

图4.3-11 南京某办公楼穿孔铝板等效遮阳模型及施工图设计的剖面详图

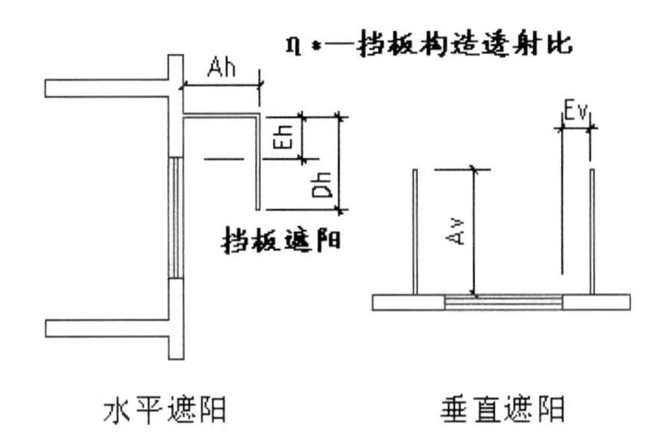

图4.3-12 绿建斯维尔软件中的平板遮阳设置类型

表4.3-5 绿建斯维尔软件中的平板遮阳参数设置（用于模拟穿孔铝板遮阳效果）

序号	编号	水平挑出 Ah(m)	距离上沿 Eh(m)	垂直挑出 Av(m)	距离边沿 Ev(m)	挡板高 Dh(m)	挡板透射 η*
1	平板遮阳—水平	0.600	0.900	0.000	0.000	0.000	0.000
2	平板遮阳—正面挡板	0.600	1.700	0.600	0.000	3.000	0.100
3	平板遮阳—垂直	0.600	1.700	0.600	0.000	0.000	0.100

4.3.4 等效类型3：房间类型等效

房间面积等效多用于采暖空调房间类型赋值与暖通专业的协调。

［工程案例 4-7：江苏镇江某幼儿园房间功能等效］

该幼儿园内设有厨房，属于采暖房间，使用面积约 50m^2，但是在绿建斯维尔软件中提供的房间功能列表中暂无此种同名房间类型供选择，需要进行房间功能等效替换。

按照人均负荷，通风换气次数，以及名称的可识别性综合判别厨房的替代房间，查找《民用建筑暖通空调设计统一技术措施（2022 版）》（以下简称《统一措施 2022》）表 1.5.4 的厨房参数，并结合《建筑节能与可再生能源利用通用规范》（GB 55015-2021）（以下简称《通用标 2021》）附录 C.0.6 表格，可得到如下各类房间比选项。

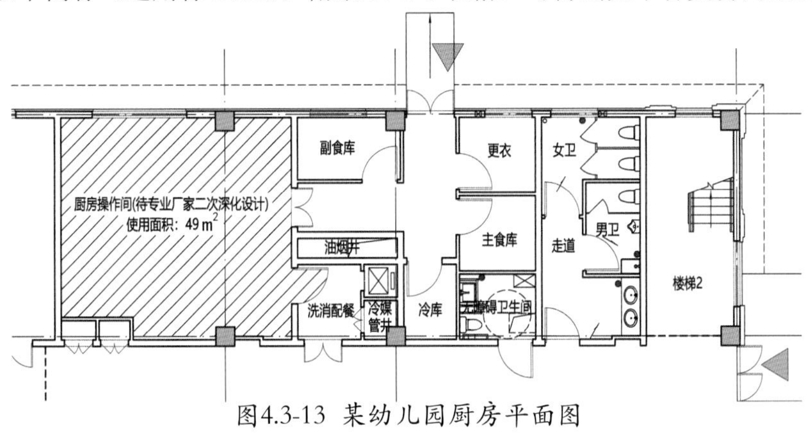

图4.3-13 某幼儿园厨房平面图

厨房具有的特点包括：属于特殊的办公场所，有 5 名左右的厨师，人均操作空间约 10m²，对照明的要求不高，但其中的抽油烟机、电烤箱、新风、空调、冰柜等设备功率较大。可见，“办公 - 其他”的参数比较符合，名称的辨识度也可行，而“学校 - 教室”不适用。最后，本项目采用“办公 - 其他”作为厨房的等效替代房间类型。

表4.3-6 改用“办公-其他”房间类型模拟厨房室内热环境参数

房间类型 / 参数类型	绿建斯维尔软件提供的可选房间					待定房间	查找其他类似房间
	普通办公	高级办公	办公会议室	办公其他	学校教室	厨房	《通用标 2021》或《统一措施 2022》的办公建筑对应条文
夏季设计室温（℃）	26	26	26	26	26	?	《统一措施 2022》，≤ 30
冬季设计室温（℃）	20	20	20	20	20	?	《统一措施 2022》，≥ 16
夏季设计湿度（%）	60	60	60	60	60	?	《统一措施 2022》，厨房不控制
冬季设计湿度（%）	40	40	40	40	40	?	《统一措施 2022》，厨房不控制
新风量（m³·h/ 人）	30	30	30	30	30	?	《通用标 2021》C.0.6-7 条，30
人员密度（m²/ 人）	10	10	10	10	6	?	《通用标 2021》C.0.6-5 条，10
照明功率密度（W/m²）	9	9	9	8	9	?	《通用标 2021》C.0.6-3 条，8
设备功率密度（W/m²）	15	15	15	15	5	?	《通用标 2021》C.0.6-11 条，15

4.4 建模、计算和结果判读的若干问题

4.4.1 关于地下室建模

地下室不参与体形系数、窗墙面积比等外围护参数的统计和计算，更多是进行地下室外墙、地下室顶板、地下室地面等的构造设计，一般只需满足构造要求的传热阻即可。但是对于地下室是否需要建模参加整体计算，存在不同观点，有观点认为地下室都可以不建模、不参与整体计算，直接采用构造措施。笔者认为，地下室应该按照实际情况加以建模计算，理由是：首层 ±0.000 楼板的属性判定与地下室是否建模直接相关，如果存在地下室，则首层 ±0.000 楼板就是“采暖房间楼板”或者“分隔采暖与非采暖房间的楼板”，如果没有地下室，则首层 ±0.000 楼板就是“地面”，对于夏热冬冷地区，不控制地面的构造，但是对于严寒寒冷地区，则需要控制“周边地面”的做法，因此，如果实际有地下室而没有建模，则首层 ±0.000 楼板就变成“周边地面”（要求偏低，导致设计保温厚度不足），两者要求的传热系数或热阻值不同，会影响保温材料的厚度，以下为规范对两者的差异化要求：

表4.4-1 《建筑节能与可再生能源利用通用规范》（GB55015-2021）表3.1.8-4

围护结构部位	传热系数 K[W/（m^2•K）] 建筑层数＞ 3 层时	备注
非供暖地下室顶板（上部为供暖房间时）	≤ 0.50	要求高
周边地面	≤ 1/1.60=0.625	要求低

[工程案例 4-8：江苏镇江某园区地下室天窗及侧窗的处理]

该项目住宅设计的特殊之处在于：地下室有局部顶板设置有天窗，如果按照《建筑节能与可再生能源利用通用规范》（GB55015-2021）第 3. 1. 5 条，对于地下室而言，天窗占地下室屋面的比例达到 100%，远超过规范应≤ 6% 的要求。此情况下，地下室可侧重于节能概念设计，弱化计算数值，允许按照适当工程经验的构造要求配置天窗玻璃选型，因为该“天窗”位于地面，与节能意义的地面以上的屋面天窗有所差异。

因此，本工程的地下采光井天窗及侧窗均不建模，不参与各朝向外窗窗墙面积比的统计，同时考虑到地下室功能远期使用的不确定性、采暖与否的不确定性、地下室太阳辐射的弱化等因素，地下室采光井外窗采用与地面外窗相同的选型，采用“无中置遮阳型 - 隔热铝合金窗 5+12Ar+5+12Ar+5”

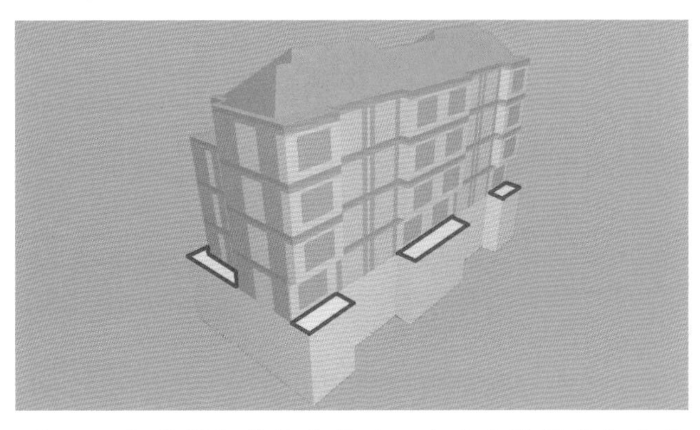

图4.4-1 江苏镇江某住宅楼地下室天井设置采光天窗

表4.4-2 设置了地下室采光天窗后的节能分析判别结果

房间	天窗编号	天窗面积（m^2）	屋顶面积（m^2）	面积比	结论
-1001	TC3, TC2, TC6	16.90	16.90	1.00	不满足
-1002	TC1, TC5	16.90	16.90	1.00	不满足
-1003	TC4, TC8	16.90	16.90	1.00	不满足
-1004	TC3, TC2, TC7	16.54	16.54	1.00	不满足
标准依据	《建筑节能与可再生能源利用通用规范》（GB55015-2021）第 3. 1. 5 条				
标准要求	屋面天窗与所在房间屋面面积的比值不应大于 6%				
结论	不满足				

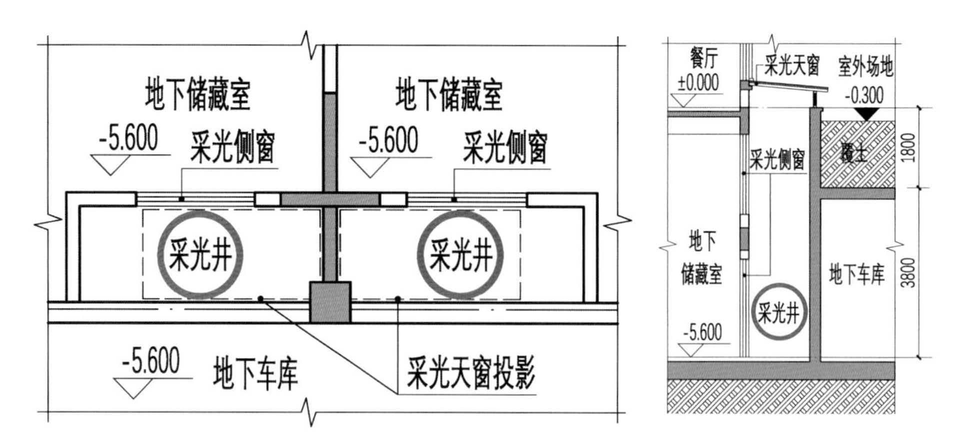

图4.4-2 江苏镇江某住宅楼地下室天井设置采光天窗及侧窗的平、剖面图

［工程案例 4-9：江苏南京某地下开敞商业］

该项目为下沉商业广场，地下 1 层标高 -5.300m，大面积是地下车库约 2.5 万 m^2，中间是开敞疏散广场（天井），广场周边围绕一圈商业约 2400m^2。目前的节能分析软件，尚不能进行“地下开敞空间”的节能计算分析，从节能概念来说，虽然位于商业地面以下，但其外围护结构是面向空气敞开，应该进行节能处理，如下图所示，因此，可按“采暖面积等效”的原则，将整个地下 1 层作为地面一层建模，地下车库作为不采暖空房间，地下商业作为采暖房间。

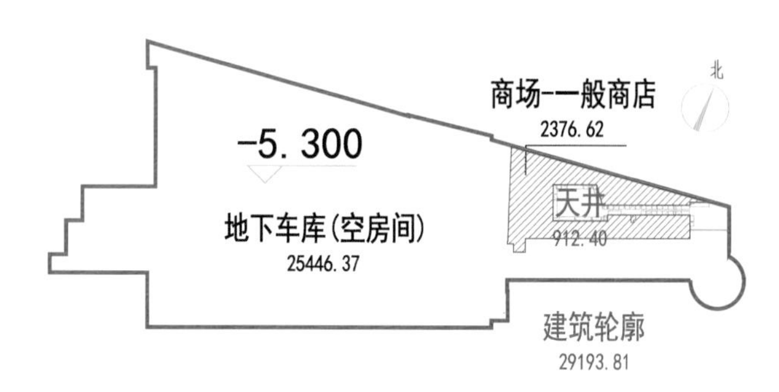

图4.4-3 南京某地下开敞商业平面房间功能布置图

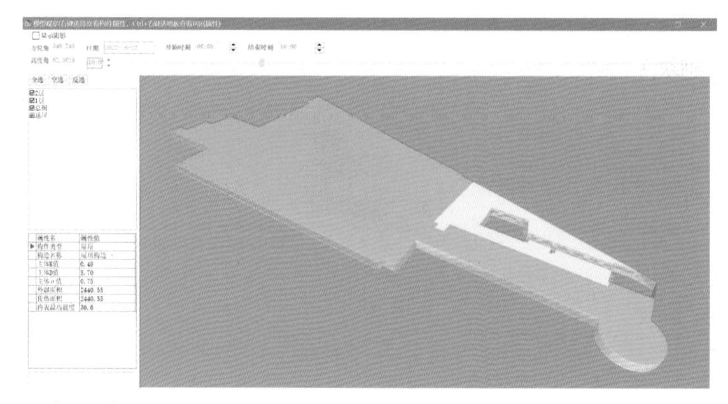

图4.4-4 南京某地下开敞商业节能分析模型，图中黄色区域为地下商业

1. 主要围护结构做法简要说明如下：

构造分类	构造做法
屋顶	夯实黏土（ρ=1800）1500mm＋砾石、石灰岩 100mm＋碎石、卵石混凝土（ρ=2300）70mm＋钢筋混凝土 300mm
外墙	岩棉板 35mm＋ALC 加气混凝土砌块（墙体）200mm
热桥梁板柱	岩棉板 35mm＋钢筋混凝土 200mm
采暖地下室外墙构造	XPS 板（030 级）（外墙）40mm＋钢筋混凝土 200mm
采暖、空调地下室地面	钢筋混凝土 400mm＋夯实粘土（ρ=1800）200mm
外窗构造	6 中透光 Low-E+12 氩气 +6 透明 - 隔热金属多腔密封窗框：传热系数 2.100W/（m^2•K），太阳得热系数 0.435

2. “伪一层建筑”的体形系数：

外表面积	29368.04
建筑体积	150821.87
体形系数	0.19

3. 屋顶构造传热系数计算值：

材料名称（由上到下）	厚度 δ (mm)	导热系数 λ W/(m•K)	蓄热系数 S W/(m^2•K)	修正系数 α	热阻 R (m^2•K)/W	热惰性指标 D=R×S
夯实粘土（ρ=1800）	1500	0.930	11.030	1.00	1.613	17.790
砾石、石灰岩	100	2.040	18.030	1.00	0.049	0.884
碎石、卵石混凝土（ρ=2300）	70	1.510	15.360	1.00	0.046	0.712
钢筋混凝土	300	1.740	17.200	1.00	0.172	2.966
各层之和Σ	1970	—	—	—	1.881	22.352
外表面太阳辐射吸收系数	0.75［默认］					
传热系数 K=1/(0.15+ΣR)	0.49					
标准依据	《公共建筑节能设计标准》(GB50189-2015) 第 3.3.1 条					
标准要求	K 应满足表 3.3.1-4 的规定 (K ≤ 0.50)					
结论	满足					

4. 外墙传热系数计算值：

构造名称	构件类型	面积 (m^2)	面积所占比例	传热系数 K[W/(m^2•K)]	热惰性指标 D	太阳辐射吸收系数
外墙构造一 (ALC 砌块）	主墙体	368.24	0.638	0.64	4.21	0.75
钢砼外墙	热桥柱	102.82	0.178	1.07	2.59	0.75
热桥梁构造一	热桥梁	57.77	0.100	1.07	2.59	0.75
热桥板构造一	热桥板	39.99	0.069	1.07	2.59	0.75
热桥柱构造一	热桥柱	8.19	0.014	1.07	2.59	0.75
合计	—	577.01	1.000	0.79	3.63	0.75
标准依据	《公共建筑节能设计标准》(GB50189-2015) 第 3.3.1 条					
标准要求	K 应满足表 3.3.1-4 的规定 (K ≤ 0.80)					
结论	满足					

5. 综合权衡能耗的计算结果：

	设计建筑	参照建筑
全年供暖和空调总耗电量 (KWh/m^2)	3.02	3.06
供冷耗电量 (KWh/m^2)	0.98	0.94
供热耗电量 (KWh/m^2)	2.04	2.12
耗冷量 (KWh/m^2)	2.44	2.36
耗热量 (KWh/m^2)	4.49	4.66
标准依据	《公共建筑节能设计标准》(GB50189-2015) 第 3.4.2 条	
标准要求	设计建筑的能耗不大于参照建筑的能耗	
结论	满足	

由于该地下商业顶板以上有 1.8m 的景观覆土，考虑到景观地面的起伏和土体的不均匀性，屋面构造仅计入 1.5m 厚的黏土层用以满足屋面保温的要求，从而避免单独设置保温层，节约造价。

另外，大面积的地下车库属于非采暖房间，所以地下车库的“外墙”并不参与加权平均计算，而是地下商业与土相邻的地下室墙变成首层外墙之后，参与外墙 K 值的加权平均计算，在概念上也相对合理。

最后，经过能耗计算，设计建筑能耗以微小的富余度低于参照建筑能耗，满足规范要求。

[工程案例 4-10：辽宁大连某居住小区高层住宅楼单面开敞地下室]

该项目的住宅楼地下一层为南向单面开敞的建筑形态，内部房间为采暖的社区服务用房，其余 3 面为回填土，以下简称地下层为“半开敞地下室”。

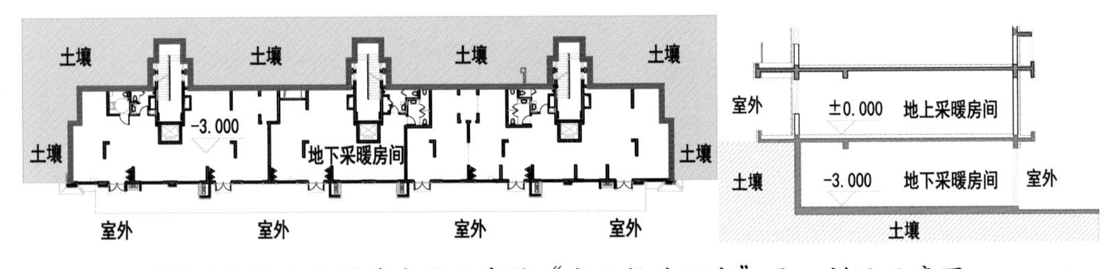

图4.4-5 辽宁大连某高层住宅楼“半开敞地下室”平、剖面示意图

在维持“半开敞地下室”以上的各楼层以及各材料参数均不变的情况下，比较两种建模方式的差异：一种是将地下一层作为地面一层建模，与土壤相邻的墙体设置为“地下室墙”，不参与相应朝向的外墙面积统计和散热能耗计算；第二种是忽略地下一层的开敞部分，将其作为纯地下室建模，如下表所示（为便于比较，以下的面积、体积数据四舍五入取整至个位数）：

比较项目	按照地面首层建模	按照地下采暖房间建模
建筑楼层数	地上 10 层 + 地下 0 层	地上 9 层 + 地下 1 层
建筑面积（m^2）	地上 6183m^2+ 地下 0m^2	地上 5526m^2+ 地下 656m^2
节能计算外表面积（m^2）	5471	5286
节能计算体积（m^3）	18295	16326
体形系数	0.30	0.32
“半开敞地下室”的体积（m^3）	地下 0	地下 1969
“半开敞地下室”的南向窗、墙面积	窗 74m^2；墙 189m^2	窗 0m^2；墙 0m^2
南向窗墙面积比	计入“半开敞地下室”外窗 686/ 1874=0.37	不计入“半开敞地下室”外窗 612/1688=0.36
与土壤接触的地面属性	距外墙 2m 范围内为周边地面；其余内区为非周边地面	无周边地面；均为非周边地面
建筑供热耗电量 (KWh/m^2)	16.38<16.42（满足要求）	16.76>16.70（超标）

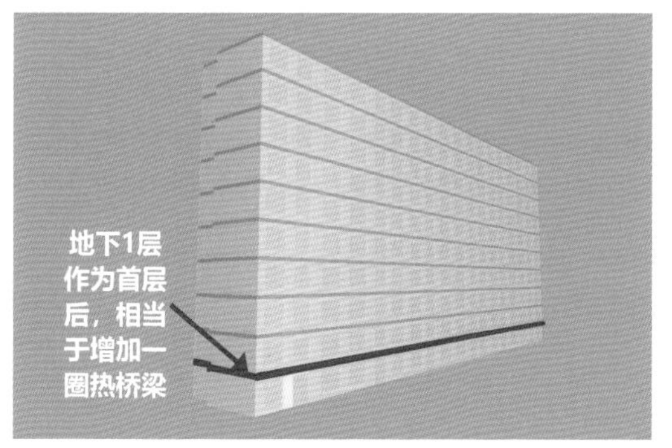

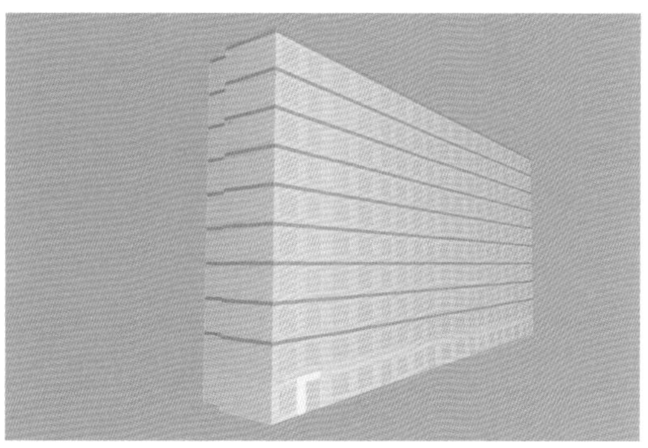

图 4.4-6　左图:“半开敞地下室”作为地面首层建模，开敞外墙的属性为“外墙”，且墙体顶部增加一圈热桥梁；右图:“半开敞地下室”作为地下 1 层建模，开敞外墙的属性变为“地下墙”，且墙上的地下外窗不参与朝向窗墙比的外窗面积统计，墙体顶部没有热桥梁。

从计算参数比较表可知：按照地下采暖房间建模时，不论地下室是否采暖，地下的窗、墙面积和体积均不参加体形系数计算，因此节能计算外表面积和体积同步减少，体积减少更快，导致体形系数增大，能耗增加，且设计建筑的能耗比参照建筑能耗增加更快直至超标。所以，从与真实世界的一致性和经济性来说，此类“半开敞地下室”可以按照地面首层建模，但需注意：其上的各楼层需依次递增 1 层，建筑的总层数将比施工图增加一层，有时审图老师提出层数差异的疑问，需补充说明回复。

4.4.2 地下室对能耗计算的影响

地下室对能耗的影响主要体现在：地下室是否采暖以及是否建立地下室。对于夏热冬冷地区，是否有地下室，周边地面的影响不大；但对于严寒寒冷地区，如果没有地下室，则首层 ±0.000 的楼板变为节能意义上的“地面”，而不是“采暖与非采暖房间的楼板”，性质改变。

[工程案例 4-11：多气候区地下室建模的能耗计算结果对比判读]

以下分别选取江苏镇江（夏热冬冷）、辽宁大连（寒冷 A 区），山东济宁（寒冷 B 区）三个地区的住宅建筑，在全部参数设置相同的情况下，对于地下室的 3 种状态、不同的设计规范比较能耗差异。主要选用的规范全称参见 2.1.2 节“主要相关规范”。参与能耗比较的数据及算法如下表所示。

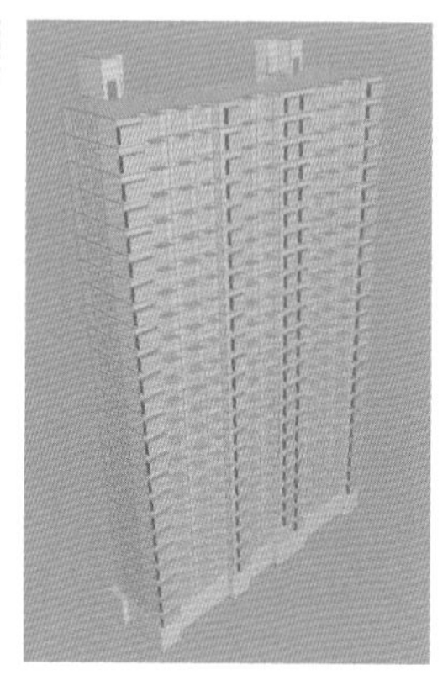

图4.4-7 从左至右分别是江苏镇江、辽宁大连、山东济宁某住宅楼的节能分析模型

以下对比计算表有一处细节需注意，对于辽宁大连住宅楼，采用“节点建模法”算得的能耗大于“节点查表法”，因为“节点建模法”更接近于实际构造，每种节点按照传热学的理论公式计算线性传热系数 ψ 值，而“节点查表法”则是将各种节点的线性传热系数 ψ 值与传热系数的附加 K 值关联，属于经验参数，偏于乐观。在有条件和时间允许的情况下，笔者建议尽量采用“节点建模法”，除了上述原因外，“节点建模法”还可以微调构造尺寸，通过加强局部构造来调整线性传热系数 ψ 值，进而影响整个外墙平均传热系数 K 值。

表4.4-3 地下室状态对建筑能耗的影响，江苏采暖空调耗电量指标(KWh/m^2)，辽宁和山东为耗热量指标(W/m^2)

住宅建筑所在地	建筑特征及主要外围护选材	所用标准	外墙平均传热系数计算方法	地下室状态 1：无地下室		地下室状态 2：地下不采暖空房间		地下室状态 3：地下采暖起居室	
				设计建筑能耗	限值或参照建筑能耗	设计建筑能耗	限值或参照建筑能耗	设计建筑能耗	限值或参照建筑能耗
江苏镇江某住宅楼（夏热冬冷）	地上 4 层，地下 1 层； 建筑面积 $1030m^2$； 屋面：XPS 板 140mm； 外墙：EPS 板 55mm； 外窗：隔热铝合金 5+12Ar+5+12Ar+5	DGJ32/J71-2014	面积加权平均法	18.77	22.40	18.77	22.40	14.71	22.40
		DB32/4066-2021		28.99	29.04	27.26	27.35	30.19	30.29
		GB55015-2021		19.81	24.98	19.25	25.02	34.53	38.48
辽宁大连某住宅楼（寒冷 A 区）	地上 9 层，地下 1 层； 建筑面积 $3684m^2$； 屋面：XPS 板 135mm； 外墙：EPS 板 90mm； 外窗：塑料型材 5+20A+5 高透光 Low-E	DB21/T2885-2017	节点查表法	9.52	10.20	9.82	10.20	8.37	10.20
		GB55015-2021		16.94	18.24	17.22	18.54	16.36	17.57
		GB55015-2021	节点建模法	17.92	18.24	18.20	18.54	17.25	17.57
山东济宁某住宅楼（寒冷 B 区）	地上 25 层，地下 1 层； 建筑面积 $11517m^2$； 屋面：XPS 板 200mm； 外墙：岩棉板 300mm； 外窗：塑料型材 5+12A+5+12A+5	DB37/5026-2014	节点建模法	7.27	7.40	7.39	7.40	6.80	7.40
		GB55015-2021		12.39	16.88	12.57	17.05	12.83	17.26

由上表可见，除了《江苏居标 2014》地下室的存在与否对设计建筑能耗没有影响外，其余不同的规范、不同的热工分区的地下室存在与否都会影响建筑能耗，江苏属于夏热冬冷气候区，在《江苏居标 2014》不控制 ±0.000 楼板保温的热工性能，所以是否有地下室，对能耗没有影响（注意:《江苏居标 2021》会计算 ±0.000 楼板保温的影响）。对于寒冷地区则不同，如果不建模地下室，则 ±0.000 楼板变为节能意义上的“地面”，其中的“周边地面”的保温性能就会降低建筑能耗，因此在严寒寒冷地区，无论是否有地下室，增强首层 ±0.000 楼板的保温性能显得较重要。

对于寒冷地区的地方居住建筑节能标准，如江苏省 2014 版节能标准和山东、辽宁等省份的标准，是采用单位面积能耗的绝对数值来控制建筑热工设计，仅从节约能源的角度看是“数值正确”，属于“硬核控制”，但是否合理还有待商榷，从上表的山东济宁住宅楼的计算结果来看，外墙岩棉板外保温的厚度要达到 300mm 才能满足能耗低于规范限值 7.4W/m^2 的要求，甚至优于 2021 年的国家标准近 4W/m^2，除非采用更高效的外保温材料（如“真空绝热板”等），300mm 厚度的岩棉板不论从采购、施工、长期维护的角度看，都是十分不利的。

《通用标准 2021》的能耗比较方法相对合理，所谓参照建筑，就是各项围护结构指标均采用当前规范的最低限值，只要设计建筑的能耗低于参照建筑能耗，就认为其满足了当前规范预设的节能目标（例如:《通用标准 2021》要求严寒寒冷地区平均节能率为 75%）。

从绝对数值来看，地下室的状态对于能耗的影响规律：夏热冬冷地区为“$Qh_{\text{地下不采暖空房间}} < Qh_{\text{无地下室}} < Qh_{\text{地下采暖起居室}}$”，寒冷地区为“$Qh_{\text{地下采暖起居室}} < Qh_{\text{无地下室}} < Qh_{\text{地下不采暖空房间}}$”，对于山东济宁住宅楼按照《通用标准 2021》算得“$Qh_{\text{无地下室}} < Qh_{\text{地下采暖起居室}} < Qh_{\text{地下不采暖空房间}}$”，说明地下室对于能耗的影响具有一定的不确定性，要结合建筑设计具体问题具体分析。

上述计算结果也存在共性：

1. 无地下室的建筑能耗总不会是最高能耗；

2. 寒冷地区地下室采暖对于建筑是有利作用，相当于首层 ±0.000 的楼板变为节能意义上的“采暖房间的楼板”，降低了不采暖地下室对地面以上建筑能源的消耗。而夏热冬冷地区不采暖地下室具有夏凉冬暖的补偿效应，因此反而能耗最低。

从相对数值来看，地下室的状态对于能耗的影响规律：设计建筑与参照建筑的能耗变化方向总体趋同（江苏镇江住宅楼按照《通用标准 2021》计算的参照建筑能耗反向变化 -0.04KWh/m^2，可以认为是计算的微小误差），且能耗变化量基本相同，所以，是否设置地下室、地下室是否采暖，一般情况下不会大幅影响外围护结构的设计参数，或者导致外围护结构设计方向的变更。但是对于首层 ±0.000 楼板本身来说，当采用不同的保温厚度时，对于能耗的影响依然不可忽略，特别是当地下室为非采暖空间时，可能会导致外围护结构设计方向的变更。

4.4.3 外窗增大能耗降低问题

一般认为，外窗是建筑节能的薄弱环节，外窗传热系数 K=1.8 ～ 2.4W/（m^2 • K），外墙则轻松达到 0.5 ～ 0.6W/（m^2 • K），两者的差异达到 3 倍，之所以差距之大，是因为外窗属于精密工业产品，包括框料、玻璃、隔热条、五金件的气密性、隔热性能要令整体传热系数提升 0.1W/（m^2 • K）都较为困难。下表取 $1m^2$ 面积的构件作为基准，比较了单位传热系数提高的代价差异（价格为 https://www.cost168.com/ 网站查得的 2019 年报价）：

表4.4-4 对于不同部位构件，K值每降低0.1W/（m^2 · K）所增加的成本

部位	面积为 $1m^2$ 的材料	提升前			提升后			K 值降低 0.1W/(m^2•K) 增加的成本 {元 /m^2•[0.1W/(m^2•K)]}
		保温材料厚度或 1(mm)	传热系数 1W/(m^2•K)	成本估算 1(元)	保温材料厚度 2(mm)	传热系数 2W/(m^2•K)	成本估算 2(元)	
屋面	120mm 厚钢筋混凝土屋面板 +δ 厚 XPS 板	45	0.71	21	55	0.59	26	0.475
外墙外保温	200mm 厚煤矸石主墙体 +δ 厚 EPS 板	45	0.60	4	60	0.49	9	0.300
外窗	双玻一腔，断热铝合金 6 高透 Low-E+12Ar+6	—	2.00	600	三玻两腔，隔热铝合金 5+12Ar+5+12Ar+5	1.80	1300	350

可见，综合传热系数 K 值每降低 0.1W/（m^2 • K），外墙的增量成本最低，因为外墙一般会采用有一定自保温功能的轻质砌块，对附加外保温的依赖略有降低；屋面的结构基层为钢筋混凝土，完全依赖于附加外保温，且 XPS 板的单位面积价格比 EPS 高，所以屋面的增量成本比外墙高；而外窗属于精密部件，每降低 0.1W/（m^2 • K）都需要付出较大的代价，需通过提升玻璃本身的性能，或者提升框料的性能，或加强玻璃与窗框连接的密封性能，特别地，在 K=1.9W/（m^2 • K）附近，是铝合金型材搭配双玻窗和三玻窗的分界点，在上表中，将外窗 K=2.0W/（m^2•K）降低至 1.8W/（m^2 • K），每降低 0.1W/（m^2 • K）付出的成本是外墙的 100 倍！

以下的工程案例展示了某些情况下，不提高外窗的性能也可以令设计建筑的相对能耗降低。

[工程案例 4-12：辽宁大连某项目外窗尺寸对能耗的影响]

该项目的外窗拟采用塑料型材 5+12A+5 高透光 LowE，K=2.00W/（m^2•K），SHGC=0.40，但是测试结果与常识有差异：在其余参数均不改变的情况下，外窗面积

越大，反而越有利于满足能耗限值的要求，当南向外窗面积较小的时候，反而能耗超标，当南向外窗面积增大到 3m×2.4m 时，反而能耗达标。

表4.4-5 外窗尺寸变化对建筑能耗影响比较表

南向外窗尺寸（宽 mm× 高 mm)	设计建筑供暖能耗 (KWh/m^2)	参照建筑供暖能耗 (KWh/m^2)	相对节能率	是否满足
1500×1800	24.75	24.36	-1.60%	超限
1800×1800	24.31	24.04	-1.12%	超限
2700×1800	23.11	22.6	-2.26%	超限
2700×2400	22.04	21.99	-0.23%	超限
2900×2400	21.73	21.99	1.18%	满足
3000×2400	21.61	21.99	1.73%	满足

出现上述变化的主要原因是寒冷地区冬季外窗得热很重要，包括如下几个因素：

首先，模型外窗集中分布在南向，《严寒和寒冷地区居住建筑节能设计标准》(JGJ 26-2018）第 4.1.4 条的条文解释，该项目考虑到窗和墙体传热数值，南向外窗冬季得热效果在围护结构计算过程里优于等面积墙体，加上没有设计外遮阳，所以同一个屋面保温厚度下，窗面积增大，模型计算的供暖能耗依次减小。

其次，参照建筑计算是根据规范限值直接赋予传热数值参与计算，该项目的前几个小窗洞设计模型的窗墙比没有超限，参照建筑直接采用与设计建筑相同的模型，保持原有窗墙比计算；随着窗墙比增大到超过 0.50，窗墙比超限，参照建筑窗墙比选用规范要求限值，等比例处理窗墙面积。所以后三个参照建筑能耗一样，考虑上一条原因，窗墙比相对设计建筑越来越小，在窗冬季得热更优的情况下，设计建筑越来越容易超过参照建筑。

总的来说，综合考虑窗墙的相对热工性能、开启比例，地区差异造成的太阳广角等因素，该项目恰好位于寒冷地区，且外窗得热计算更优，所以不用提高外窗传热系数而是增大外窗面积也能满足能耗计算的要求。

4.4.4 节能软件中的夏季遮阳系数参数取值

江苏省地方标准《居住建筑热环境和节能设计标准》(DB32/4066-2021）第 5.2.7 条 -2 款规定，除分散采暖空调建筑南向外窗以外的其他外窗，当无外遮阳时，夏季遮阳系数取玻璃的遮阳系数；当有外遮阳时，夏季遮阳系数取玻璃遮阳系数与外遮阳系数的乘积。该条款对应于绿建斯维尔软件中“工程构造”->“窗”的属性中以及外遮阳设置中。对于一些采用了一体化中置遮阳的外窗，其属性中的“窗遮阳系数和“窗玻比”该如何取值？例如：江苏省《居住建筑标准化外窗系统应用技术规程》(DGJ32/J157-2017）附录 B 中列举了部分含有中置遮阳卷帘的外窗，可以有两种方式：一种是在上述“工程构造”中直接填写该中置遮阳卷帘外窗的夏季遮阳系数为 0.20 ～ 0.30（软件默认冬季遮阳系数为 1.00），在“遮阳类型”工具中不再设置外部遮阳。另一种方式是在上述“工程构造”中将窗的夏季遮阳系数设置为 1.00，然后用“遮阳类型”工具另外为相关外窗设置活动外遮阳卷帘，并将该活动外遮阳卷帘的夏季外遮阳系数设置为 0.20 ～ 0.30，冬季外遮阳系数设置为 1.00，相当于用活动外遮阳等效中置遮阳。

在绿建斯维尔软件中的材料定义对用户是完全开放的，用户可以不受任何约束自定义材料的热工性能，但是在外窗构造中的外窗名称与外窗的实际性能参数无关，并不会因为用户输入了“一体化遮阳”的名称而变为夏季遮阳系数 0.30 的中置遮阳窗，具体影响到外窗实际性能的是所输入的参数值。

表4.4-6 外窗夏季遮阳的两种建模方式的差异比较

分类	工程构造中设置窗的夏季遮阳系数	另行设置窗的活动外遮阳
模型的可读性	参数设置“沉默化”。在模型中很难校核那些外窗设置了中置遮阳，哪些外窗是普通无遮阳外窗，且在生成的计算书的平面大样图中也不显示哪些外窗设置了活动外遮阳，只能在计算报告书的“平均遮阳系数”计算表中判读。	参数设计“显式化”。在模型中可以直接判读需要设置遮阳的外窗，无需等待最后的计算报告，十分有利于动态设计。
概念合理性	表面上与现实世界更接近，将遮阳系数整合进外窗的属性中，实际上没有把握“可调节遮阳”的本质，不论卷帘是设置在窗玻璃之间还是整窗之外，其本质是区别于窗框和窗玻璃之外的“附属遮阳措施”。	概念清晰，把握住《民用建筑热工设计规范》(GB50176-2016) 第 C.7 条门窗幕墙太阳得热系数的计算规律，不考虑玻璃之间的其他附属遮阳措施。
潜在风险	隐式赋值，当其他朝向的外窗误用该同名带遮阳的外窗时，将使计算结果偏于乐观，导致外围护结构实际选材的热工性能不足。	显式赋值，其他朝向外窗大概率不会误用遮阳卷帘，极大减少出错的可能性。
计算结果	朝向加权综合遮阳系数正确	朝向加权综合遮阳系数正确

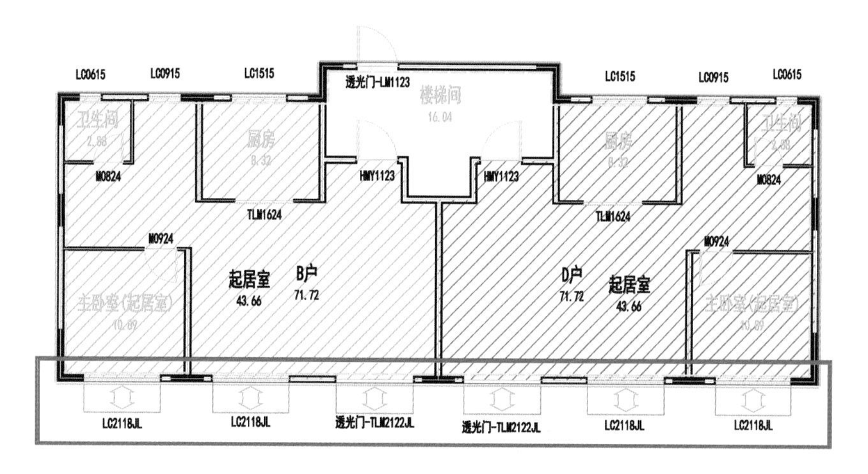

图4.4-8 外窗附属活动外遮阳在模型中的设置

工程构造

外围护结构 封闭阳台构造 防火隔离带 地下围护结构 内围护结构 门 窗 材料

类别\名称	编号	传热系数 (W/m2.K)	玻璃遮阳系数	窗遮阳系数	玻窗比	夏季遮阳系数	玻璃层数	可见光透射比	数据来源
⊟外窗									
├ 塑料型材-5高透Low-E+12Ar+5（高性能暖边，活动外遮阳）	18	1.900	0.620	0.620	1.00	1.00	2	0.720	60系列，SD=0.20
└ 塑料型材-5高透Low-E+12Ar+5	81	2.000	0.620	0.620	1.00	1.00	2	0.720	60系列

图4.4-9 外窗附属活动外遮阳的外窗构造参数设置，SC夏季=1.00

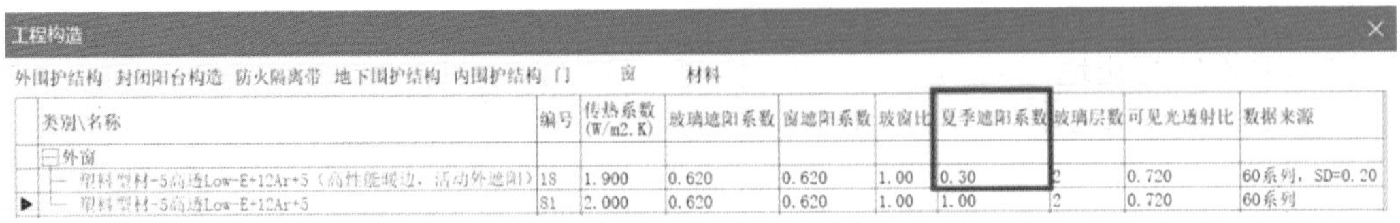

工程构造

外围护结构 封闭阳台构造 防火隔离带 地下围护结构 内围护结构 门 窗 材料

类别\名称	编号	传热系数 (W/m2.K)	玻璃遮阳系数	窗遮阳系数	玻窗比	夏季遮阳系数	玻璃层数	可见光透射比	数据来源
⊟外窗									
├ 塑料型材-5高透Low-E+12Ar+5（高性能暖边，活动外遮阳）	18	1.900	0.620	0.620	1.00	0.30	2	0.720	60系列，SD=0.20
▶ └ 塑料型材-5高透Low-E+12Ar+5	81	2.000	0.620	0.620	1.00	1.00	2	0.720	60系列

图4.4-10 外窗附属活动外遮阳的外窗构造参数设置，SC夏季=0.30

4.4.5 材料导热系数改变对节能设计的影响

项目行进过程中会遇到主导材料变更，则导热系数很可能发生变化，但是发生多大的变化才应该引起重视？小于某个百分率的变化可忽略不计？以下选取辽宁大连某高层住宅进行对比测试，在其余所有参数都不改变的情况下，测试外墙外保温板的导热系数变化率对于整体能耗的影响，材料的导热系数参考自辽宁省地方标准《居住建筑节能设计标准》（DB21/T2885-2017）附录H，但为了增强可比较性，做适当微调，修正系数 α 统一取 1.10，测试比较的规范为《建筑节能与可再生能源利用通用规范》（GB 55015-2021）。

建筑概况为：剪力墙结构住宅，地上建筑 4973m^2，地下建筑面积为 426m^2，建筑地上 13 层，地下 1 层，体形系数 0.31。

表4.4-7 导热系数变化率对建筑能耗的影响

材料示例	导热系数 λ [W/（m•K）]	导热系数 λ（降低）变化率	设计建筑能耗 (KWh/m^2)	参照建筑能耗 (KWh/m^2)	设计建筑能耗降低值 (KWh/m^2)	设计建筑能耗降低率
岩棉板	0.041	0%	17.00	17.08	基准值	基准值
模塑聚苯板（EPS 板）	0.039	5%	16.73	17.08	0.07	1.59%
改性酚醛泡沫板（MPF 板）	0.037	10%	16.49	17.08	0.51	3.00%
石墨聚苯板	0.033	20%	16.22	17.08	0.78	4.59%

能耗降低要从降低的绝对数值和下降率两方面评估，从上表看出，导热系数从 0.041W/（m•K）降低到 0.033W/（m•K），能耗值不超过 1.00KWh/m^2。一般认为，接近 1.00KWh/m^2 的能耗变化能引起不可忽略的变化（例如：加厚或减薄保温材料、调整

外窗选型等），如果能耗下降超过 0.5KWh/m²，则可以对材料用量做一定的优化，但也可以将该部分能耗作为应对日后不可预见变化的富余度，笔者建议留作富余度更优；而小于 0.5KWh/m² 的能耗下降值，建议忽略不计，无需浪费时间进行数字游戏或者智力比赛，去试图“优化”材料用量。

从下降率来看，导热系数从 0.041W/（m•K）降低到 0.033W/（m•K），下降率为 20%，但能耗的下降率仅为 4.59%，远低于导热系数下降率，说明单纯地降低导热系数的方法并不能真正地优化设计，还需要结合其他措施（例如：外遮阳、外窗、屋面等措施）才能实现设计优化。

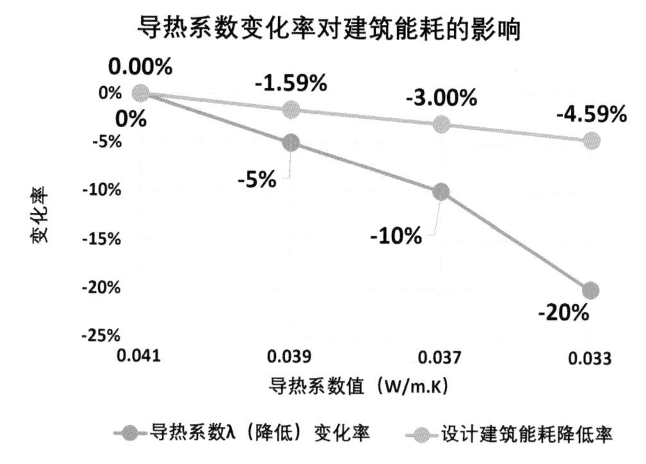

图4.4-11 导热系数变化率对建筑能耗的影响

一般工程领域，5% 的误差在施工图设计阶段可以接受，10% 的误差在方案阶段可以接受，20% 的误差在可行性研究报告可以接受。

上述测试结论是对于寒冷地区的特定形态的建筑能耗测试，影响能耗变化的因素很多，远不止外墙外保温一项，以上的对比，更多是提供一种研究的思路，对于不同的气候分区，不同类型的建筑可以采用类似的方法，在项目前期策划中作出相对合理的判断。

4.4.6 关于窗边节点的线性传热系数 ψ 值

窗洞边节点因其总长度很长（1 栋 18 层的高层住宅，有时总长度可达到 3000m），因此，窗洞边节点的线性传热系数 ψ 值的微小变化［每 0.002W/(m•K) 的变化量］都会对整体外墙的 K 值产生不可忽视的影响。

对比《四川省居住建筑节能设计标准》(DB51/5027-2019) 附录 B.0.2-4 的节点的线传热系数 ψ 参考值，共性计算参数为：工程所在地为任意城市（ψ 值与地区气温无关，是局部的理论计算值），200mm 厚钢筋混凝土窗边墙［导热系数 λ=1.740W/

（m•K）]+50mm 厚或 100mm 厚模塑聚苯板 EPS[导热系数 λ=0.042W/（m•K）]，铝合金中空窗框 100mm 厚，[传热系数 K=5.5W/（m^2•K），当量导热系数 λ=3.14W/（m•K）]

表4.4-8 窗侧无保温热桥节点的软件计算结果与参考值对比表

节点形式	温度场	外保温厚度(mm)	斯维尔软件计算 ψ 值 [W/(m•K)]	四川省标参考 ψ 值
W-WR1（窗框居中，无窗边保温） 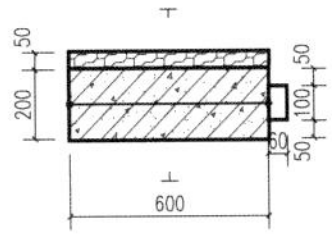	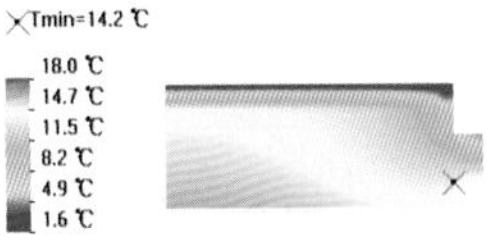 Tmin=14.2 ℃	50	0.399	0.43
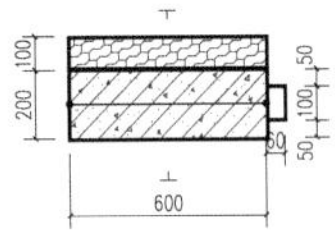	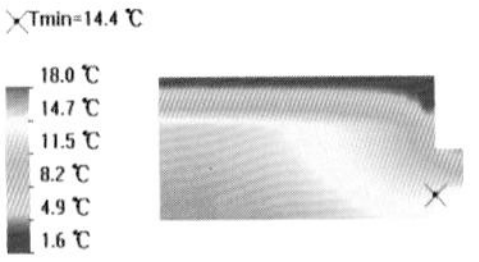 Tmin=14.4 ℃	100	0.455	0.48
W-WR2（窗框外装，无窗边保温） 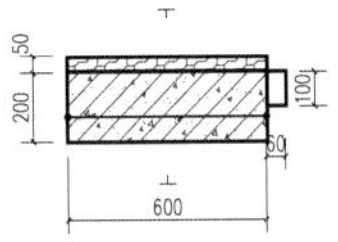	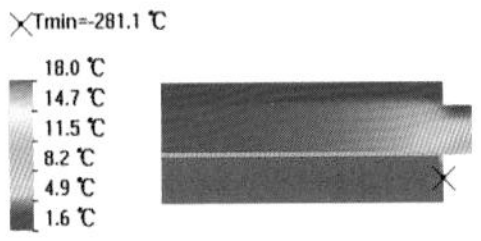 Tmin=-281.1 ℃	50	-0.365	0.10
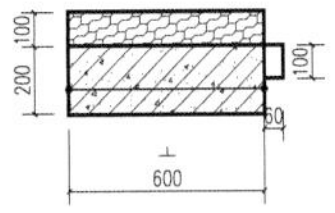	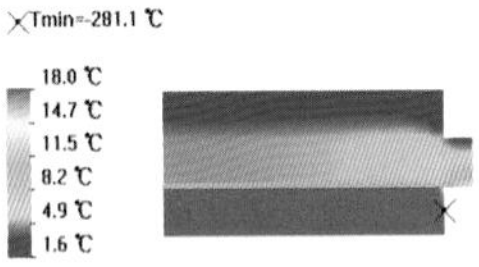 Tmin=-281.1 ℃	100	-0.192	0.12
W-WR3（窗框靠内，无窗边保温） 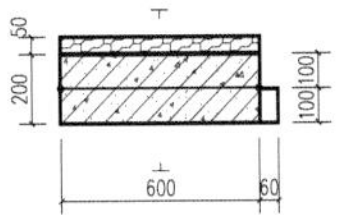	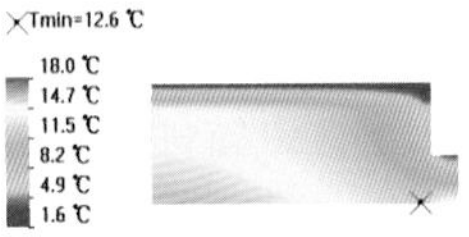 Tmin=12.6 ℃	50	0.581	0.61
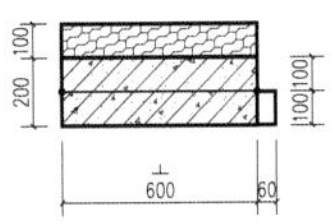	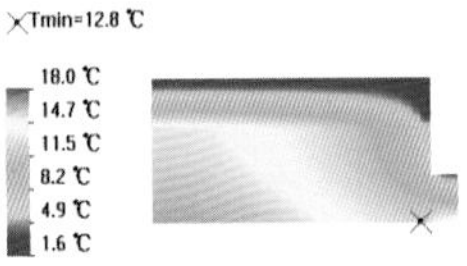 Tmin=12.8 ℃	100	0.655	0.68

表4.4-9 窗侧有保温热桥节点的软件计算结果与参考值对比表

节点形式	温度场	外保温厚度(mm)	斯维尔软件计算 ψ 值[W/(m•K)]	四川省标参考 ψ 值
W-WR4（窗框居中，窗边有保温） 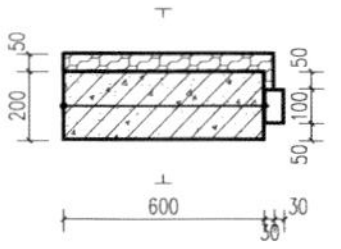	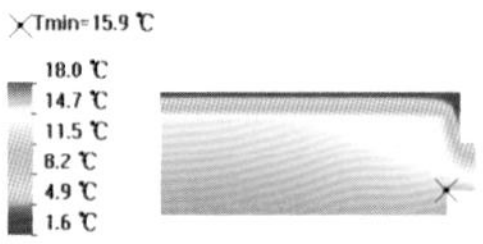 Tmin=15.9 ℃ 18.0 ℃ 14.7 ℃ 11.5 ℃ 8.2 ℃ 4.9 ℃ 1.6 ℃	50	0.097	0.09
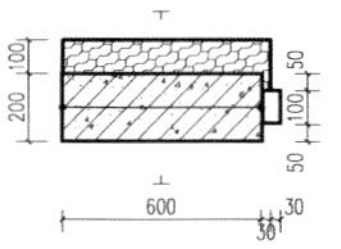	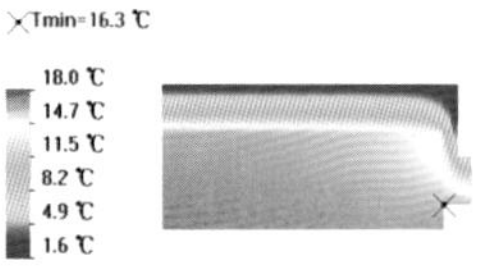 Tmin=16.3 ℃ 18.0 ℃ 14.7 ℃ 11.5 ℃ 8.2 ℃ 4.9 ℃ 1.6 ℃	100	0.118	0.11
W-WR5（窗框靠内，窗边有保温） 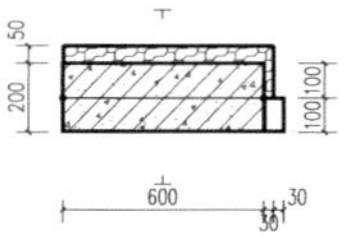	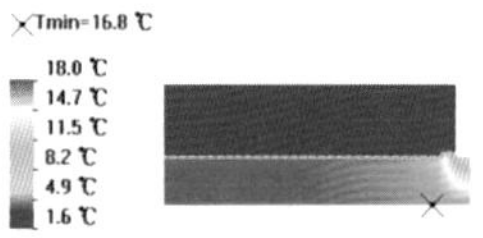 Tmin=16.8 ℃ 18.0 ℃ 14.7 ℃ 11.5 ℃ 8.2 ℃ 4.9 ℃ 1.6 ℃	50	-0.337	0.13
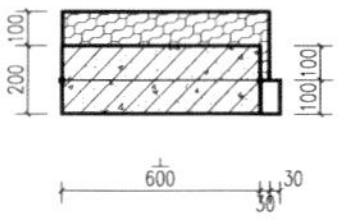	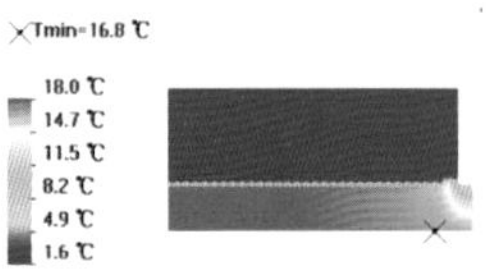 Tmin=16.8 ℃ 18.0 ℃ 14.7 ℃ 11.5 ℃ 8.2 ℃ 4.9 ℃ 1.6 ℃	100	-0.155	0.15
W-WR6（窗框居中，窗边凸垛） 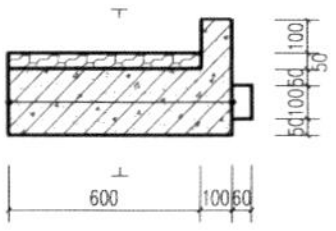	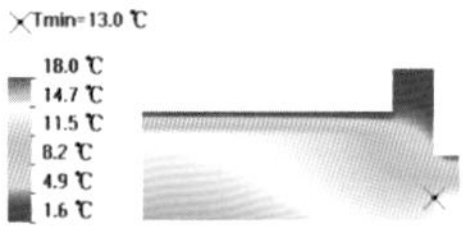 Tmin=13.0 ℃ 18.0 ℃ 14.7 ℃ 11.5 ℃ 8.2 ℃ 4.9 ℃ 1.6 ℃	50	0.656	0.67
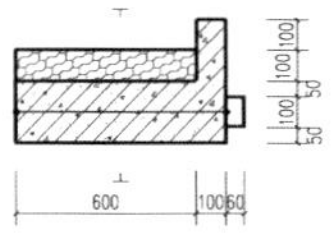	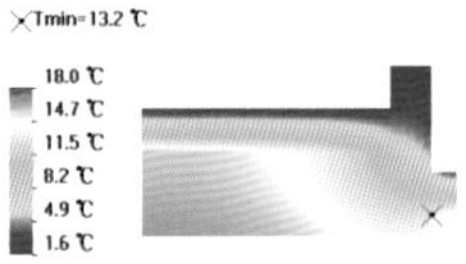 Tmin=13.2 ℃ 18.0 ℃ 14.7 ℃ 11.5 ℃ 8.2 ℃ 4.9 ℃ 1.6 ℃	100	0.723	0.71

从上表可知，对于 W-WR2（窗框外装，无窗边保温）和 W-WR5（窗框靠内，窗边有保温）两种节点，计算机软件产生了数值溢出，计算结果与现实世界相差过大，不会因为设置了外保温，窗洞边内侧温度就达到 281℃的高温，此时应舍弃计算机的数值结果，或者采用实测数据和经验数据比对的方式修正计算结果。按照《四川省居住建筑节能设计标准》（DB51/5027-2019）附录 B.0.2-4，W-WR2 节点的线传热系数 ψ 参考值为 0.10 ～ 0.13W/（m•K），就是说，虽然有些外窗设计为齐平外墙外边缘，对降低 ψ 值相对有利，但是其最低也不应低于经验数据 0.10 ～ 0.13W/（m•K），更不应采用

负数来玩数字游戏，变相降低外墙的附加线性传热系数。从施工角度，需要考虑安装误差，外窗距离外墙结构外表面应预留 50mm 左右的距离，而不是图纸上的理想的窗框外平外墙结构外表面。

线传热系数 ψ 的传热算法概要，参见第 2.2.4 节：关键参数的算法及应用

上表还展现了一个规律：随着外保温厚度增加，线性传热系数反而增大，此结论不论是计算机输出结果还是规范的经验数据都呈现同一变化趋势，与直观上“外保温越厚，隔热效果越好”相反，其原因，还是二位稳态传热的算法所致，在该算法中，随着外保温加厚，材料越显得不均匀，线性传热量就越大。

4.5 遇到计算机软件黑箱时的处理方法

随着建筑设计的日渐精细化，所需计算的内容也增多，节能计算书也越来越厚，其中大部分统计、计算的数据只能由计算机生成，在有限的项目设计周期内不可能、也没必要用手工计算完成，由此带来一个问题：计算机的计算结果是否切实可信？或者说，有多大的可信度？建筑设计师不是软件工程师，不需要自己写代码计算，而是购买商用计算软件进行计算分析，商用计算软件具有排他性的知识产权，不会对外开放源代码，所以，建筑师并不能完全了解计算软件内部的计算逻辑和算法规则，更多是输入计算参数，获得计算结果，中间的数据处理过程变成了“黑箱”。在工程计算领域，“黑箱”是必然遇到的，这是由人类的认知局限性和时间的有限性造成的，一个生物个体无法在有限的时间内掌握特别广泛的知识，至多是有所涉猎，建立一个宏观的概念，具体到某个领域的大量的细节，是无法企及的，因此，必须区分知识的颗粒度。

日常生活中可有大量的例子反映上述“黑箱”问题，此处举两例加以说明：

示例 1：司机开车不需要理解车轮的机械运动原理，也不要掌握油缸的热力学交换原理，只需要了解交通规则，读懂汽车操作手册即可。如果一个司机是一名热力学博士，精通油缸的工作原理，在汽车半路抛锚的时候，可以大致分析问题出在何处，但如果问题不出在油缸上，而是出在发动机的电路板上，则该热力学博士仍旧无计可施，因为他遇到的“黑箱”超越了他的知识边界。

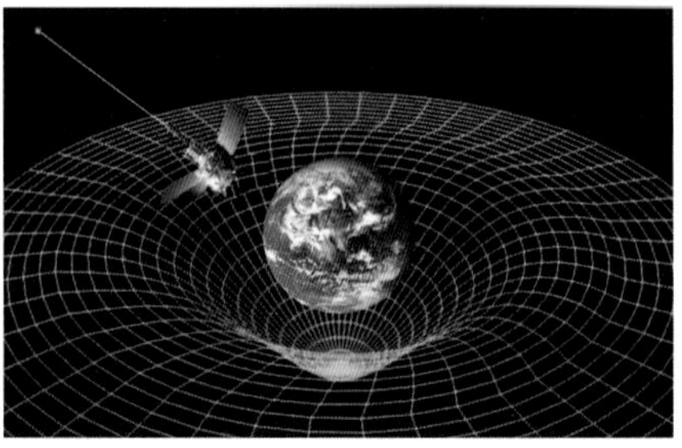

示例 2：用户使用手机上的地图定位功能，只需要安装相应的 App、输入起始地和目的地即可。实际上，手机之所以可以精准定位，依赖于绕地球高速飞行的导航卫星。导航卫星上携带高精度的原子钟，根据爱因斯坦的狭义相对论，当卫星高速运动时，卫星上的原子钟比地球上的时间每天慢 7.2 微秒（钟慢效应）；又根据广义相对论，地球的质量远大于卫星，导致地球附近的时空弯曲程度远大于卫星附近的时空，从地球上看，地球表面的时间比卫星上的时间每天慢 45.9 微秒（引力弯曲时空效应）；综合狭义相对论和广义相对论，地球上的时间比卫星上的时间每天慢约 38 微秒（10^{-3}s），而卫星上的导航系统精度要求达到纳秒级（10^{-9}s），如果不考虑相对论校准，则卫星每天积累的定位误差将达到 10 千米，可谓“失之毫厘，谬以千里”。显然，全球数十亿的手机用户不会去掌握如此复杂的理论物理学才会使用手机导航功能，只有极少数的科研人员才掌握其背后的原理。

上述生活体验告诉我们，在当代高度专业化分工的社会中，人类作为生物体的进化速度已经大为落后于智能机器的进化速度（此处用“智能机器”代表包含电子计算机、智能硬件等更广泛的人工智能终端），至少在海量知识的记忆能力、检索能力和大数据分析能力上已经远远不及智能机器，所以，人类要善于与智能机器共处，发挥智能机器的长处，修正其不足，控制人类自身的知识颗粒度，而不应与智能机器比拼记忆力和运算能力，那将是无功而返。

在建筑节能设计中，经常遇到的计算机软件“黑箱”包括：建筑全年 8760 小时逐时能耗计算（需要统计大量的能耗数据）、线传热系数 ψ 值的过程参数 Q^{2D}（需要求解偏微分方程）、隔热性能的一维非稳态计算（需要按照房间的运行工况确定相应的边界条件）、水平遮阳和垂直遮阳的直射辐射透射比（需要考虑遮阳壁面的太阳方位角）、百叶遮阳的散射透射比 $\tau_{dir,dif}$（需用 Gauss-Seidel 迭代法计算）等。此类参数的计算量大、公式复杂，无法由手动计算完成，只能借由计算机程序实现，因此，对于建筑师而言，在不知道也无法完全掌握计算机编程的情况下，只能通过输入、输出结果，结合工程经验和生活体验来判别计算结果的可信度。

表4.5-1 工程实践中遭遇软件“黑箱”时的常用处理方法

方法分类	总原则：与热工概念设计及判断基本相符，要有目的地选取测试样例，避免测试的组合爆炸。	
1. 分析模型处理类	模型变换	•加大或减小外窗面积（如：在指标比较的窗墙面积比分界线上下）； •增加或减少楼层数（如：在指标比较的楼层分界线上下）；
	材料变换	•改变材料热工参数（如：导热系数 λ 值）； •改变材料种类（如：岩棉板变为EPS板）； •改变材料厚度（如：100mm厚变为80mm厚）；
	算法变换	•改变规范依据（如：地方标准变为国家标准）； •改变能耗计算核心算法（如：DOE2.1变为EnergyPlus）；
	模型重载	•强制刷新模型（如：临时修改局部材料或构件进行计算）
	算法分析	•与计算机软件研发团队讨论、测试用例；
2. 分析软件类	软件版本变换	•改变同一品牌软件的旧、新版本（如：2020版变换为2023版）；
	软件品牌变换	•改变不同品牌的节能分析软件；（如：PKPM绿建节能软件与绿建斯维尔节能软件之间的变换）；
3. 计算机系统类	硬件系统	•改变至另一台计算机运行分析程序；（如：基于Intel处理器的计算机变为基于AMD处理器的计算机）； •关机并重新启动计算机；（主要用于内存清理）；
	软件系统	•改变操作系统;（如：Windows 7操作系统变为Windows11操作系统); •改变用户类型；（如：由一般用户变为超级用户）；
4. 外部环境类	时间	•改变计算分析的时间；（可用于检验偏微分方程求解或迭代计算的算法稳定性）；

总的来说，对于计算机软件“黑箱”，应持有“谨慎的信任”态度。之所以“谨慎”，是因为计算机并不真正了解人类的设计意图，它只是读取人类输入的参数，并通过特定的算法输出结果，所以，人类要根据自身的设计意图去衡量计算机运行是否合理;但是人类也要避免过于主观臆断，执念于自己的感性判断而否定计算机的运算结果，而应该“信任”计算机，毕竟计算机是人类创造的工具，运行法则也是人类根据设计规范录入的，如果计算机程序出错，人类自身也有连带责任。既然没有完美的人和完美的计算机，就应该积极地进行人机合作，遇到错误及时修正，而不应因为计算机的偶尔几次误差就否定其为人类提供的高价值工作。

第5章 节能设计与施工、采购及工程造价

完成设计之后，或者说在设计过程中，工程师就要考虑后续的采购、施工和造价的问题。计算软件中所选的材料十分丰富，有些软件将材料数据库完全对用户开放，允许用户自由编辑材料的参数，包括：导热系数、蓄热系数、修正系数、传热系数、太阳得热系数或遮阳系数等。因此，只要计算模型本身不存在明显的缺陷，就几乎没有计算不通过的模型，例如：外保温采用300mm厚的岩棉板或者60mm厚的真空绝热板或选用传热系数和太阳得热系数不相匹配的外窗等，都属于“实验室数据”，要让这些数据能落地，就必须在项目策划阶段考虑地区差异、施工可行性以及工程经济。

5.1 节能设计与施工及验收

不同的保温材料的施工工艺也有所差异，其中既有施工单位自身的施工水平原因，也有材料本身的特点造成的，例如:《建筑用真空绝热板应用技术规程》（JGJ/T416-2017）第7.1.6条规定:“施工各环节不得对真空绝热板产生破坏，不得现场裁割，异形板应工厂定制，并应加强排版设计。”这是由真空绝热板内部抽真空的特点决定的，一旦漏气，则保温性能大幅下降，《黑龙江省建筑外墙用真空绝热板STP应用技术规程》（DB23/T2473-2019）第5.3.1.3条规定，真空绝热板穿刺前的导热系数为λ≤0.008W/(m•K)，穿刺后的导热系数为λ≤0.035W/(m•K)，是穿刺前的4倍！与一般的聚苯板接近，丧失了优异的保温性能。因此，虽然计算软件不限制工程师选用真空绝热板，市场上也有不少生产厂家，但实际是否能用于工程项目，还要结合当前项目的施工技术和管理水平、建设单位的工程经验等综合考虑后确定。

[工程案例5-1：江苏镇江某幼儿园项目外墙外保温设置角钢托架]

经计算，该幼儿园的热固复合聚苯板外保温厚度达到65mm，按照当地审图意见，幼儿园属于未成年人聚集的公共建筑，复合外保温厚度超过40mm，应在外墙与楼板交接处和门窗洞口上方设置角钢托架承托保温板，以防止保温材料脱落伤人。如下图所示。

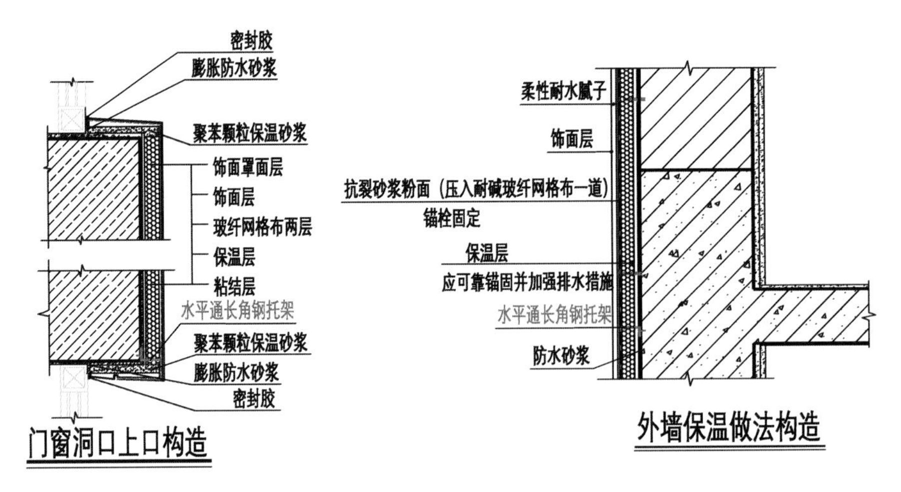

图5.1-1 外墙外保温设置角钢托架节点大样图

［工程案例 5-2：苏州某工程现场检测保温材料燃烧性能］

该项目节能分部工程验收时，消防验收人员质疑外墙外保温采用“A2 级 HX 隔离式防火保温板”的耐火性能，现场开凿局部墙面进行燃烧试验。经检查确认其自熄性满足《建筑材料及制品燃烧性能分级》（GB8624-2012）中 A2 级保温材料的判定条件：持续燃烧时间 Tf ≤ 20s，方同意验收通过。

可见，保温材料很容易在验收时被抽检，设计之初的选材需慎重，设计阶段不应存在侥幸心理，错误地寄希望于甲方公关、征询等非常规手段。

图5.1-2 现场外墙外保温取样、检测燃烧性能

［工程案例 5-3：江苏镇江某项目屋面保温厚度采购、施工与检验］

节能办现场检查提出，屋面采用 180mm 的 XPS，市场上难以采购，且当地材料检测遇有困难。

首先进行设计自查，按照江苏省《居住建筑热环境和节能设计标准》（DB32/4066-2021），5 层及以下分散采暖的住宅，屋面的规定性指标必须达到 K ≤ 0.30W/（m^2•K）；比对国标图集《平屋面建筑构造》（12J201）第 J7 页，考虑到屋面防火隔离带参与加权平均时的削弱影响，要使屋面加权平均传热系数达到 K ≤ 0.30W/（m^2•K），所需要的

XPS 板的计算厚度大约也是 140mm，倒置式屋面放大 25% 后，施工厚度约为 180mm，与本项目计算书一致。因此，屋面保温厚度不存在超额计算的问题。

平屋面的保温平均分为 2 层施工，单层厚度为 180/2=90mm，市场上可以购买此厚度的材料，也有利于性能检测。参见《倒置式屋面工程技术规程》（JGJ230-2010）第 6.4.8 条第 2 款“相邻板材应错缝拼接，板边厚度一致，分层铺设的板材上下层接缝应相互错开，板间缝隙应采用同类材料填嵌密实”。

材料检测主要是检验导热系数 λ 值、尺寸稳定性、抗拉强度、表观密度等，如下表所示：

表5.1-1 苏州某项目TPS改性聚苯板保温材料检测报告（部分）

<table>
<tr><td colspan="5">检测报告主页：　　　　计量认证证书编号：***********
****************　　　　资质证号：*******</td></tr>
<tr><td colspan="5">检测数据</td></tr>
<tr><td>检测项目</td><td>标准要求</td><td>计量单位</td><td>检测结果</td><td>单项结论</td></tr>
<tr><td>表观密度</td><td>≥ 35，<50</td><td>kg/m^3</td><td>37.3</td><td>合格</td></tr>
<tr><td>尺寸稳定性</td><td>≤ 0.6</td><td>%</td><td>0.2</td><td>合格</td></tr>
<tr><td>抗拉强度</td><td>≥ 0.18</td><td>MPa</td><td>0.44</td><td>合格</td></tr>
<tr><td>导热系数</td><td>≤ 0.036</td><td>W/(m•K)</td><td>0.036</td><td>合格</td></tr>
<tr><td colspan="5">以下空白</td></tr>
</table>

5.2 节能设计与采购

填充墙体材料、保温材料在国家标准、地方标准中的取值可能会不同，建议首选地方标准中的材料，主要原因是：

1. 利于就地取材，符合绿色建筑的理念。有些材料在当地采购不到，导致需要改用其他导热系数差的砌体，进而影响外保温厚度。

2. 便于地方审图、施工、验收。

3. 材料性能信息可信度高，地方标准可能会有修正系数等参数。

材料采购可以简要概括为“三平衡”：

5.2.1 平衡经济性与设计弹性

各种保温材料，不能为了项目初期的“经济性”而紧贴规范指标设计，因为在项目初期，门窗厂家尚未招标，外墙外保温也未招标，墙体主材也可能随施工单位的材料来源变化，设计却需要提前报审，前后存在 1 ～ 2 年的时间差。如果模型没有富余度，则当建模方式、外保温材料有少量的变化时，都很可能导致计算结果不能达标，从项目建设的长期性而言是存在风险的。

按照笔者的设计、施工、验收全过程项目经验，一般建议设计阶段，整体热工性能应预留 5% ～ 10% 的富余量，否则，后续一旦出现不可抗力的变更（如：加气块砌体改为烧结多孔砖、XPS 板换为岩棉板、改用性能更差的防火隔离带等降低热工性能的修改），几乎是无法修改的，导致参建各方都很被动。“整体热工性能富余”可以包括传热系数富余、单位面积能耗富余、热桥面积富余、概念模型富余等多种形式，不拘泥于单纯地增加外保温厚度。例如：当某栋建筑的设计建筑全年供暖和空调总耗电量（KWh/m^2）恰好等于设计建筑全年供暖和空调总耗电量（KWh/m^2）时，只能说明该栋建筑在十分理想的状态下满足了能耗的要求，考虑到现实世界的复杂性和 VUCA 时代的多变性，必须将外围护结构适当加强以预留设计富余度。由于外窗的价格比较贵，可考虑将外墙外保温和屋面外保温适当加厚 5 ～ 10mm。

［工程案例 5-4：江苏苏州某项目倒置式屋面保温富余度预留］

《倒置式屋面工程技术规程》（JGJ230-2010）第 5.2.5 条及其条文说明规定：“倒置式屋面保温层的设计厚度应按计算厚度增加 25% 取值，且最小厚度不得小于 25mm……为确保倒置式屋面的保温性能在保温层积水、吸水、结露、长期使用老化、保护层压置等复杂条件下持续满足屋面节能的要求，应适当增大保温层厚度加以补偿。”

该项目大屋面为倒置式屋面，节能计算厚度为 100mm，屋面保温施工厚度至少为 100×（1+25%）=125mm 的施工厚度。同时，该项目还存在露台，构造做法也属于倒置式屋面，节能计算的保温层厚度为 85mm，则至少需要 85*（1+25%）≈107mm 厚度的施工厚度。

此时，建筑施工图设计总说明描述的屋面保温厚度分别是：大屋面保温层厚度 130mm ＞ 125mm(计算值)，露台保温层厚度 110mm ＞ 107mm(计算值)，暗含计算数据有 3mm 的弹性余量，也适配了材料模数，有利于采购。市场上一般不会以 1mm 为增量值生产材料，多数是以 5mm 或 10mm 为模数生产材料，因此，当节能计算的保温厚度不是 5mm 或 10mm 的倍数时，可向上取为其倍数，既是预留了设计富余度，也有利于材料采购，实现经济性与设计弹性的统一。

5.2.2 平衡前期投资成本与耐久性

所谓“一分价钱一分货”“便宜没好货”，有时建设单位会以经济性为理由，希望改换廉价的材料，减少项目的一次性前期投入。此时工程师需要综合判断，不能被建设方牵着鼻子走，同时给出具有说服力的理由，“向权力讲述真理”。

［工程案例 5-5：江苏镇江某项目屋面防火隔离带替换的可行性］

该项目原设计采用泡沫玻璃板作为屋面水平防火隔离带，建设单位为了进行成本优化，希望将防火隔离带的材料由泡沫玻璃替换为热固复合保温板。

从节能计算的角度，泡沫玻璃保温板导热系数 $\lambda=0.062\times1.2_{修正}=0.0744W/(m\cdot K)$> 热固板 $\lambda=0.050\times1.25_{修正}=0.0625W/(m\cdot K)$，同样 140mm 的厚度，屋面综合传热系数值 $K_{泡沫玻璃}=0.29W/(m^2\cdot K)$ ＞ $K_{热固板}=0.28W/(m^2\cdot K)$，由泡沫玻璃保温板替换为热固复合保温板时，保温隔热性能会变好。但是，除了从保温隔热性能考虑之外，还应综合考虑其他因素：

表5.2-1 不同保温材料除热工性能外的其他物理性能比较

比较项目	泡沫玻璃保温板	热固复合保温板
规范依据	《泡沫玻璃绝热制品》(JC/T647-2014)	《热固复合聚苯乙烯泡沫保温板》(JG/T536-2017)
材料特性	纯无机材料	有机为主，掺入无机材料
抗折强度	≥ 0.40MPa	≥ 0.20MPa
抗压强度	≥ 0.50MPa	≥ 0.15MPa
体积吸水率	≤ 0.5%	≤ 10%

屋面、露台属于干湿交替频繁、太阳照射强烈的部位：泡沫玻璃的抗压强度高于复合材料几倍，吸水率为复合材料的十分之一。因此，从耐久性而言，泡沫玻璃是理想的屋面防火隔离带材料，不建议替换为热固复合保温板。

5.2.3 平衡设计审查与建设进度计划

[工程案例 5-6：江苏南京某办公楼项目节能隔声外窗选材流程]

该项目位于交通干线附近，为争取绿建三星认证，需要在北、东、西三面采用三玻两腔节能隔声窗，但是已有的规范、图集中没有完全满足要求的外窗型号可选，需要等待声学顾问公司提供的隔声窗参数，再复核节能设计是否满足要求。然而，声学顾问公司的评估时间恰好与施工图设计报审的时间重合，故需要拟定一个设计、声学评估、审图、定板、设计变更、采购、施工的协作流程，以期达到既满足节能设计的规范和绿建评价的要求，也能满足设计变更方向的要求（只能由差变好），同时兼顾工程现场的成本核算、采购、施工。为此，笔者拟定了一张“节能隔声窗”选材流程图，为项目参与各方提供了清晰的工作指引。详见以下流程图所示：

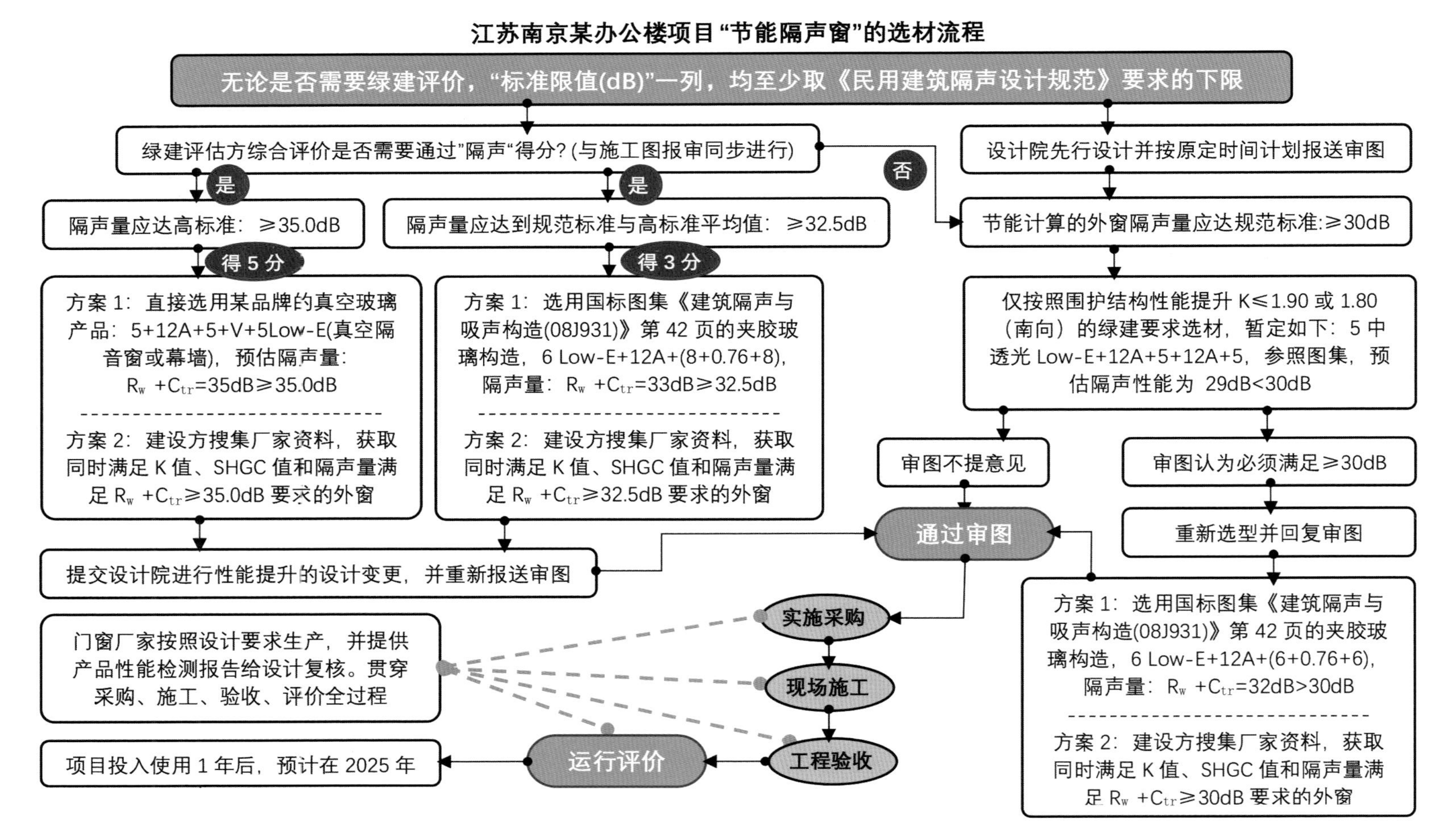

图5.2-1 江苏南京某办公楼项目“节能隔声窗”的选材流程图

5.3 节能设计与工程造价

保温材料选择影响工程造价的主要因素包括：

1. 不同材料的单位价格
2. 同种材料不同厚度的价格
3. 材料使用的总面积或总体积
4. 新材料

下表展示了部分常用保温材料的价格（不同的厂家报价可能不同，且市场永远在波动，但可以进行宏观比较）。

表5.3-1 多种常用保温材料的价格变化趋势（注：仅供参考，不作为采购依据）

建筑构造	密度（kg/m^3）	厚度（mm）	燃烧等级	市场价（元 /m^2）	市场价（元 /m^3）
岩棉板	100	60	A	64	—
岩棉板	200	80	A	96	—
STP 超薄真空绝热板	400	20	A	130	—
无机保温砂浆	450	20	A	9*	450
泡沫玻璃板	160	60	A	41*	678
泡沫玻璃板	160	100	A	68*	678
发泡水泥板	180	60	A	22*	369
EPS 聚苯板	18	60	B1	18*	293
EPS 聚苯板	18	100	B1	30*	292
XPS 挤塑板	20	60	B1	14*	222
XPS 挤塑板	20	90	B1	35*	389
PUR 聚氨酯板	50	100	B1	154*	1538
PUR 聚氨酯板	55	60	B1	67*	1107

注：表中带 * 号的价格，表示厂家的单位价格仅以每立方米报价，乘以厚度 (m) 折算的每平方米造价。

对于单种材料，有时仅以立方米计价，可乘以厚度折算为单位面积造价用于比较。以常用的 EPS 保温板为例，假设厚度变化从 30 ～ 150mm，某厂家报价均为 264 元 /m^3，则每平方米的造价随厚度不同，单位面积造价从 8 ～ 40 元 /m^2 不等，如下表所示：

表5.3-2 单一保温材料的价格变化趋势（注：仅供参考，不作为采购依据）

材料种类	密度 (kg/m^3)	燃烧等级	体积价格 (元 /m^3)	厚度（mm）	折算面积价格 (元 /m^2)
EPS 聚苯板	16	B1	264	30	8
				40	11
				50	13
				60	16
				70	18
				80	21
				90	24
				100	26
				110	29
				120	32
				130	35
				140	37
				150	40

［工程案例 5-7：EPS 外保温板厚度减少 5mm，能节约多少造价？］

某园区有 10 栋楼，层数为 18 ～ 24 层，主导户型基本相同。建设方为了节约造价，拟将 EPS 聚苯板由原 100mm 厚减少为 95mm 厚，厂家报价为 264 元 /m^3。各栋楼标准层相同，外轮廓尺寸均接近 34.6m×17.8m，周长约 120m，从节能模型的窗墙面积比表格中，可以得到包含门窗洞口的外墙面积和门窗洞口面积，接着用“全墙面积 ×（1-窗墙比）”得到不含门窗洞口的外墙面积，然后分别按照 95mm 和 100mm 的外保温厚度乘以外墙面积得到外保温总体积，进而得到总造价。

计算得到：每栋楼节约 6000 ～ 8000 元，则总计可以节约 6 ～ 8 万元，考虑到建设单位批量采购的优惠，应能节约更多成本。

表5.3-3 园区某楼栋节能计算书中的窗墙面积比统计表

朝向	窗面积（m^2）	墙面积（m^2）	窗墙比	限值	结论
南向	340.86	980.10	0.35	0.45	满足
北向	212.35	980.10	0.22	0.45	满足
东向	135.73	822.75	0.16	0.45	满足
西向	103.33	822.75	0.13	0.45	满足
《标准》依据		《江苏省居住建筑热环境和节能设计标准》(DGJ32/J 71-2014) 第 5.2.8			
标准要求		各朝向窗墙比应符合 5.2.8 条的规定			
结论		满足			

［工程案例 5-8：江苏南京某办公楼项目外窗规格需求统计］

该项目进入施工图阶段后，同步进行施工图预算工作，项目部根据造价定额分类，提请设计院填写材料分类用料统计表，以下为部分门窗幕墙统计表

表5.3-4 某办公楼项目外窗规格分类统计表

楼栋	朝向	门窗规格	K 值 W/（m^2•K）	太阳得热系数 SHGC	可见光透射比
2# 楼	南立面 1（地面首层）	隔热金属多腔密封窗框 6 中透光 Low-E+12 氩气 +6 透明	2.10	0.35	0.62
	南立面 2（地下 1 ～ 2 层）	隔热金属多腔密封窗框 6 中透光 Low-E+12A+6 透明	2.40	0.35	0.62
	南立面 3（地面 2 ～ 5 层）				
	北立面（各层）	隔热金属多腔密封窗框 6 中透光 Low-E+12A+6 透明	2.40	0.35	0.62
	东立面 1（地面 1 ～ 5 层）	隔热金属多腔密封窗框 6 中透光 Low-E+12A+6 透明	2.40	0.35	0.62
	东立面 2（地下 1 ～地下 2 层）	隔热金属多腔密封窗框 6 中透光 Low-E+12 氩气 +6 透明	2.10		
	西立面 1（地面 1 ～ 5 层）	隔热金属多腔密封窗框 6 中透光 Low-E+12A+6 透明	2.40	0.35	0.62
	西立面 2（地下 1 ～地下 2 层）	隔热金属多腔密封窗框 6 中透光 Low-E+12 氩气 +6 透明	2.10		
	天窗	隔热金属多腔密封窗框 6 高透光 Low-E+12 氩气 +6 透明	2.20	0.35	0.62

由上表可见，成本测算的条目十分细致，精确到不同楼栋，不同楼层、不同朝向、不同的框料、玻璃、是否加暖边条等，因为不同型号的材料的定额指标不同，总数量不同，有时会差别很大，故需要建筑工程师与造价工程师密切配合，梳理材料分类，为后续采购、施工、验收打下良好的数据基础。

从另一个角度看，建筑师在设计过程中应力求统一材料和做法，着眼于全局，而不要拘泥于把某栋楼精雕细琢设计得“很经济”，总体上每栋楼的材料型号又参差不齐，既不利于造价计算，也不利于模数化施工。

通过模数化设计、模块化施工，才能最终形成适用、经济、美观、统一和谐的建筑物。最后，引用古希腊毕达哥拉斯学派的核心哲学观点作为本小节的结束语：

——“万物皆数”。

第6章 绿色建筑节能设计展望

6.1 节能设计新理论

从传统学科分类来看，“建筑节能设计”只是建筑学的一个小的分支，不会产生类似于勒·柯布西耶的“现代建筑五观点”、霍华德的“田园城市”一类的具有世界影响力的设计理论，但是一沙一世界，一树一菩提，亦不妨从细微之处体会建筑之美，探讨一下这棵绿建之树如何向阳而生，也是件有意义的事。笔者试图从历年的工程实践中，提炼出若干观点，供同行参考和讨论。

6.1.1 总成本增量不变理论

建筑节能设计是多个利益相关方博弈、相互妥协的结果，主要的利益相关方包括：建设单位（甲方）、设计单位、施工单位、监理单位、政府监管部门和住户，各方对于某个工程项目的诉求如下表所示：

表6.1-1 影响节能设计的主要利益相关方

利益相关方	项目诉求	对节能设计的影响	举例
建设单位（甲方）	节约造价、时间成本，提高工程品质	减少不必要的材料投入和施工措施投入	第2.2.3节，工程案例2-1，规范变更的影响
设计单位	满足法律法规要求，减少设计变更	计算参数取值有据可依，选材及用量需满足规范的相关要求	第2.2.3节，工程案例2-2，坡屋面归属判定
施工单位	采购、施工便利，减少返工	材料选用要因地制宜，设计成果准确	第5.1节，工程案例5-3屋面加厚保温
监理单位	施工与设计相符，质量合格	构造做法合理，充分考虑不同材料组合使用的效果	附录F，屋面保温空鼓问题处理
政府监管部门	工程质量满足设计、施工、验收等技术规范和政府相关法规的要求	选材需考虑地方禁、限材料，以及地方设计、验收、检测的特殊要求	第5.1节，工程案例5-2现场检测保温材料燃烧性能
住户	所购房屋宜居、不出现工程缺陷	精细化设计，考虑住户体验，优化材料选型。	第3.2.2节，工程案例3-3分户楼板隔声

无论采用何种选材方案，综合考虑满足规范要求、施工可行性、工程造价、建造周期、后期维护的成本总和将是基本不变，即使前期侥幸获得了某些临时性的优势，最终还会通过某种“偿债”的方式补足所占的便宜，笔者称之为“五清偿原则”，包括：

1. 单方造价清偿

采用导热系数更低的外墙外保温材料，虽然厚度减薄了，但是材料的单方造价提高了，总的成本不相上下。

2. 热工性能清偿

通过加厚屋面保温的方式降低能耗和加厚外墙保温的方式降低能耗（假设都可行的情况下），虽然加厚的部位不同、外墙和屋面的面积不同、选用的保温材料也不同，但是总的加强“强度”基本相同，因为所加强的部位，需要补足其余相对薄弱部位的能量损失，总能耗要降低一定的数值，所需要补足的“强度”相近，付出的代价也不会相差太远。

3. 机会及时间成本清偿

赶在新规范执行之前、接受“不完美”的建筑方案、采用较少的材料成本建造，与打磨相对完善的建筑方案、在新规范执行之后提高建设成本，两者在考虑了时间成本和交付质量之后，要付出的总成本也相差不远。

4. 冒险获利清偿

采用最新的未经工程实践验证的、当前相对廉价的材料建造，在考虑了后期不可预见的维护费用后，长期维护的成本基本不变。

5. 非技术收益清偿

设计、施工阶段通过征询政府部门获得一定的非正式承诺，得以以较少的费用启动工程建设，但是考虑了项目竣工验收时人员更换、现场拆改费用，总的建造成本基本不变。

综上所述，笔者认为，无论开发商计划采用何种降低成本的策略，都不会以低于现行规范的低限要求的造价完成工程建造，在某个时间节点上启动的项目，只要中间没有不可抗力的影响，正常推进，就不会存在太大的成本压缩空间，试图寄希望于更换设计院来进行背靠背节能设计、压缩设计指标、采用非技术手段获取时间和政策收益的方法都是徒劳的。简而言之：“该花的钱省不了。”

6.1.2 可定制化节能设计理论

当前的节能设计类似于“吃大锅饭”，多种指标都是“加权平均”得到的综合值，如：各朝向外窗的加权平均传热系数、加权平均太阳得热系数、外墙的加权平均传热系数，分户墙或分户楼板的加权平均系数，反映的是建筑物作为一个整体的宏观热舒适度。然而，具体到每户居民，由于年龄结构、身体状况的差异，对于相同的温湿度的感觉不一而足，正如在同一个房间里开空调，有些人觉得很冷，有些人觉得还偏热，“加权平均”使得不论男女老幼、高矮胖瘦都必须接受同一种室内热环境，但房屋本身并未规定入住者的身体条件。

笔者认为，应从更广义的视角看待节能设计，所谓“节能”，不是一群人穿同一条裤子，而是因人而异，例如：有的人耐热能力强，完全不必在意外墙保温是否达到 75% 节能，因为此人夏天可以不开空调，仅在中午时段开电风扇，则该户型设置的高性能内外保温系统反而变得浪费。

随着材料技术的发展以及居民参与建造意识的觉醒，加之旧区改建数量日渐增多，未来的业主有望以个性化投资的方式参与到节能设计和建造中，开发商只需要参照《工程系列通用规范》的编制思想，保证房屋最基本的结构、消防安全等“规定动作”，将节能施工款项划拨出来作为房屋保温系统围护专项资金，专款专用，居民可以根据自身的身体耐受力、经济能力选择个性化的节能方案。在既有建筑改造中更是如此，同一栋建筑的不同功能分区可能属于不同的业主，例如：业主 A 为文具店、晚上无人居住，相邻的业主 B 为托老所、夜晚有几十名老人过夜、需要保证一定的热环境舒适度，两种业态功能房间一墙之隔。显然，托老所对于外围护的要求更高，需要用更好的外门窗、更厚的外墙保温，而文具店则完全不必要采用同样好的配置。

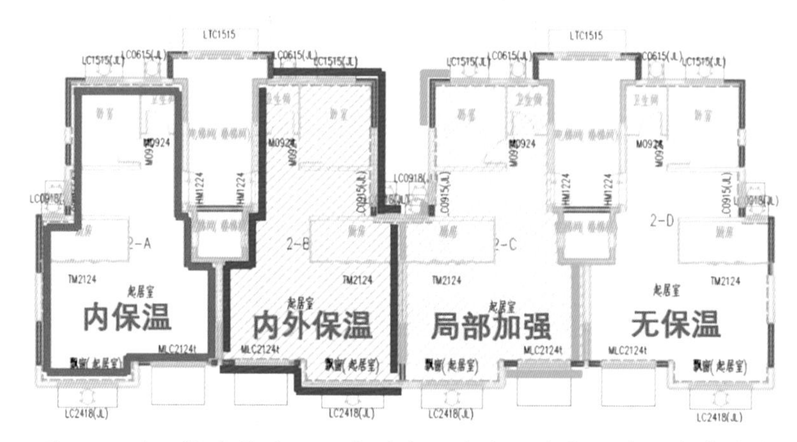

图6.1-1 同一栋建筑的不同户型采用差异化节能设计和建造策略

6.2 群体智能辅助设计

美国《连线》（Wired）杂志创始主编凯文·凯利在其 1994 年的名著《失控》（Out of Control）[①] 预言了人类社会的未来：包括蜂群思维、有心智的机器、共同进化等观念，

①[美]凯文·凯利著，东西文库译．失控：全人类的最终命运和结局[M]．北京：新星出版社，2010.

时至今日仍具有很强的参考意义，对于绿色建筑节能设计这个工程学中很小的分支也同样适用，笔者尝试借用凯文·凯利的若干观点对未来的绿色建筑节能设计提出一些展望：

6.2.1 蜂群思维

设计规范不断更迭，各种国家规范和地方标准互为补充也有所区别，单凭个体工程师之力已经很难熟记和快速掌握，但是众人拾柴火焰高，可以通过建立互联网或者本地化的专家团队，定期录入更新的规范，并对规范之间的条文差异进行重点研判，而后将研判结果交由计算机软件开发商，以程序的方式实现，可以极大减少设计人员的机械劳动量，进而将宝贵的时间用于概念设计，而不是翻箱倒柜查找规范条文。在这样的协作模式里，已经没有了“中央集权总工”的概念，而是呈现“去中心化”的结构，每位有经验的工程师都是一只勤劳的蜜蜂，汇聚起群体的智慧来优化设计流程、减少重复劳动、提高设计效率。

6.2.2 有心智的机器

区别于以往需要在局域网服务器插入加密锁的方法，当前较多的绿建设计软件都采用互联网云授权登录的使用模式，当用户登录使用软件的同时，也就将个人的设计习惯反馈到云端，当云端服务器搜集到足够多的用户操作数据后，便具备预测用户设计意图的能力，成为“比你更懂你”的智能机器。

PKPM 绿建设计 v3.3 版软件（2022 年版），在进行围护结构节能计算之后，可以通过智能分析既有的数据和计算结果预测得到进一步绿色建筑分析的得分概率，为工程师优化设计提供技术决策支持。

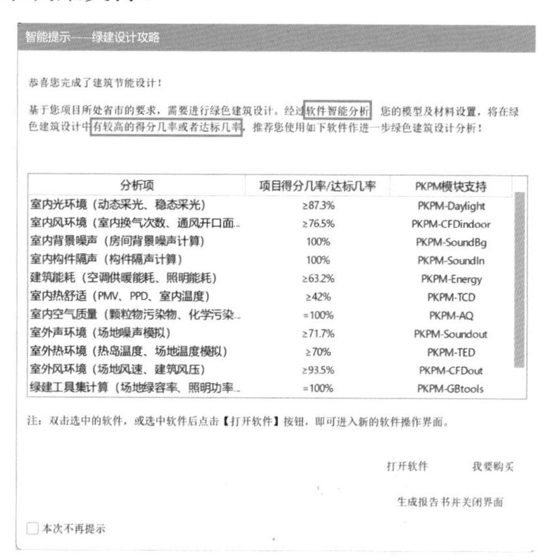

图6.2-1 PKPM绿建设计v3.3版软件基于节能设计预判绿建设计得分率

6.2.3 共同进化

在计算机迈向智能化的当代社会，人工智能（AI）成为每个行业都无法回避的议题，或者说是不得不携手前进的一位同行者，建筑行业也不例外，人工智能已经渗透到建筑设计的每个环节，人类不再是作为一个纯自然生物体缓慢地进化，而是与智能机器同行，相互促进、共同进化，正如科幻电影《黑客帝国 3：矩阵革命》的结尾所展示的那样：主人公尼奥最终与矩阵母体合为一体，共同战胜了病毒程序“特工史密斯”。下表展示了人工智能在建筑设计方面的应用，其中，智能化节能设计还处于萌芽阶段，有待有识之士去探索和发展。

表6.2-1 人工智能在建筑设计的应用

设计阶段或类型	代表性软件公司	主要产品及特点
方案设计	成立于 2016 年的深圳小库科技有限公司，官方网站：https://www.xkool.ai/	包括智能规划、智能单体、彩总智图等模块的小库智能云模设计平台。 通过调 - 做 - 改 - 核 - 协 - 出 6 大工序，在线一体化建筑设计协作，实现开发类项目规划、单体、细部多尺度覆盖。
施工图审查	成立于 2016 年的深圳万翼科技公司，官方网站：https://www.vaiplus.com/	AI 审图平台，结合图形图像处理和深度学习等 AI 技术智能识别图纸空间、构件等对象信息，快速发现并标注设计缺陷，自动完成图纸审查。可一键自动生成审图报告。 基于图纸信息进行全面分析，提供可视化审图数据看板，帮助企业快速了解公司设计质量及优化空间，提升企业管理效能。
绿色建筑节能设计	（暂无）	应能按照规范的要求，智能推荐材料和模型优化方式； 应能比较多种方案，可增加“时间机器”功能，令用户可以快速返回早前的参数。

6.3 结　语

当今的建筑师是幸运的，因为他们成长、工作于一个物质极大丰富的时代，从工业产品到信息资源都琳琅满目；但是当今的建筑师又是不幸的，因为他们身处历史和未来的十字路口，背后是传统的手绘技法和建筑学本原的基础知识，前方是广袤的人工智能世界和百花齐放的设计思潮。如何才能继往开来、砥砺前行？也许用“攀岩”来形容建筑师的处境最为恰当，区别于短跑、推铅球等追求速度、爆发力的运动，攀岩需要有坚定的目标、顽强的意志和强健的体魄，才能攀上风光无限的顶峰！

最后，笔者借用一句话来结束本书，与各位绿建工程师共勉：未来已来，将至已至，远方不远，唯变不变！

附录 A 某超高层住宅区建筑节能设计前期策划书

A.1 项目信息

工程地点：湖北省

采用软件：绿建斯维尔节能设计 BECS2018

策划文件编制日期：2019 年 01 月 31 日

图A.1-1 某超高层住宅区效果图

A.2 总则

本策划书通过节能建模及试算，提出本项目节能总体概念设计、建筑单体的设计选材参数、主要构造做法等，可为制定项目统一技术措施及前期决策提供参考。

A.3 建筑概况

建筑单体节能相关信息如下表所示，表中的建筑高度和层数是从节能模型中提取的数据，本工程机房层参与建模计算，故地面总层数比施工图设计多1层。

编号	建筑朝向	建筑层数(含机房层)			建筑总高度(含机房层)(m)		主要单层高度(m)			体形系数	结构类型
		地上	地下	避难层号	地上	地下	首层层高	标准层高	避难层高		
1号楼	南偏东29.661°	42	2	14，30	132.3	-8.70	5.10	3.00	3.60	0.32	剪力墙结构
2/3号楼	南偏东29.661°	18	2	(无)	58.0	-8.70	5.10	3.00	(无)	0.43	剪力墙结构
4号楼	南偏东29.661°	43	2	14，30	135.3	-8.70	5.10	3.00	3.60	0.32	剪力墙结构
5号楼	南偏东29.661°	45	2	14，30	140.3	-8.70	5.10	3.00	3.60	0.31	剪力墙结构

A.4 设计依据

1.《民用建筑热工设计规范》(GB50176-2016)

2.《严寒和寒冷地区居住建筑节能设计标准》(JGJ26-2010)

3.《建筑外门窗气密、水密、抗风压性能分级及检测方法》(GB/T7106-2008)

4.《建筑遮阳工程技术规范》(JGJ237-2011)

5. 湖北省地方标准《低能耗居住建筑节能设计标准》(DB42/T559-2013)(A区南北向)

6.《湖北省保温装饰板外墙外保温系统工程技术规程》(DB42/T1107-2015)

A.5 体形系数

A区≥4层住宅的体形系数应满足湖北省地方标准《低能耗居住建筑节能设计标准》(DB42/T559-2013)第4.2.2条规定(s≤0.45)。

本工程2～5号楼均满足要求。

A.6 主导保温材料参数及选用依据

A. 6. 1. 材料参数

材料名称	编号	导热系数 λ	蓄热系数 S	密度 ρ	比热容 Cp	备注
		W/(m•K)	W/(m²•K)	kg/m³	J/(kg•K)	
绝热用挤塑聚苯乙烯泡沫塑料板，X150 ～ X500 型	22	0.030	0.305	32.5	1380.0	修正系数 a=1.20 注：1. 压缩、厚度尺寸偏差等影响；2. 干密度 ρ 取值范围 25 ～ 38（kg/m³），库中默认取平均值；3. 蓄热系数 S 取值范围 0.27 ～ 0.34W/(m²•K)，库中默认取平均值；
加气混凝土【或泡沫混凝土】砌块（用于屋面）B05 级【或 A06 级】	26	0.240	3.920	525.0	1050.0	修正系数 a=1.0 注：1. 依《GB50176》；2. A05 级蓄热系数为 4.19W/(m²•K)，干密度 ρ 取值 600（kg/m³）
岩棉板	29	0.048	0.700	140.0	1203.2	修正系数 a=1.20
I 型无机轻集料砂浆，无机保温板	37	0.070	1.200	350.0	810.0	修正系数 a=1.25 注：1. 干密度 ρ ≤ 350（kg/m³）；2. 吸湿、锚栓等影响

A. 6. 2. 选用依据

材料名	使用部位	选用依据	备注
岩棉板	外墙外保温，凸窗顶 / 底 / 侧板，架空楼板	选自《湖北省保温装饰板外墙外保温系统工程技术规程》（DB42/T1107-2015）第 5.3.5 条的 RWS 板，λ=0.048W/(m•K)，修正系数 1.20。	在《DB42T-559-2013》的“建筑用岩棉板（中硬板）”取值为 0.038W/（m•K），修正系数 1.20。经 20190103 现场与甲方讨论，认为项目上暂时采购不到该类较好的岩棉板，故选用较为保守的《DB42-T-1107-2015》中的参数。
绝热用挤塑聚苯乙烯泡沫塑料板，X150 ～ X500 型	外墙内保温，屋面、楼板保温	选自《DB42/T559-2013》附录C.0.4，λ=0.030W/（m•K），修正系数 1.20。	—
I 型无机轻集料砂浆，无机保温板	分户墙，楼梯间隔墙	选自《DB42/T559-2013》附录C.0.4，λ=0.070W/（m•K），修正系数 1.25。	—

A.7 围护结构作法简要说明

本工程围护结构如下表所示。

详细的围护结构规定性指标分类计算见后续计算表：

构造类别	构造做法
1. 屋顶构造：屋顶构造一（由外到内）	钢筋混凝土 50mm ＋加气混凝土【或泡沫混凝土】砌块（用于屋面）B05 级【或 A06 级】50mm ＋绝热用挤塑聚苯乙烯泡沫塑料板，X150 ～ X500 型 90mm ＋钢筋混凝土 120mm
2. 外墙构造：外墙构造一（由外到内）（另见“A.8.3 外墙保温做法比较”）	水泥砂浆 5mm ＋岩棉板 60mm ＋水泥砂浆 15mm ＋钢筋混凝土 200mm ＋绝热用挤塑聚苯乙烯泡沫塑料板，X150 ～ X500 型 30mm
3. 分户墙：户间隔墙构造一	I 型无机轻集料砂浆，无机保温板 15mm ＋钢筋混凝土 200mm ＋ I 型无机轻集料砂浆，无机保温板 15mm
4. 分隔采暖空调与非采暖空调房间的隔墙：楼梯间隔墙构造一	I 型无机轻集料砂浆，无机保温板 15mm ＋钢筋混凝土 200mm ＋ I 型无机轻集料砂浆，无机保温板 15mm
5. 楼板构造（1）：控温房间楼板构造一	胶合板 20mm ＋（夏季）热流向下（水平、倾斜 δ>=60）60mm ＋钢筋混凝土 120mm
6. 楼板构造（2）：控温房间楼板构造二	绝热用挤塑聚苯乙烯泡沫塑料板，X150 ～ X500 型 20mm ＋钢筋混凝土 120mm
7. 挑空楼板构造：挑空楼板构造一（由外到内）	钢筋混凝土 120mm ＋岩棉板 60mm ＋水泥砂浆 5mm
8. 不采暖空调房间的上部楼板（1）：控温与非控温楼板构造三（避难层上居室）	胶合板 20mm ＋（夏季）热流向下（水平、倾斜 δ>=60）60mm ＋绝热用挤塑聚苯乙烯泡沫塑料板，X150 ～ X500 型 15mm ＋钢筋混凝土 120mm
9. 不采暖空调房间的上部楼板（2）：控温与非控温楼板构造二（避难层及厨卫楼板）	绝热用挤塑聚苯乙烯泡沫塑料板，X150 ～ X500 型 20mm ＋钢筋混凝土 120mm
10. 不采暖空调房间的上部楼板（3）：控温与非控温楼板构造一	胶合板 20mm ＋（夏季）热流向下（水平、倾斜 δ>=60）60mm ＋钢筋混凝土 120mm
11. 通往封闭空间的户门：	多功能户门：传热系数 1.500W/（m^2•K）
12. 外窗构造：	65 系列平开下悬铝合金断热窗 5+12Ar+5+12Ar+5+ 暖边：传热系数 1.800W/（m^2•K），自身遮阳系数 0.620
13. 凸窗构造：	65 系列平开下悬铝合金断热窗 5+12Ar+5+12Ar+5+ 暖边：传热系数 1.800W/（m^2•K），自身遮阳系数 0.620
14. 凸窗顶 / 底 / 侧板：（由外到内）	水泥砂浆 5mm ＋岩棉板 60mm ＋钢筋混凝土 100mm

A.7.1. 屋顶构造

材料名称 （由外到内）	厚度 δ (mm)	导热系数 λ W/(m•K)	蓄热系数 S W/(m²•K)	修正系数 α	热阻 R (m²•K)/W	热惰性指标 D=R×S
钢筋混凝土	50	1.740	17.200	1.00	0.029	0.494
加气混凝土【或泡沫混凝土】砌块（用于屋面）B05 级【或 A06 级】	50	0.240	3.920	1.00	0.208	0.817
绝热用挤塑聚苯乙烯泡沫塑料板，X150 ～ X500 型	90	0.030	0.305	1.20	2.500	0.915
钢筋混凝土	120	1.740	17.200	1.00	0.069	1.186
各层之和Σ	310	—	—	—	2.806	3.412
传热系数 K=1/(0.15+ Σ R)	0.34					
标准依据	《湖北低能耗居住建筑节能设计标准》（DB42/T559-2013）第 5.0.1 条					
标准要求	屋顶传热系数应符合表 5.0.1-1 规定的限值 (K ≤ 0.45 且 D ≥ 3.00)					
结论	满足					

A.7.2. 外墙构造

材料名称 （由外到内）	厚度 δ (mm)	导热系数 λ W/(m•K)	蓄热系数 S W/(m²•K)	修正系数 α	热阻 R (m²•K)/W	热惰性指标 D=R×S
水泥砂浆	5	0.930	11.370	1.00	0.005	0.061
岩棉板	60	0.048	0.700	1.20	1.042	0.875
水泥砂浆	15	0.930	11.370	1.00	0.016	0.183
钢筋混凝土	200	1.740	17.200	1.00	0.115	1.977
绝热用挤塑聚苯乙烯泡沫塑料板，X150 ～ X500 型	30	0.030	0.290	1.20	0.833	0.290
各层之和Σ	310	—	—	—	2.011	3.387
外表面太阳辐射吸收系数	0.75[默认]					
传热系数 K=1/(0.15+ Σ R)	0.46					

A.7.3. 外墙平均热工特性

构造名称	构件类型	面积 (m²)	面积所占比例	传热系数 K[W/(m²•K)]	热惰性指标 D	太阳辐射吸收系数
外墙构造一	主墙体	20020.41	1.000	0.46	3.39	0.75

A.7.4. 分户墙构造

材料名称	厚度 δ (mm)	导热系数 λ W/(m•K)	蓄热系数 S W/(m^2•K)	修正系数 α	热阻 R (m^2•K)/W	热惰性指标 D=R×S
I 型无机轻集料砂浆，无机保温板	15	0.070	1.200	1.25	0.171	0.257
钢筋混凝土	200	1.740	17.200	1.00	0.115	1.977
I 型无机轻集料砂浆，无机保温板	15	0.070	1.200	1.25	0.171	0.257
各层之和Σ	230	—	—	—	0.458	2.491
传热系数 K=1/(0.22+ΣR)	1.48					
标准依据	《湖北低能耗居住建筑节能设计标准》（DB42/T559-2013）第 5.0.1 条					
标准要求	分户墙的传热系数不应超过表 5.0.1-1 的限值（K ≤ 2.00）					
结论	满足					

A.7.5. 楼梯间隔墙构造

材料名称	厚度 δ (mm)	导热系数 λ W/(m•K)	蓄热系数 S W/(m^2•K)	修正系数 α	热阻 R (m^2•K)/W	热惰性指标 D=R×S
I 型无机轻集料砂浆，无机保温板	15	0.070	1.200	1.25	0.171	0.257
钢筋混凝土	200	1.740	17.200	1.00	0.115	1.977
I 型无机轻集料砂浆，无机保温板	15	0.070	1.200	1.25	0.171	0.257
各层之和Σ	230	—	—	—	0.458	2.491
传热系数 K=1/(0.22+ΣR)	1.48					
标准依据	《湖北低能耗居住建筑节能设计标准》（DB42/T559-2013）第 5.0.1 条					
标准要求	采暖与非采暖隔墙传热系数应符合表 5.0.1-1 规定的限值（K ≤ 2.00）					
结论	满足					

A.7.6. 楼板构造

1. 控温房间楼板构造一

材料名称	厚度 δ	导热系数 λ	蓄热系数 S	修正系数	热阻 R	热惰性指标
	(mm)	W/(m•K)	W/(m²•K)	α	(m²•K)/W	D=R×S
胶合板	20	0.174	4.570	1.00	0.115	0.525
（夏季）热流向下（水平、倾斜 δ>=60）	60	0.400	0.187	1.00	0.150	0.028
钢筋混凝土	120	1.740	17.200	1.00	0.069	1.186
各层之和Σ	200	—	—	—	0.334	1.740
传热系数 K=1/(0.22+ΣR)	1.80					
标准依据	《湖北低能耗居住建筑节能设计标准》（DB42/T559-2013）第 5.0.1 条					
标准要求	楼板传热系数应符合表 5.0.1-1 规定的限值（K ≤ 2.00）					
结论	满足					

2. 控温房间楼板构造二

材料名称	厚度 δ	导热系数 λ	蓄热系数 S	修正系数	热阻 R	热惰性指标
	(mm)	W/(m•K)	W/(m²•K)	α	(m²•K)/W	D=R×S
绝热用挤塑聚苯乙烯泡沫塑料板，X150 ～ X500 型	20	0.030	0.305	1.20	0.556	0.203
钢筋混凝土	120	1.740	17.200	1.00	0.069	1.186
各层之和Σ	140	—	—	—	0.625	1.390
传热系数 K=1/(0.22+ΣR)	1.18					
标准依据	《湖北低能耗居住建筑节能设计标准》（DB42/T559-2013）第 5.0.1 条					
标准要求	楼板传热系数应符合表 5.0.1-1 规定的限值（K ≤ 2.00）					
结论	满足					

A.7.7. 挑空楼板构造

材料名称（由外到内）	厚度 δ	导热系数 λ	蓄热系数 S	修正系数	热阻 R	热惰性指标
	(mm)	W/(m•K)	W/(m²•K)	α	(m²•K)/W	D=R×S
钢筋混凝土	120	1.740	17.200	1.00	0.069	1.186
岩棉板	60	0.048	0.700	1.20	1.042	0.875
水泥砂浆	5	0.930	11.370	1.00	0.005	0.061
各层之和Σ	185	—	—	—	1.116	2.122
传热系数 K=1/(0.15+ΣR)	0.79					
标准依据	《湖北低能耗居住建筑节能设计标准》（DB42/T559-2013）第 5.0.1 条					
标准要求	挑空楼板传热系数应符合表 5.0.1-1 规定的限值（K ≤ 1.20）					
结论	满足					

A.7.8. 不采暖空调房间的上部楼板

1. 不采暖空调房间的上部楼板相关构造

2. 控温与非控温楼板构造三（避难层上居室）

材料名称	厚度 δ	导热系数 λ	蓄热系数 S	修正系数	热阻 R	热惰性指标
	(mm)	W/(m•K)	W/(m²•K)	α	(m²•K)/W	D=R×S
胶合板	20	0.174	4.570	1.00	0.115	0.525
（夏季）热流向下（水平、倾斜 δ>=60）	60	0.400	0.187	1.00	0.150	0.028
绝热用挤塑聚苯乙烯泡沫塑料板，X150～X500 型	15	0.030	0.290	1.20	0.417	0.145
钢筋混凝土	120	1.740	17.200	1.00	0.069	1.186
各层之和Σ	215	—	—	—	0.751	1.885
传热系数 K=1/(0.22+ΣR)	1.03					

3. 控温与非控温楼板构造二（避难层及厨卫楼板）

材料名称	厚度 δ	导热系数 λ	蓄热系数 S	修正系数	热阻 R	热惰性指标
	(mm)	W/(m•K)	W/(m²•K)	α	(m²•K)/W	D=R×S
绝热用挤塑聚苯乙烯泡沫塑料板，X150～X500 型	20	0.030	0.305	1.20	0.556	0.203
钢筋混凝土	120	1.740	17.200	1.00	0.069	1.186
各层之和Σ	140	—	—	—	0.625	1.390
传热系数 K=1/(0.22+ΣR)	1.18					

4. 控温与非控温楼板构造一

材料名称	厚度 δ	导热系数 λ	蓄热系数 S	修正系数	热阻 R	热惰性指标
	(mm)	W/(m•K)	W/(m²•K)	α	(m²•K)/W	D=R×S
胶合板	20	0.174	4.570	1.00	0.115	0.525
（夏季）热流向下（水平、倾斜 δ>=60）	60	0.400	0.187	1.00	0.150	0.028
钢筋混凝土	120	1.740	17.200	1.00	0.069	1.186
各层之和Σ	200	—	—	—	0.334	1.740
传热系数 K=1/(0.22+ΣR)	1.80					

5. 不采暖空调房间的上部楼板平均热工特性

构造名称	面积（m²）	面积所占比例	传热系数 K[W/(m²•K)]	热惰性指标 D
控温与非控温楼板构造三（避难层上居室）	714.25	0.463	1.03	1.89
控温与非控温楼板构造二（避难层及厨卫楼板）	682.84	0.443	1.18	1.39
控温与非控温楼板构造一	144.02	0.093	1.80	1.74
合计	1541.11	1.000	1.17	1.65
标准依据	《湖北低能耗居住建筑节能设计标准》（DB42/T559-2013）第 5.0.1 条			
标准要求	不采暖空调房间的上部楼板的传热系数应符合表 5.0.1-1 规定的限值（K ≤ 1.20）			
结论	满足			

A.7.9. 不采暖空调地下室顶板

本工程无此项内容

A.7.10. 通往封闭空间的户门

构造名称	面积（m²）	面积所占比例	传热系数 K[W/(m²•K)]	是否满足
多功能户门	730.48	1.000	1.50	满足
标准依据	《湖北低能耗居住建筑节能设计标准》（DB42/T559-2013）第 5.0.1 条			
标准要求	K ≤ 3.0			
结论	满足			

A.7.11. 外门

本工程无此项内容

A.7.12. 阳台门

本工程无此项内容

A.7.13. 户型窗墙比

该项为“必须”执行的条文，各子项均要满足湖北省地方标准《低能耗居住建筑节能设计标准》（DB42/T559-2013）第 5.0.2 条，否则需要修改方案的外窗洞口设计。

A.7.14. 外窗

1. 外窗构造

序号	构造名称	构造编号	传热系数	自遮阳系数	可见光透射比	备注
1	65 系列平开下悬铝合金断热窗 5+12Ar+5+12Ar+5+ 暖边	74	1.80	0.62	0.720	《湖北低能耗居住建筑节能设计标准》（DB42/T559-2013）

2. 外遮阳

遮阳的讨论参见“遮阳的类型选择”

A.7.15. 总体热工性能

朝向	户型编号	窗构造编号	K 值	K 限值	窗墙比	是否满足
标准依据		《湖北低能耗居住建筑节能设计标准》（DB42/T559-2013）第 5.0.3 条				
标准要求		各朝向外窗传热系数和遮阳系数满足表 5.0.3 的要求				

1. 外遮阳类型

2. 平板遮阳

可以是水平或垂直挡板遮阳，参见“遮阳的类型选择”

3. 自定义遮阳

序号	编号	夏季遮阳系数	冬季遮阳系数	平均遮阳系数	备注
1	金属活动外遮阳 Ar	0.200	1.000	0.600	—

4. 外窗综合遮阳系数

该系数为综合遮阳系数，为窗本身的遮阳系数 SC 与外遮阳的遮阳系数 SD 的乘积，Sw=SD×SC，湖北省以“户型”为单位进行判别，按照《DB42/T559-2013》第 5.0.1～5.0.3 条注，楼梯间无需定义户型，否则可能出现计算无法通过的情况。

A.7.16. 凸窗透明部分

1. 凸窗构造

序号	构造名称	构造编号	传热系数	自遮阳系数	可见光透射比	备注
1	65 系列平开下悬铝合金断热窗 5+12Ar+5+12Ar+5+ 暖边	74	1.80	0.62	0.720	《湖北低能耗居住建筑节能设计标准》（DB42/T559-2013）

2. 有透明侧窗凸窗总体热工性能

标准依据：湖北省地方标准《低能耗居住建筑节能设计标准》（DB42/T559-2013）

第 5.0.3 条标准要求：有透明侧窗的凸窗传热系数应将外窗的传热系数规定的限值乘 0.80

结论：本工程当前版本的设计凸窗均有侧板，无透明侧窗，故不需要折减限值。

3. 无透明侧窗凸窗总体热工性能

需依据不同的窗墙比，分别满足湖北省地方标准《低能耗居住建筑节能设计标准》（DB42/T559-2013）第 5.0.3 条的要求。

A.7.17. 凸窗顶/底/侧板

材料名称 （由外到内）	厚度 δ	导热系数 λ	蓄热系数 S	修正系数	热阻 R	热惰性指标
	(mm)	W/(m•K)	W/(m²•K)	α	(m²•K)/W	D=R×S
水泥砂浆	5	0.930	11.370	1.00	0.005	0.061
岩棉板	60	0.048	0.700	1.20	1.042	0.875
钢筋混凝土	100	1.740	17.200	1.00	0.057	0.989
各层之和∑	165	—	—	—	1.105	1.925
传热系数 K=1/(0.15+∑R)	0.80					
标准依据	《湖北低能耗居住建筑节能设计标准》（DB42/T559-2013）第 5.0.1 条					
标准要求	凸窗侧板的传热系数必须满足外墙传热系数的限值要求（K ≤ 1.08）					
结论	满足					

A.7.18. 隔热检查

标准依据：湖北省地方标准《低能耗居住建筑节能设计标准》（DB42/T559-2013）第 5.0.8 条、第 5.0.4-3 条，本工程屋面、外墙的传热系数满足 5.0.1 条，且热惰性指标均≥ 3.00，无需验算隔热设计。

A.7.19. 外窗气密性

本工程的高层、超高层住宅受到风压较大，外窗气密性均不低于 7 级。

A.8. 试算和设计结果小结

综上试算和设计结果，形成几处问题供讨论：

A.8.1. 关于建筑朝向

住宅单体建筑总图偏角为南偏东 29.661° < 30°，湖北省标未明确南偏东 30° 朝向

的归属，参照国家标准《夏热冬冷地区居住建筑节能设计标准》（JGJ134-2010）第 4.0.5 条，南偏东 30°（等效于东偏北 30°）归属东西向。但斯维尔 BECS2018 认为该角度为 30°，将指北针的角度从第二位开始四舍五入，东西向取值同国标，南偏东 30° 归入东西向。

在斯维尔软件中，以北向偏角来定义建筑朝向，其定义为：北向角就是北向与 WCS-X 轴的夹角，如下图所示，即：软件的北向角度 =90°- 建筑南偏东角度。

因此按照该朝向的取值是否采用软件自动四舍五入，存在东西向或南北向两种可能算法。两种算法的主要差别如下：

类别	南偏东 30° 按南北向计算	南偏东 30° 按东西向计算
（软件中）标准选用	《DB42/T559-2013》A 区南北向	《DB42/T559-2013》A 区东西向
软件工程参数设置	取消勾选软件工程设置中的“自动提取指北针”，并手动微调输入指北针偏角为 60.6°，此时等效于南偏东 90° -60.6° =29.4°，软件四舍五入后为 29.4° <30°。相当于将原建筑向南旋转 29.661° -29.4° =0.261°，按照长边较长的 5# 楼长边长 56.950m，则因旋转导致的东西端偏差为 260mm，占东西向长度 13800mm 比例约 2%，一般现浇结构主体不会产生该比例的偏差，结构施工控制墙柱轴线偏差为 <8mm。此处的偏差仅为节能计算所用。 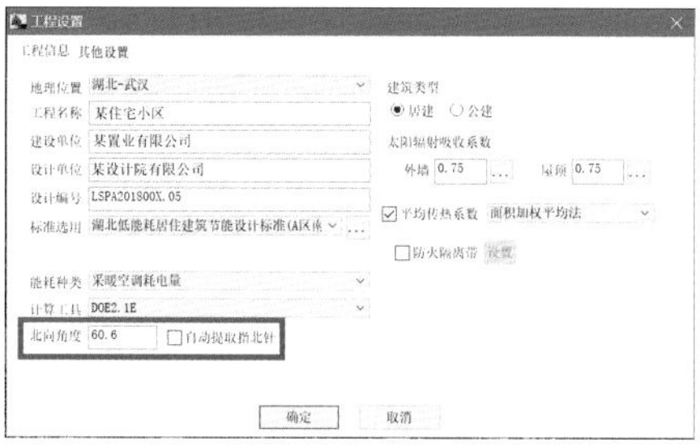 	勾选软件工程设置中的“自动提取指北针”，直接采用总图的指北针偏角，按照软件自动四舍五入取指北针偏角为 60.3°，此时等效于南偏东 90° -60.3° =29.7°。 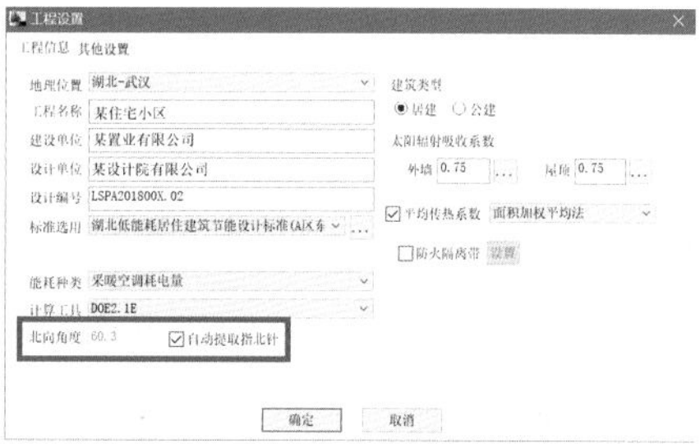
墙体朝向判别及传热系数取值上限	计算书中将出现东、南、西、北四个方向的墙体。 按《DB421T559-2013》5.0.1 条的“南北朝向建筑”条款判定。	计算书中仅出现东、西两个方向的墙体，无南北向墙体。 按《DB421T559-2013》5.0.1 条的“东西朝向建筑”条款判定。

续表

类别	南偏东 30° 按南北向计算	南偏东 30° 按东西向计算
外遮阳设置	需要满足《DB42/T559-2013》5.0.3 条东南西北四个朝向的外窗综合遮阳系数 SCw 的限制要求，其中 2# 楼由于南向窗墙比较大，对于出阳台门联窗 MLC2422，若仅需设置 1.50m 的阳台挑板，则该门联窗仅能达到 SD=0.66 的外遮阳系数，无法满足户型南向综合遮阳系数 SCw ≤ 0.35 的要求，一般要加设活动 SD 夏 =0.20 的活动外遮阳，加权后才能满足要求。	《DB42/T559-2013》5.0.6 条， 东 西 向外窗应采取建筑外遮阳，且外遮阳系数 SD ≤ 0.8，即建筑的北向和南向长边均要设置外遮阳，可以是活动遮阳或者固定平板遮阳。 当长边视为东西向时，由于山墙开窗少，其东西向的窗墙比加权后比南北朝向减小，由 0.35 减少为 0.20 左右，因而 SCw 限值一般不超过 0.40。对于出阳台门联窗 MLC2422，若仅需设置 1.50m 的阳台挑板，是否能达到限值要求，取决于窗墙比 Awd/Aw 是否大于 0.20 的限值，若 Awd/Aw ≤ 0.20，则 SCw ≤ 0.50，可以不设阳台活动外遮阳，否则阳台仍要设置活动外遮阳。当采用活动遮阳时，夏冬季平均外遮阳系数 SD_{avg}=（0.2+1.0）/2=0.6 ＜ 0.8，可满足规范要求。 当采用固定平板遮阳时，建筑朝西的长边次卧室的外窗上沿大约需外挑 0.6m 的平板，此时 SD=0.79 ＜ 0.80；若采用垂直挡板遮阳，则大约需要伸出 0.5m 的竖向平板，此时 SD=0.78 ＜ 0.80；

经初步讨论，认为东西向相对不利，预判 0.261° 的计算偏角不会对建筑全年能耗产生质的影响，拟定按照湖北省地方标准《低能耗居住建筑节能设计标准》（DB421T559-2013）第 2.0.5 条、第 3.0.4 条，住宅单体建筑按照 A 区南北向进行节能设计。

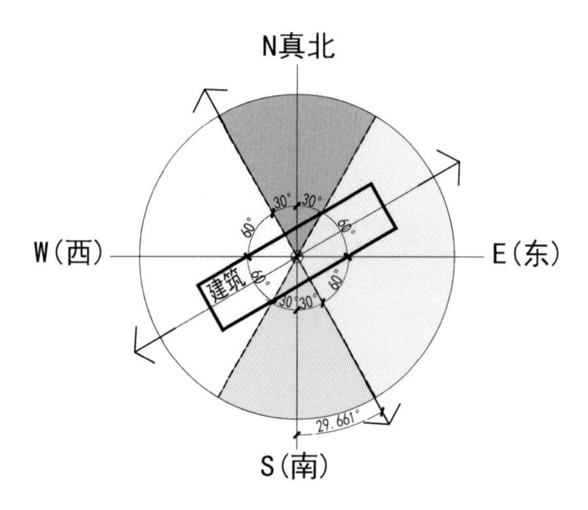

图A.8-1 本项目建筑朝向判别示意图

A.8.2. 凸窗的建模方式

凸窗存在4种形式，比较如下：

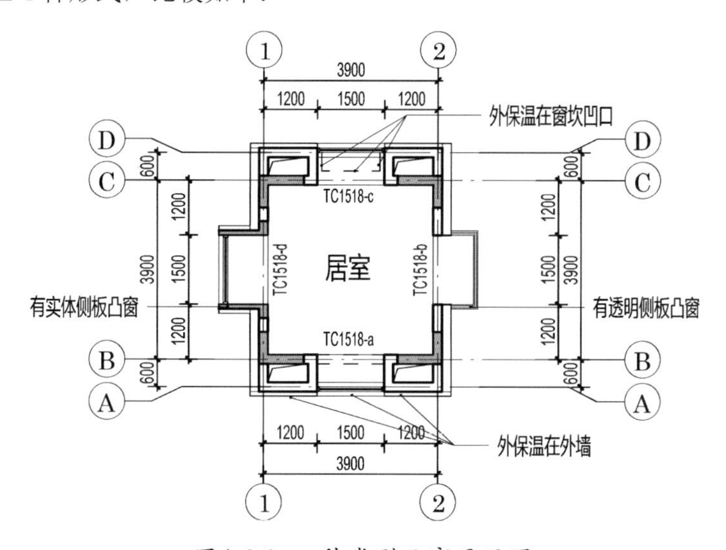

图A.8-2 四种类型凸窗平面图

表A.8-1 四种凸窗建模方式差异比较表

分类		有实体顶、底、侧板	有实体顶、底板及透明侧板	仅有顶底板	普通平窗
墙体位置		剪力墙及填充墙齐平，外墙面无凹进。	剪力墙及填充墙齐平，外墙面无凹进。	剪力墙在内但窗间墙凹口开敞或作为装饰版封闭。	剪力墙在外，或者剪力墙在内且窗间墙凹口完全封闭。
外保温设置部位		凸窗有实体顶、底、侧板，均要设置构造保温，厚度同墙体。	凸窗有实体顶、底板，仅需在顶、底板设构造保温。	窗槛之间的凹口内窗的顶、底板及外部墙体设保温，窗边相邻的内墙不设保温。	仅外墙面设置保温，凸窗相邻的顶、底、侧板均不设置保温。
图示	平面	如上平面图 TC1518-d	如上平面图 TC1518-b	如上平面图 TC1518-c	如上平面图 TC1518-a
	剖面	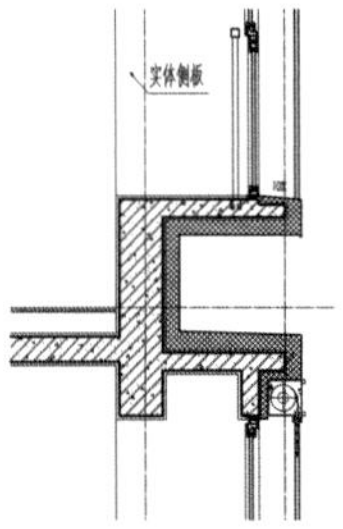	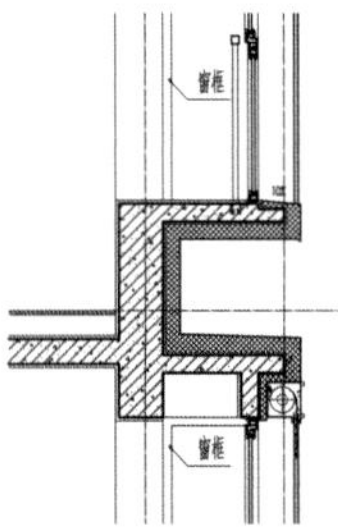	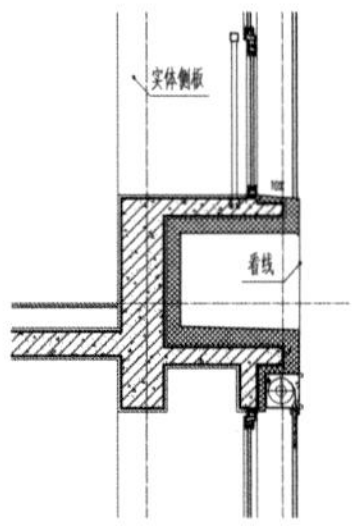	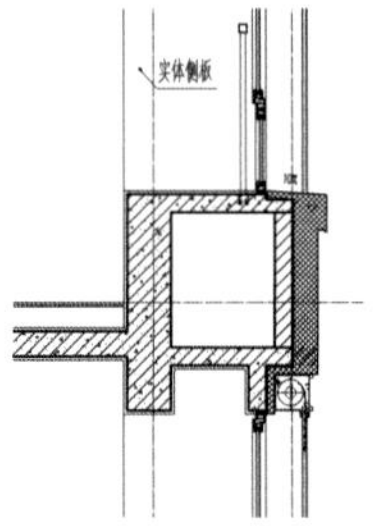
	三维	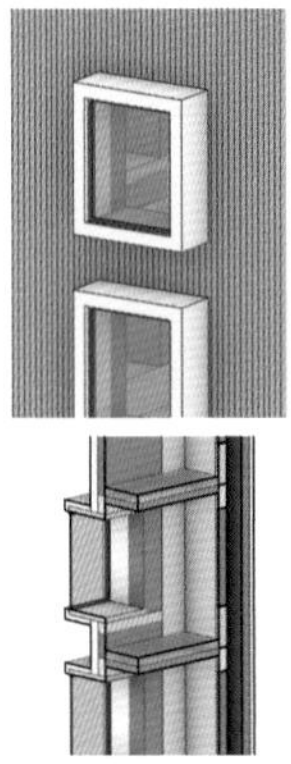	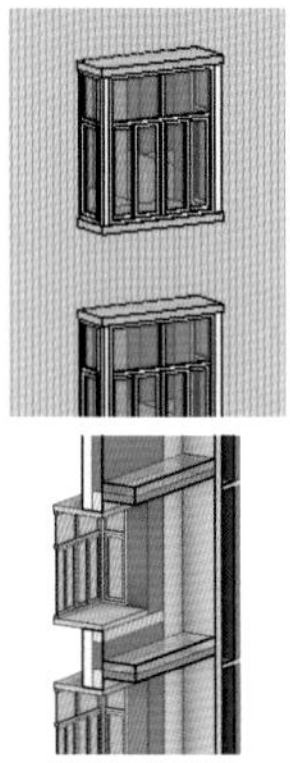	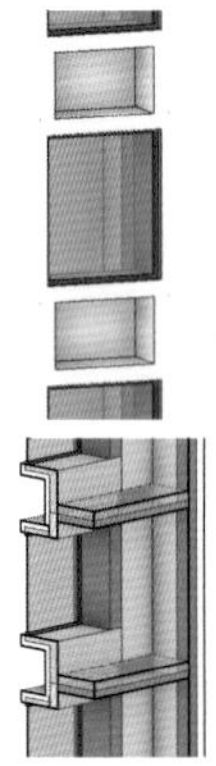	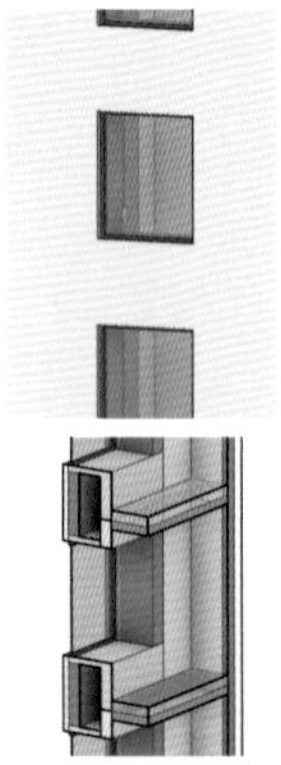
斯维尔中的建模	平面	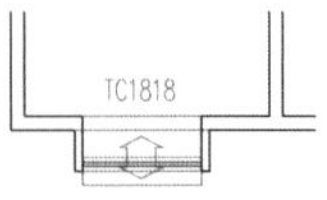 TC1818	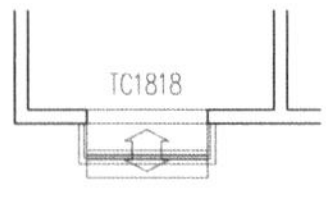 TC1818	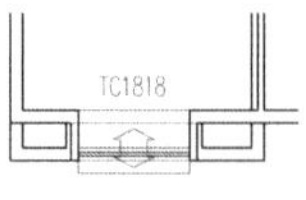 TC1818	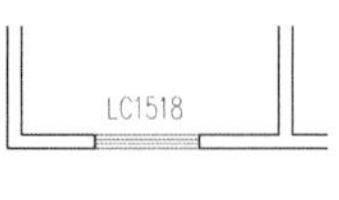 LC1518
	三维	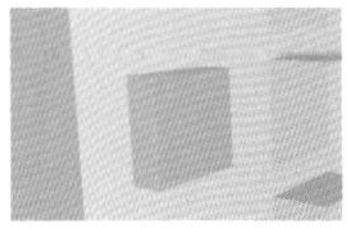			
	本项目用			√	

相比较而言，以18层的2#和3#楼为例，当以TC1518-b、TC1518-d的纯外凸建模时，体形系数约为0.40，当以TC1518-c的回型凸窗侧墙建模时，体形系数约为0.44。

TC1518-d 的建模方式，由于凸窗侧板保温属于构造保温，不计入墙体面积，故对于本项目而言，纯凸窗的算法少算了凸窗侧墙的面积，因而体形系数偏小，会导致计算结果偏于乐观。

《DB42/T559-2013》中表 5.0.3 对于外窗的传热系数及遮阳系数判定与体形系数 S 有关，且 S=0.40 是个分界点，因此考虑到相对不利的设计原则，暂采用 TC1518-c 的方式建模凸窗，该方式跟外保温材料的做法接近，将得到略偏大的体形系数，计算结果相对保守。

是否能按照 TC1518-a 的普通窗方式建模，有待商榷，取决于规划部门对计容面积的认定方法，以及建筑构造深化设计。

A.8.3. 外墙保温做法比较

外墙构造采用外墙内、外保温结合的方案，两种外墙保温组合方案如下表。

外墙保温构造：

水泥砂浆 5mm ＋岩棉板 $\delta_1$mm（见下表方案）＋水泥砂浆 15mm ＋钢筋混凝土 200mm ＋绝热用挤塑聚苯乙烯泡沫塑料板，X150 ～ X500 型 $\delta_2$mm（见下表方案）

其中材料热工参数取值见以下“部分材料参数取值选用依据”

<table>
<tr><th>方案</th><th>外墙外保温 δ_1（mm）</th><th>外墙内保温 δ_2（mm）</th><th>外墙综合传热系数 K[W/(m^2•K)]</th><th>优点</th><th>不足</th><th>地标《DB42/T559-2013》外墙综合传热系数 K[W/(m^2•K)] 的限值</th></tr>
<tr><td>方案 1</td><td>70mm 厚岩棉板</td><td>20mm 厚绝热用挤塑聚苯乙烯泡沫塑料板，X150 ～ X500 型</td><td>0.49<0.50（暖通舒适度限值）</td><td>内侧保温厚度相对薄，户内使用空间略大</td><td>外墙外保温略厚</td><td rowspan="2">因为太阳辐射吸收系数 ρ>0.70（立面材质深浅未知，暂按“光亮灰色油性漆”）K ≤ 0.95*0.90=0.90W/(m^2•K)。两种方案均能满足设计规范的要求</td></tr>
<tr><td>方案 2</td><td>60mm 厚岩棉板</td><td>30mm 厚绝热用挤塑聚苯乙烯泡沫塑料板，X150 ～ X500 型</td><td>0.46<0.50（暖通舒适度限值）</td><td>外墙外保温略薄</td><td>内侧保温厚度相对厚，户内使用空间略小</td></tr>
</table>

A.8.4. 遮阳的类型选择

本项目高层住宅 1# ～ 5# 楼存在多处南北向凹槽开窗的情况，凹槽深度南向一般为 3m 左右，北向一般为 7m 左右。

当凹槽的外窗为南北向时，按照《建筑遮阳工程技术规范》(JGJ237-2011)，可考虑采用垂直侧板遮阳，斯维尔软件暂不支持输出环境遮阳计算结果到计算书中，但可以设置垂直挡板遮阳，目前只支持同时设置于窗洞两侧的挡板，暂不支持单侧挡板，故在保证户型朝向加权遮阳系数满足要求的情况下，位于凹口的厨房、卫生间均可以采用垂直挡板遮阳，计算伸出长度 Av=0.7～1.2m，远小于凹口进深，该扇窗即可达到 0.6 左右的遮阳系数，有利于立面加权平均计算。

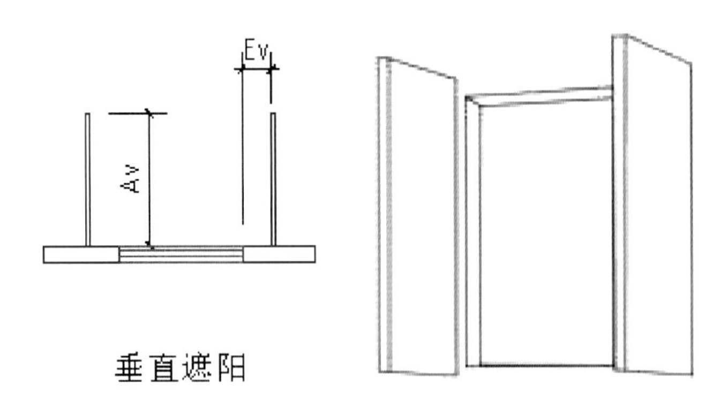

图A.8-3 遮阳类型选择

以下为软件设置参数及平面图示（以北面凹口卫生间外窗 LC0615 为例）：

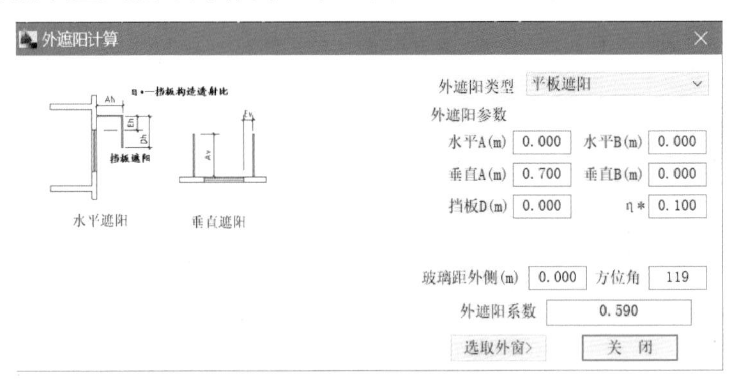

图A.8-4 单扇窗外遮阳系数计算

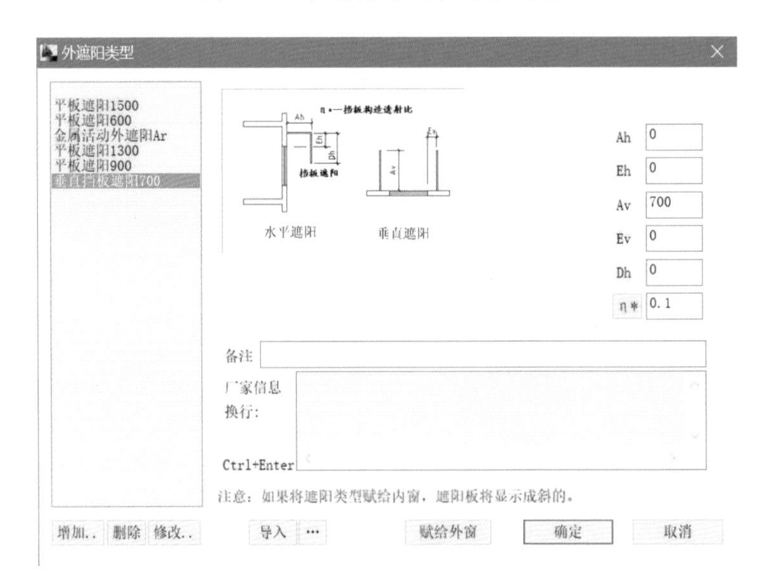

图A.8-5 外遮阳类型定义

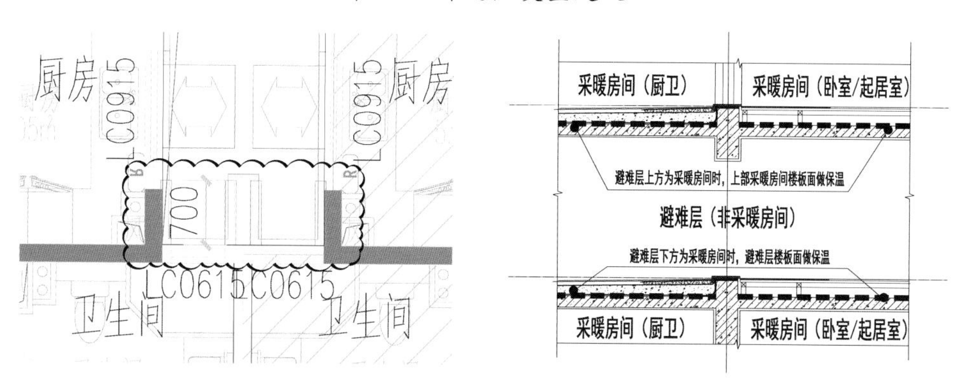

图A.8-6 完成设置后的模型局部平面图

A. 8. 5. 避难层及其相邻住户的楼板构造

由于避难层内平时不采暖，故其相邻上下层的分割采暖与非采暖房间的楼板需要做保温，参见前述“14. 1. 1 控温与非控温楼板构造三（避难层上居室）”和“14. 1. 2 控温与非控温楼板构造二（避难层及厨卫楼板）”，为满足 $K \leqslant 1.20$ 的要求，需加设20mm左右的XPS或其他保温材料，结构需留意降板高度是否预留足够的空间，暖通也需对分隔采暖与非采暖楼板的部位和热工性能进行复核。

附录B 某外国语学校建筑节能设计前期策划书

B.1 项目信息

工程地点：浙江省

计算分析软件：绿建斯维尔节能设计 BECS2018

策划书编制日期：2019 年 8 月 18 日

图B.1-1 某外国语学校效果图

B.2 总则

某外国语学校项目进入施工图设计阶段，与此同时进行节能设计总体策划的施工图绿建优化部分，可以为制定项目统一技术措施及项目决策提供参考。

B.2.1. 本次策划的目标

满足施工图报审、外保温材料造价预算、绿建二星评价需求，以及指导施工图深化设计。

B.2.2. 本阶段节能策划的原则

1. 微观层次原则：施工图精度的建筑外形和门窗洞口尺寸及定位。

2. 合规、经济原则：外围护结构选型主要考虑同时满足浙江省工程建设标准《居住建筑节能设计标准》（DB33/1015-2015）和《公共建筑节能设计标准》(GB50189-2015)的极限值及动态计算的要求，以及《绿色建筑评价标准》(GB/T50378-2019) 的二星级控制性指标的外围护结构，相比国标《夏热冬冷地区居住建筑节能设计标准》(JGJ134-2010) 和《公共建筑节能设计标准》(GB50189-2015) 提升 10% 性能的要求，在此基础上以楼栋为单位进行最经济的选材。外墙及屋面保温按照精确到个位数取值计算，基本上不留余量。“构造做法表”中的施工厚度按照工程经验适当加厚 5% ～ 10%，取为 5 或 10mm 模数的整数。

3. 力求简洁原则：材料的选用力求减少种类，以利于采购和施工。

4. 多方协商原则：由于节能设计的综合性较强，设计过程中，建设方（报批报建）、设计方（合规性）、施工方及分包方（可操作性）、材料供应商（材料适配性、地域性）需适时协商，以求材料选型能适配工程建设，减少现场变更签证。

B.3 设计依据

1.《民用建筑热工设计规范》(GB50176-2016)

2.《建筑外门窗气密、水密、抗风压性能分级及检测方法》（GB/T7106-2008）

3.《夏热冬冷地区居住建筑节能设计标准》（JGJ134-2010）（注：用于幼儿园、宿舍的绿建提升对标）

4.《公共建筑节能设计标准》(GB50189-2015)（注：用于公共建筑的计算和绿建提升对标）

5. 浙江省工程建设标准《居住建筑节能设计标准》（DB33/1015-2015）[注：适用幼儿园（与其他省份作为公建不同）、宿舍的节能计算]

6.《绿色建筑评价标准》（GB/T50378-2019）

B.4 节能设计和计算的总体方法

序号	类别	建模计算描述
1	指北针定向	对于部分U型连续平面的建筑，以最南面平直墙作为确定南北向偏角及指北针方向的基准面。7#、13#楼因其南面为圆弧形，故以北面平直墙面作为确定南北向偏角及指北针方向的基准面。
2	分离建模的原则	与宿舍相连的非居住类部分二者需遵守不同的节能标准，所以节能分析应需分别进行，分别按照居住建筑和公共建筑建模和计算，包括1#宿舍楼及其相连的厨房、8#宿舍楼及其相连的厨房。其余按照连体一栋楼统一计算。此外，结构上完全设缝脱离并且缝两侧有各自独立外墙的4#体育馆与5#教学楼也分离建模。
3	标准选用	本项目居住建筑采用浙江省工程建设标准《居住建筑节能设计标准》（DB33/1015-2015）[适用幼儿园（与其他省份作为公建不同）及宿舍]，公共建筑采用《公共建筑节能设计标准》（GB50189-2015）。
4	绿色建筑	本项目参评国家标准绿建2星，采用《绿色建筑评价标准》（GB/T50378-2019），主要考虑到项目在3～5年后建成，介时必然采用新标准评价。
5	采暖与非采暖空间楼板	幼儿园首层与地下车库相邻的楼板暂定50mm厚XPS板。

B.5 建筑概况

本项目按照浙江省工程建设标准《居住建筑节能设计标准》(DB33/1015-2015)，属于浙江省（北区），按照《公共建筑节能设计标准》(GB50189-2015)，属于夏热冬冷地区甲类（各楼栋建筑面积均大于300m^2)。建筑单体节能相关信息如下，按照施工图编号及深化设计更新。建筑大样详见各子项建筑施工图及节能计算书。

表B.5-1 建筑节能设计信息汇总表

子项编号	建筑类型	建筑朝向总图判别	建筑最高层数不含机房层		建筑总高度不含机房层（m）		主要单层高度（m）		结构类型	节能设计建筑（房间）类型
			地上	地下	地上	地下	首层层高	标准层高		
1 号楼 -1	初高中教工宿舍楼	南偏东 17.52°	6	0	见总图	0	3.6	5*3.6	框架结构	浙标居建
1 号楼 -2	连体食堂	南偏东 17.52°	3	0	见总图	0	4.5	2*4.5	框架结构	国标公建
2 号楼 7 号楼	高中教学楼、创客中心	南偏东 33.88°	4	0	见总图	0	4.4	4.5+2*3.9	框架结构	国标公建—教室
3 号楼	报告厅	南偏东 2.66°	2	0	见总图	0	5.0	6.3+6.0	框架结构	国标公建—多功能厅
4 号楼	体育馆	南偏东 2.90°	1	0	见总图	0	4.2	6.3	框架结构	国标公建—多功能厅
5 号楼 6 号楼	初中教学楼、阅读中心	南偏东 20.39°	4	0	见总图	0	5.2	4.2+2*3.9	框架结构	国标公建—教室
8 号楼 -1	小学教工宿舍楼	南偏东 20.16°	6	1	见总图	-5.3	5.2	4.2+2*3.6+2*3.2	框架结构	浙标居建
8 号楼 -2	连体食堂	南偏东 20.16°	3	1	见总图	-5.3	4.5	2*4.5	框架结构	国标公建—餐厅
9 号楼	幼儿园	南偏东 20.39°	3	1	见总图	-5.3	3.7	2*3.7	框架结构	浙标居建
10 号楼	综合楼	南偏东 11.86°	4	0	见总图	0	5.6	3*4.2+3.0	框架结构	国标公建—办公
11 号楼 12 号楼	小学教学楼、运动中心	南偏东 20.39°	5	0	见总图	0	6.1	4.5+3*3.9	框架结构	国标公建—教室
13 号楼	艺术中心剧场	南偏西 16.36°	1	0	见总图	0	5.5	0	框架结构	国标公建—多功能厅

B.6 体形系数

本项目本工程 1 号楼（6 层宿舍部分）、8 号楼（6 层宿舍部分）、9 号楼（3 层幼儿园）的体形系数均≤ 0.55，满足浙江省工程建设标准《居住建筑节能设计标准》（DB33/1015-2015）（北区）第 5. 0. 2 条体形系数极限值的规定。

B.7 主导保温材料参数及选用依据

B. 7. 1. 主导保温材料使用部位

材料名	使用部位	备注
岩棉板	外墙外保温，凸窗顶 / 底 / 侧板，架空楼板	—
挤塑聚苯板	屋面、楼板保温	—
水泥砂浆	分户墙，楼梯间隔墙	因为填充墙“蒸压砂加气混凝土砌块、蒸压粉煤灰加气混凝土砌块 B07”隔热性能较好，故分户墙无需采用保温砂浆即可满足 K 分户≤ 2.0W/（m^2•K）的要求。

B. 7. 2. 材料参数

关于填充墙材料的选择，设计院建筑专业出于隔声要求，原定采用干密度为 1400kg/m^3 的重质材料“烧结多孔砖”，但由于合作设计公司的结构设计预先选用了轻质的“B07 级蒸压砂加气混凝土砌块”进行构件设计，如果施工图设计期间调整为重质材料，则会增加梁柱构件截面尺寸和延长设计时间。因此，建设单位建议设计院建筑专业采用轻质墙体进行节能计算并以此提交审图。为此，设计院建筑专业发出风险提示邮件至建设单位。

此外，修正了外墙保温材料为“岩棉带”，因其抗拉能力相比“岩棉板”好，但导热系数值有所提高，由原 0.044W/(m•K) 改为 0.048W/(m•K)。建设方拟选用芯材为岩棉的保温装饰一体板，节能设计控制的是岩棉芯材的厚度、导热系数、综合传热系数等参数。

B.7.3. 主要材料参数

材料名称	编号	导热系数 λ	蓄热系数 S	密度 ρ	备注
		W/(m•K)	$W/(m^2•K)$	kg/m^3	
蒸压砂加气混凝土砌块、蒸压粉煤灰加气混凝土砌块 B07	40	0.180	3.598	700.0	修正系数 α=1.25；适用部位：外墙
水泥砂浆	1	0.930	11.370	1800.0	来源：《民用建筑热工设计规范》(GB50176-2016)
钢筋混凝土	4	1.740	17.200	2500.0	来源：《民用建筑热工设计规范》(GB50176-2016)
挤塑聚苯板	22	0.030	0.317	28.0	来源：浙江省工程建设标准《居住建筑节能设计标准》(DB33/1015-2015)，用于屋面修正系数 1.20
加气混凝土、泡沫混凝土（ρ=700)	26	0.220	3.590	700.0	来源：《民用建筑热工设计规范》(GB50176-2016)，用于屋面修正系数 1.50
岩棉带（ρ ≥ 100）	39	0.048	0.770	100.0	修正系数 α=1.3；适用部位：墙体；燃烧性能：A 级

B.8 围护结构做法简要说明

本工程围护结构如下表所示。其中的参数 δ、t 取值详见各单体的节能设计专篇，出于合规、经济性的考虑，暂未完全统一。总的来说，屋面的挤塑聚苯板共有 4 种厚度、外墙岩棉带共有 2 种厚度，外窗共有 4 种构造。

构造类别	构造做法	备注
屋顶构造：屋顶构造一（由上到下）	钢筋混凝土 40mm＋加气混凝土、泡沫混凝土（ρ=700) 50mm＋挤塑聚苯板 δmm 厚＋钢筋混凝土 120mm	用于一般钢筋混凝土屋面
屋顶构造：屋顶构造二（由上到下）	钢筋混凝土 40mm＋挤塑聚苯板 δmm 厚＋钢筋混凝土 50mm	用于压型钢板屋面，包括 3 号楼报告厅、4 号楼体育馆
外墙构造一（由外到内）：	水泥砂浆 5mm＋岩棉带 δmm 厚＋水泥砂浆 15mm＋蒸压加气混凝土砌块 B07 级 200mm	用于各楼栋
分户墙：户间隔墙构造一	水泥砂浆 15mm＋蒸压加气混凝土砌块 B07 级 200mm＋水泥砂浆 15mm	用于居住建筑 9 号楼幼儿园、1 号楼—宿舍部分、8 号楼—宿舍部分

续表

分隔采暖空调与非采暖空调房间的隔墙：楼梯间隔墙构造一	同“分户墙”	同“分户墙”
楼板构造（1）：控温房间楼板构造一	水泥砂浆 10mm ＋挤塑聚苯板 10mm ＋钢筋混凝土 120mm	用于居住建筑 9 号楼幼儿园、1 号楼—宿舍部分、8 号楼—宿舍部分
不采暖空调房间的上部楼板（1）：控温与非控温楼板构造一	同“控温房间楼板构造一”	同“控温房间楼板构造一”
挑空楼板构造：挑空楼板构造一（由上到下）	钢筋混凝土 120mm ＋岩棉带 50mm ＋水泥砂浆 5mm	用于各楼栋，由结露控制。
通往封闭空间的户门：	单层实体门：传热系数 2.500W/（m^2•K）	用于居住建筑 9 号楼幼儿园、1 号楼—宿舍部分、8 号楼—宿舍部分
通往非封闭空间或户外的户门：	多功能户门（具有保温、隔声、防盗作用）：传热系数 1.800W/（m^2•K）	用于居住建筑 9 号楼幼儿园、1 号楼—宿舍部分、8 号楼—宿舍部分
地面构造一：	水泥砂浆 20mm ＋钢筋混凝土 120mm	用于居住建筑 9 号楼幼儿园、1 号楼—宿舍部分、8 号楼—宿舍部分
外窗构造一：	断桥铝窗框（K_f=4.0，框面积 20%）（Low-E 中空 6mm+12A+6mm），传热系数 2.300W/（m^2•K），太阳得热系数 SHGC=0.420，自身遮阳系数 SC=0.480	用于 1 号楼—食堂部分、4 号楼体育馆、8 号楼—宿舍部分、8 号楼—食堂部分
外窗构造二：	隔热金属型材多腔密封（K_f ＝ 5.0，框面积 20%）(6 中透光 Low-E+12 空气 +6 透明)，传热系数 2.400W/（m^2•K），自身遮阳系数 SC=0.400	用于 9 号楼幼儿园、1 号楼—宿舍部分
外窗构造三：	隔热金属型材多腔密封（K_f ＝ 5.0，框面积 20%）(6 高透光 Low-E+12 空气 +6 透明)，传热系数 2.500W/（m^2•K），太阳得热系数 SHGC =0.430	用于 2 号和 7 号楼高中教学楼创客中心、3 号楼报告厅、5 号 6 号楼初中教学楼阅读中心、11 号和 12 号楼小学教学楼运动中心
外窗构造四：	多腔塑料型材（K_f ＝ 2.0，框面积 25%）(6 较低透光 Low-E+12 空气 +6 透明)，传热系数 2.000W/（m^2•K），太阳得热系数 SHGC =0.250	用于 10 号楼综合楼
凸窗构造：	本工程暂无凸窗	—
凸窗顶 / 底 / 侧板：（由外到内）	本工程暂无凸窗	—

B.9 计算和设计结果小结

综上计算和设计结果，形成几处问题说明如下：

B.9.1. 关于部分建筑的窗墙比偏大

在绿建二星提升外窗性能时，“窗墙比”和“权衡计算极限值”是两个较重要的参数，位于不同窗墙比区间的外窗限值乘以0.90得到绿建二星的控制上限，包括传热系数K值、居建遮阳系数SC值或公建太阳得热系数SHGC值，如果窗墙比偏大，则外窗整体性能很可能要提高一个档次（例如K值从2.3W/（m^2•K）降低到2.1W/（m^2•K）或更低，要选用较低透光玻璃等），造成较为可观的增量成本。一般而言，居住建筑的窗墙比不应超过0.45，否则K值要达到2.1W/（m^2•K）才能满足要求；公共建筑窗墙比不应超过0.70，否则K值要达到2.0W/（m^2•K）才能满足要求。

按照浙江省工程建设标准《居住建筑节能设计标准》(DB33/1015-2021)，隔热金属或铝合金型材的最低K值为2.3W（m^2•K），低于该值则需选用塑料型材的外窗，其稳固性有待检验。

窗墙比R_{ww} > 0.60时，太阳得热系数值SHGC需降低到0.27，除了设置外遮阳，只能选取较低透光的中空玻璃，室内自然采光的效果降低。

因此，节能设计建议的窗墙比R_{ww}控制指标为：居住建筑各朝向R_{ww}应<0.45，公共建筑各朝向R_{ww}宜<0.45（若实现困难，至少应满足R_{ww}应<0.60，R_{ww}的极限上限不得超过0.70）。

截至20190820的设计，窗墙比R_{ww}比偏大的楼栋包括：8号楼宿舍部分南向为0.45；8号楼食堂部分南向和东向为0.40；10号综合楼东向0.70，其余朝向均超过0.60；上述楼栋的深化设计过程中应给予重视，设法降低朝向窗墙比。

B.9.2. 非透明外围护结构的厚度

由于外墙基层材料为“蒸压加气混凝土砌块”，其保温性能较好，权衡计算居建外墙的岩棉带计算厚度仅需6mm，甚至有部分公建挑空楼板可以不设置保温，但经过结露验算，挑空楼板50mm+外墙20mm岩棉带才能满足最不利节点“挑空楼板”的不结露。因此，所有楼栋的最薄计算厚度均需满足：外墙岩棉带≥20mm厚，挑空楼板岩棉带=50mm厚。

B.10 关于内外填充墙选材的专项说明

B. 10. 1. 设计院对内外填充墙选材的依据及设计选材

1. 标准依据

《民用建筑隔声设计规范》(GB50118-2010)，简称《GB 0118-2010》
《电影院建筑设计规范》(JGJ58-2008)，简称《JGJ58-2008》
《宿舍建筑设计规范》(JGJ6-2016)，简称《JGJ36-2016》
《托儿所、幼儿园建筑设计规范》(JGJ39-2016)，简称《JGJ39-2016》
建筑隔声的具体要求如下表所示：

2. 外墙隔声量要求

楼栋编号及名称	楼栋主要功能	标准依据	隔声量要求 R_w+C_{tr}（dB）
1 号楼—宿舍部分	居住—宿舍	《JGJ 36-2016》第 6.2.3 条	≥ 45dB
1 号楼—食堂部分	商业—餐饮	未见限制要求	不控制
2 号楼—高中教学楼	学校—教学用房	《GB50118-2010》第 5.2.3 条	≥ 45dB
3 号楼—报告厅	观演	未见限制要求	不控制
4 号楼—体育馆	体育—篮球馆	未见限制要求	不控制
5 号楼—初中教学楼	学校—教学用房	《GB50118-2010》第 5.2.3 条	≥ 45dB
6 号楼—阅读中心	学校—安静用房	《GB50118-2010》第 5.2.3 条	≥ 45dB
7 号楼—创客中心	学校—学生室内活动（非教学）	未见限制要求	不控制
8 号楼—宿舍部分	居住—宿舍	《JGJ 36-2016》第 6.2.3 条	≥ 45dB
8 号楼—食堂部分	商业—餐饮	未见限制要求	不控制
9 号楼—幼儿园	学校—幼儿园	《GB50118-2010》第 5.2.3 条	≥ 45dB
10 号楼—综合楼	办公	《GB50118-2010》第 8.2.3 条	≥ 45dB
11 号楼—小学教学楼	学校—教学用房	《GB50118-2010》第 5.2.3 条	≥ 45dB
12 号楼—运动中心	体育—游泳馆	未见限制要求	不控制
13 号楼—艺术中心	学校—学生室内活动（非教学）	未与教学用房相邻	不控制

3. 内墙隔声量要求

楼栋编号及名称	楼栋主要功能	标准依据	隔声量要求 R_w+C（dB）
1号楼—宿舍部分	居住—宿舍	《JGJ 36-2016》第6.2.2条	分室墙 >45dB
1号楼—食堂部分	商业—餐饮	未与教学用房相邻	不控制
2号楼—高中教学楼	学校—教学用房	《GB50118-2010》第5.2.2条	普通教室≥45dB，噪声敏感或各种产生噪声相邻的房间之间≥50dB
3号楼—报告厅	观演	《JGJ 58-2008》第5.3.4条、5.3.5条	相邻观众厅之间≥60dB，观众厅与放映机房之间≥45dB
4号楼—体育馆	体育—篮球馆	未见限制要求	不控制
5号楼—初中教学楼	学校—教学用房	《GB50118-2010》第5.2.2条	普通教室≥45dB，噪声敏感或各种产生噪声相邻的房间之间≥50dB
6号楼—阅读中心	学校—安静用房	《GB50118-2010》第5.2.2条	噪声敏感房间与相邻房间之间≥50dB
7号楼—创客中心	学校—学生室内活动（非教学）	未与教学用房相邻	不控制
8号楼—宿舍部分	居住—宿舍	《JGJ 36-2016》第6.2.2条	分室墙 >45dB
8号楼—食堂部分	商业—餐饮	未与教学用房相邻	不控制
9号楼—幼儿园	学校—幼儿园	《JGJ 39-2016》第5.2.2条	多功能厅与相邻房间之间≥45dB;活动室、寝室、乳儿室、保健观察室与相邻房间之间≥50dB
10号楼—综合楼	办公	《GB50118-2010》第8.2.2条	办公室、会议室与相邻房间之间≥45dB
11号楼—小学教学楼	学校—教学用房	《GB50118-2010》第5.2.2条	普通教室≥45dB，噪声敏感或各种产生噪声相邻的房间之间≥50dB
12号楼—运动中心	体育—游泳馆	未见限制要求	不控制
13号楼—艺术中心	学校—学生室内活动（非教学）	未与教学用房相邻	不控制

4. 几种常用的典型墙体材料的参数

墙体材料名称	材料子类别	干密度 ρ_0（kg/m^3）	导热系数（当量）λ[W/（m•K）]	蓄热系数（当量）S[W/（m^2•K）]	修正系数 α	适用部位
烧结多孔砖		1400	0.58	7.92	1.00	外墙、内墙
蒸压加气混凝土砌块	B07	700	0.18	3.59	1.25	外墙

B. 10. 2. 不同的墙体选材对隔声性能的影响

根据中国航空工业规划设计研究院的康玉成编著的《建筑隔声设计 —— 空气声隔声技术》（2004 年 9 月版）一书第 30 页，推荐我们使用如下的声学界的艾尔杰里的两个经验公式进行计算分析：

$R=23\times\lg m-9(m \geqslant 200kg/m^2)$

$R=13.5\times\lg m+13(m \leqslant 200kg/m^2)$

采用不同密度的材料，墙体隔声性能计算如下：

1. 轻质墙体隔声性能

外墙构造（轻质墙体）	密度 (kg/m^3)	厚度（mm）	面密度 (kg/m^2)	隔声标准 (dBA)	是否满足
水泥砂浆（外墙外侧）	1800	15	27.00	—	—
岩棉板	140	15	2.10	—	—
蒸压砂加气混凝土砌块 (B07 级)	700	200	140.00	—	—
石灰砂浆（外墙内侧）	1600	15	24.00	—	—
综合面密度 (kg/m^2)	—	—	193.10	—	—
计权隔声量 R(dB)	—	—	43.86	≤ 45.00	不足

2. 重质墙体隔声性能

外墙构造（重质墙体）	密度 (kg/m^3)	厚度（mm）	面密度 (kg/m^2)	隔声标准	是否满足
水泥砂浆（外墙外侧）	1800	15	27.00		
岩棉板	140	15	2.10		
烧结多孔砖	1400	200	280.00		
石灰砂浆（外墙内侧）	1600	15	24.00		
综合面密度 (kg/m^2)			333.10		
计权隔声量 R(dB)			49.02	≥ 45.00	满足

B. 10. 3. 选择轻质墙体的存在问题

1. 工程建设方面

由于“蒸压砂加气混凝土砌块”的隔热性能是“烧结多孔砖”的大约 3 倍，(0.58/0.18=3.2)，在总热阻相等的情况下，采用“蒸压砂加气混凝土砌块”作为主墙体的岩棉带的计算厚度仅为 6mm，远小于采用“烧结多孔砖”作为主墙体的岩棉带的计算厚度 20mm。如果一旦墙体材料、内保温材料采购、施工，后续再恢复到重质墙体及加厚的保温，则变更的成本将大幅增高，变更成本包含结构增重引起的材料用量增加、外保温材料加厚引起的材料用量增加、现场（可能的）返工、节能变更所需的设计、报批时间成本等。

2. 绿建评价方面

目前本工程的绿建二星预评价总得分为75.7分，大于达标值70分约5.7分，其中第5.2.6条和5.2.7条均计划采用“噪声级达到规范要求的低限和高限平均值[(45+50)/2=47.5dB)]”得分，共计6分，扣除后绿建减少0.6分，可以认为影响不大，但考虑到项目实施过程中的不确定性，还需慎重考虑降分。

3. 交付使用方面

一般而言，40dB相当于一般人讲话的声压，相应的空气声隔声量则相当于学生上课不受相邻教室、活动室及室外活动、交通的噪声干扰。如果墙体隔声不达标，将影响后续使用。

B.11 主要问题及建议

项目层面	问题描述	建议及说明
PRJ-Q1	该项目是否参评绿色建筑？计划达到哪个星级？若参评，则《绿色建筑评价标准》（GB/T50378-2019）将于2019年8月1日实施，施工图的完成时间不会早于该时间，故建议按照该标准进行绿色建筑评估打分。该标准不再分设计三星和运营三星，改为“预评价”和“终评”，即如果建筑评星目标确定后，设计与施工将统一，建设方应对其中的成本增量有所考虑。	需建设方知晓，并回复评星目标。
ARCH-PUB-Q1	节能计算软件的选用，当地是否认可采用斯维尔软件进行计算？	需建设方回复。
ARCH-PUB-Q2	初步设计的每个单体是否需要编写《绿色建筑设计专篇》，还是只需在设计中说明中统一描述？当地对初步设计及施工图设计的节能部分有何具体要求？	需建设方回复。
ARCH-PUB-Q3	按照浙江省标准《公共建筑节能设计标准》（DB33/1038-2007）第4.1.4条，单栋建筑能耗分类以20000m^{2}为界以及空调系统的种类来区分甲、乙类建筑并对应不同的围护结构要求。且无“学校”类房间。 但是按照国标《公共建筑节能设计标准》（GB50189-2015）第3.1.1条，单栋建筑能耗分类仅以300m^{2}为界来区分甲、乙类建筑并对应不同的围护结构要求。有“学校”类房间。 当地目前采用哪本规范为准？	需建设方回复。

续表

ARCH-PUB-Q4	在斯维尔软件中，可选的房间的功能是固化的，即不能由用户随意定义。对于公共建筑，只有“空房间”类型不控温，其余房间均控温（即有采暖或空调），区别只在于控温的计算参数不同。 因此，需要对部分无名字完全对应的房间功能进行约定，一般而言，最理想的状况是与暖通设计适配，但在初步设计阶段，达不到此深度，故建筑专业需先行估算如下： 宿舍卧室—主卧室（控温）；宿舍卫生间—空房间（控温）；食堂—3 星级宾馆餐厅（控温）；厨房—其他办公（控温）；室内走廊—办公—走廊（控温）；报告厅、体育馆等公共活动用房—3 星级宾馆多功能厅（控温）；其余主要功能房间见“建筑单体节能相关信息”中的“节能设计建筑（房间）类型”	需建设方知晓，若有异议，可以提出协商。
ARCH-PUB-Q5	外墙外保温选材，设计初步拟定为“岩棉板”外保温是否可行？或者当地是否有常用 A 级外墙外保温材料？	需建设方回复。
ARCH-PUB-Q6	屋面外保温选材，设计初步拟定为“XPS 板”外保温是否可行？或者当地是否有常用屋面外保温材料？	需建设方回复。
ARCH-PUB-Q7	玻璃外门窗选材，设计初步拟定为“塑料型材 6 高透光 +12 空气 +6 透明，整窗传热系数 K=2.1W/（m^2•K），SHGC=0.47”是否可行？当地是否有常用外窗材料？	需建设方回复。
ARCH-PUB-Q8	首层与地下车库相邻的幼儿园、6# 楼的首层楼面是否要设置保温层？若要设置，其厚度取“50mm 厚 XPS 板”是否可行？	需建设方回复。

附录 C 某幼儿园能耗计算结果严重超标问题排查

C.1 项目信息

工程地点：江苏省

建筑面积：地上 6858m^2，地下 2326m^2

建筑层数：地上 4 层，地下 1 层

建筑高度：14.1m

建筑（节能计算）体积：26239.18m^3

建筑（节能计算）外表面积：7616.37m^2

体形系数：0.29

结构类型：钢筋混凝土框架结构

计算分析软件：绿建斯维尔节能设计 BECS2018

设计日期：2019 年 7 月 16 日

图C.1-1 某幼儿园效果图

C.2 问题描述

由于外墙外保温选材调整，对幼儿园进行了节能计算，在对原有模型（以下简称“20180614 版”）进行了局部修正后重算（以下简称“20190702 版”），发现除了围护结构材料变换外，存在较大的能耗差异，“20190702 版”比“20180614 版”总耗电量减少 17KWh/m^2，减少占比接近 50%。今通过比较测试，说明能耗大量减少的原因。

C.3 规范图集依据

1.《公共建筑节能设计标准》(GB50189-2015)（以下简称《GB50189-2015》）

2.《夏热冬冷地区居住建筑节能设计标准》(JGJ134-2010)（以下简称《JGJ134-2010》）

3.《固定资产投资项目节能评估文件编制要点及示例（电气）》（11CD008-4）

C.4 两个版本的主要计算参数比较

主要参数	“20180614 版”—早期版本	“20190702 版”—新报建版
建筑模型概况（节能计算数据提取）	地上 4 层建筑面积（m^2）：7334 地下 1 层建筑面积（m^2）：5474 建筑体积（m^3）：27046.32 建筑外表面积（m^2）：7967.72 体形系数：0.294	地上 4 层建筑面积（m^2）：6858 地下 1 层建筑面积（m^2）：5474 建筑体积（m^3）：26239.18 建筑外表面积（m^2）：7616.37 体形系数：0.290
主要建模差异	1. 二层 12 ～ 16 交 M ～ S 轴约 220m^2 区域建模为“办公—普通办公室”，但此区域实际功能为“门厅挑空”，首层门厅未有墙体闭合，与室外空气相通。 2. 房间中部保留了较多无热工要求的结构柱、砌体墙。 3. 有部分房间布局（主要是幼儿卫生间或活动室）未按照最新版施工图更新。 4. 建模 1 层及 2 层 16 轴上的门厅东向外墙及其上的门窗。 朝向窗墙面积比： 南向：0.38 北向：0.28 东向：0.25 西向：0.23	1. 取消该房间，减少采暖房间面积。 2. 删除室内未围合空间的墙、柱。 3. 更新至 20180620 版建筑施工图，融入设计“建修 01”～“建修 03”变更单节能门窗相关的内容，并修正部分外门窗 4. 删除门厅外墙及门窗（因为该堵墙未围合房间，无节能意义） 修正后朝向窗墙面积比： 南向：0.38 北向：0.27 东向：0.21 西向：0.22

续表

主要房间功能设置差异	约 380m² 的卫生间建模为“学校－教室”；约 2035m² 的内部封闭走廊建模为“办公—走廊”；约 370m² 的厨房及配餐间设置为“采暖房间”、约 80m² 的配电间、洗衣房设置为”普通办公室”。 房间设置与实际的暖通采暖／非采暖空间设置有差异，“办公—走廊”“卫生间”“厨房”“配电间”暖通不采暖。 对于公共建筑，斯维尔软件只认为“空房间”不采暖，其余房间均采暖（即控温）	比照暖通设计，最大程度适配暖通的采暖／空调区域，将总使用面积约 2865m² 的“办公—走廊”、“卫生间”、“厨房”、“配电间”等房间均设置为“空房间”，即非采暖（非控温）房间。
外围护结构传热系数 K[W/(m²•K)] 或太阳得热系数 SHGC（无量纲）	屋顶：0.48 外墙平均：0.61 地下室地面：1/0.09 地下室顶板：3.22 挑空楼板：1.25 外窗：2.40 玻璃太阳得热系数：0.54 玻璃可见光透射比：0.680（国热工标） 是否设置任何形式的外遮阳：否	屋顶：0.48 外墙平均：0.61 地下室地面：1/0.09 地下室顶板：3.22 挑空楼板：1.25 外窗：2.40 玻璃太阳得热系数：0.54 玻璃可见光透射比：0.720（江苏标） 是否设置任何形式的外遮阳：否
工程设置	“下边界绝热”选“否”	“下边界绝热”选“是”
软件版本	北京绿建软件有限公司节能设计 BECS2018（20170808 版）	北京绿建软件有限公司节能设计 BECS2018（20180303Sp1 版）
全年供暖和空调总耗电量 (KWh/m²)	设计建筑：34.35 参照建筑：34.95	设计建筑：18.67 参照建筑：19.56

C.5 能耗差异的原因排查

C.5.1. 软件版本比较

直接将早期版本模型用 20180303Sp1 版软件运行，能耗计算结果如下：

主要参数	“20180614 版”—早期版本	“20180614 版”—早期版本
其他基本信息	不变	不变
工程设置	“下边界绝热”选“否”	“下边界绝热”选“否”
软件版本	节能设计 BECS2018（20170808 版）	节能设计 BECS2018（20180303Sp1 版）
全年供暖和空调总耗电量 (KWh/m²)	设计建筑：34.35 参照建筑：34.95	设计建筑：34.35 参照建筑：34.95

计算结果完全相同，所以差异不是软件版本造成。

C.5.2. 超大面积地下室的“下边界绝热”的影响比较

将 20190702 新版模型的“下边界绝热”选项修改为“否”，跟早期版本模型一致，新版模型的上部模型的仍旧修改。两个新版模型的计算结果比较如下所示：

主要参数	“20190702 版”—新报建版	“20190702 版”—新报建版
其他基本信息	采用大面积地下室	采用大面积地下室
工程设置	“下边界绝热”选“否”	“下边界绝热”选“是”
软件版本	节能设计 BECS2018(20180303Sp1 版)	节能设计 BECS2018(20180303Sp1 版)
全年供暖和空调总耗电量 (KWh/m^2)	设计建筑：31.36 参照建筑：32.01	设计建筑：18.67 参照建筑：19.56

将 20180614 早期版本模型的“下边界绝热”选项修改为“是”，与未修改版比较。两个早期版模型的计算结果比较如下所示：

主要参数	“20180614 版”—早期版本	“20180614 版”—早期版本
其他基本信息	采用大面积地下室	采用大面积地下室
工程设置	“下边界绝热”选“否”	“下边界绝热”选“是”
软件版本	节能设计 BECS2018(20180303Sp1 版)	节能设计 BECS2018(20180303Sp1 版)
全年供暖和空调总耗电量 (KWh/m^2)	设计建筑：34.35 参照建筑：34.95	设计建筑：22.25 参照建筑：23.24

可见，当采用外轮廓超出建筑首层外轮廓较多的地下室时，“下边界绝热”选项对计算结果影响很大，对本项目模型而言，相差约 35% ～ 40%。

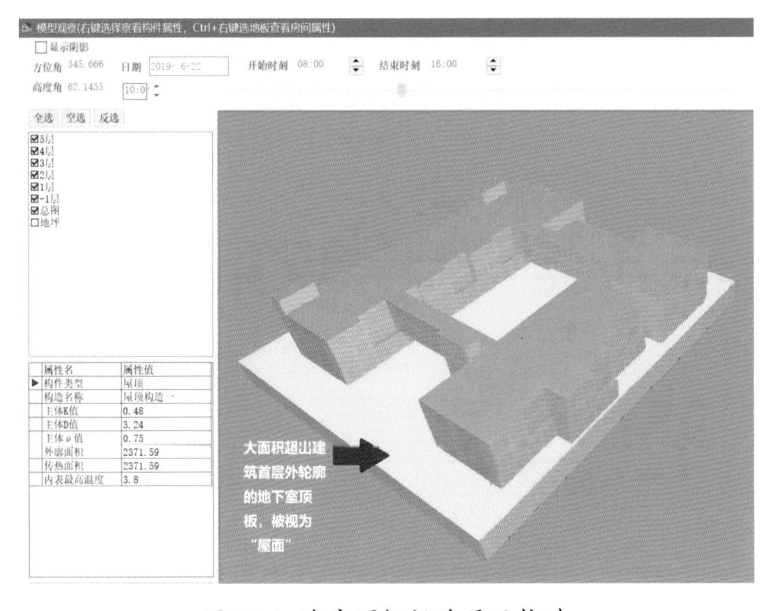

图C.5-1 地库顶板视为屋面构造

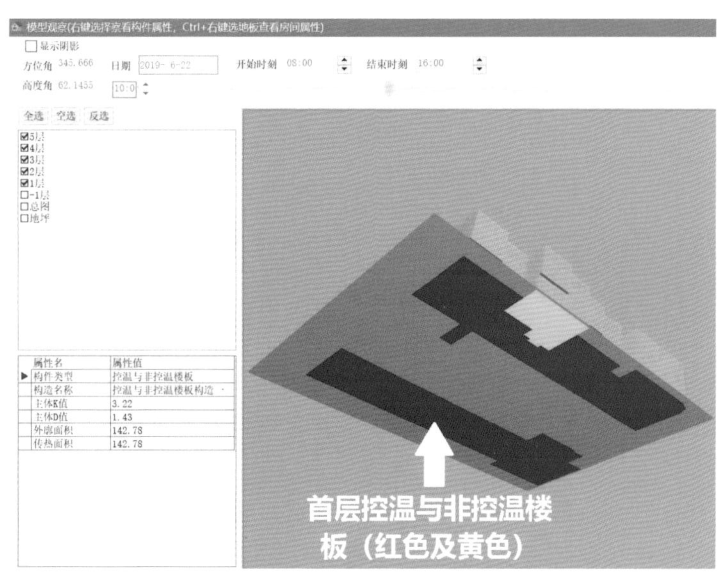

图C.5-2 首层控温与非控温楼板

从节能概念上看，地下室轮廓偏大，与实际传热状况不符，中间天井下部的汽车库未与上部幼儿园直接相邻，不会产生热量耗散（或者说仅在地面建筑外轮廓周边一定范围内的周边地面有热量传递），如果地库范围包含了上部建筑外轮廓以外的区域，则软件默认接触室外空气的地库顶板为“屋面”构造。

1. 减少地下车库模型的范围，严格对应首层外轮廓

对于将“20190702 版”（新报建版）的地下车库重新建模，外轮廓对应首层外轮廓，“下边界绝热”均选“否”，即考虑地上地下的传热，计算结果比较如下：

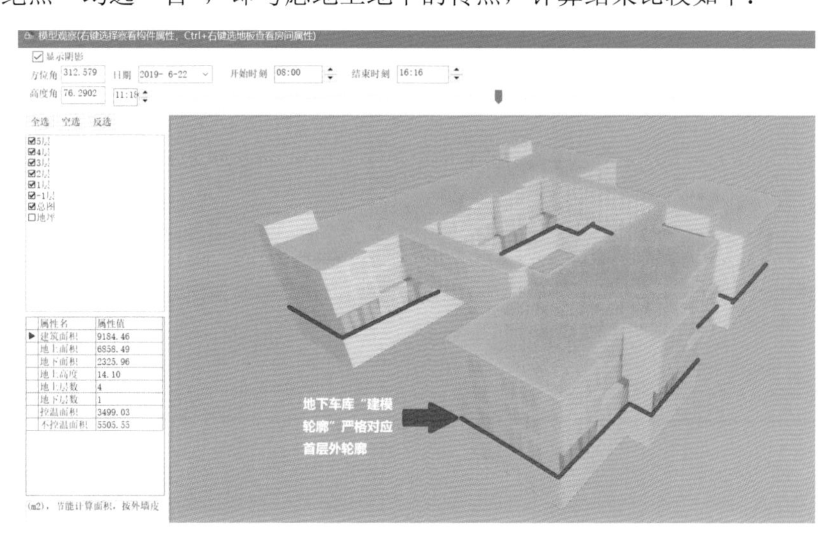

图C.5-3 地库轮廓严格对应首层外轮廓

“20180614版”—早期版本比较表

主要参数	“20180614 版”—早期版本	“20180614 版”—早期版本
其他基本信息	采用大面积地下室 地下室面积：5474m²	采用对应首层外轮廓的地下室 地下室面积：2326m²
工程设置	“下边界绝热”选“否”	“下边界绝热”选“否”
软件版本	节能设计 BECS2018(20180303Sp1 版)	节能设计 BECS2018(20180303Sp1 版)
全年供暖和空调总耗电量 (KWh/m²)	设计建筑：34.35 参照建筑：34.95	设计建筑：22.75 参照建筑：23.43

“20190702版”—新报建版比较表

主要参数	“20190702 版”—新报建版	“20190702 版”—新报建版
其他基本信息	采用大面积地下室 地下室面积：5474m²	采用对应首层外轮廓的地下室 地下室面积：2326m²
工程设置	“下边界绝热”选“否”	“下边界绝热”选“否”
软件版本	节能设计 BECS2018(20180303Sp1 版)	节能设计 BECS2018(20180303Sp1 版)
全年供暖和空调总耗电量 (KWh/m²)	设计建筑：31.36 参照建筑：32.01	设计建筑：17.36 参照建筑：18.20

“20180614版”—早期版本比较表

主要参数	“20180614 版”—早期版本	“20180614 版”—早期版本
其他基本信息	采用对应首层外轮廓的地下室 地下室面积：2326m^2	采用对应首层外轮廓的地下室 地下室面积：2326m^2
工程设置	“下边界绝热”选“否”	“下边界绝热”选“是”
软件版本	节能设计 BECS2018(20180303Sp1 版)	节能设计 BECS2018(20180303Sp1 版)
全年供暖和空调总耗电量 (KWh/m^2)	设计建筑：22.75 参照建筑：23.43	设计建筑：19.02 参照建筑：19.94

“20190702版”—新报建版比较表

主要参数	“20190702 版”—新报建版	“20190702 版”—新报建版
其他基本信息	采用对应首层外轮廓的地下室 地下室面积：2326m^2	采用对应首层外轮廓的地下室 地下室面积：2326m^2
工程设置	“下边界绝热”选“否”	“下边界绝热”选“是”
软件版本	节能设计 BECS2018(20180303Sp1 版)	节能设计 BECS2018(20180303Sp1 版)
全年供暖和空调总耗电量 (KWh/m^2)	设计建筑：17.36 参照建筑：18.20	设计建筑：13.68 参照建筑：14.49

可见，本项目中地下室范围造成的差异达到 11.6 ～ 14KWh/m^2，也就是说，因为房间设置、模型修复（材料不变）而导致的差异为 3 ～ 5KWh/m^2。大部分差异是由于地下室顶板的露天面积散热导致的。

单独开、关对于”地下室绝热”选项造成的能耗差异大约在 4KWh/m^2。

2. 用电量指标绝对数值的意义

用电量的单位是 kWh/m^2（即每度电每平方米），用电负荷指标是 W/m^2，两者需用一个用电总时间参数（以秒计）进行换算，即“每年每平方米用电量 = 用电负荷指标 × 年总用电时间（以秒计）”。能量换算公式为：1W=1J/s，1J=(1/3600000)kW·h，所以有：$1W \times 1s/m^2$=（1/3600000）kWh/m^2。

参照《固定资产投资项目节能评估文件编制要点及示例（电气）》（11CD008-4）第 31 页，幼儿园的节能的单位面积用电负荷指标（功率密度）为 W_d=10 ～ 18W/m^2，按照《GB50189-2015》表 B. 0. 4-1，学校建筑，每年工作日 250 天，每天系统工作时间 7:00 ～ 18:00 共 11 小时 / 天，3600 秒 / 小时，采用换算公式：得到每年节能的单位面积耗电量 $Q_d=W_d \times 250 \times 11 \times 3600/3600000=W_d \times 2.75$=（27.5 ～ 49.51）$kWh/m^2$。也就是说，节能计算的设计建筑的全年供暖和空调总耗电量 (kWh/m^2) 应不超过上述区间较为合理，最理想的为 $W_d \leqslant 27.5kWh/m^2$，最大也不建议 Q_d 超过 49.51kWh/m^2，位于该区间内的能耗设计值也是可以接受的。

下表列举了常见民用建筑的单位面积的用电负荷指标与年用电量的对应关系，是根据《11CD008-4》《GB50189-2015》以及《JGJ134-2010》的相关条款估算，可用于宏观上判断建筑能耗的合理性：

建筑类别	用电负荷指标（W/m^2）	系统日运行时间段（h）	系统年运行时间（h）	年用电量指标（KWh/m^2）	备注
住宅	15 ～ 40	全年 0:00 ～ 24:00	24×365	131 ～ 350	此用电量与实际比较接近，即每户每月用 10 ～ 30 度电
办公	30 ～ 70	工作日 7:00 ～ 18:00	11×250	83 ～ 193	
宾馆	40 ～ 70	全年 1:00 ～ 24:00	23×365	336 ～ 588	
大型商场	60 ～ 120	全年 8:00 ～ 21:00	13×365	285 ～ 569	
医院	30 ～ 70	全年 8:00 ～ 21:00	13×365	142 ～ 332	
中小学校	12 ～ 20	工作日 7:00 ～ 18:00	11×250	33 ～ 55	
幼儿园	10 ～ 18	工作日 7:00 ～ 18:00	11×250	28 ～ 50	

C.6 小结

C. 6. 1. 新旧两个模型均有缺陷，但新模型“碰巧”计算结果接近于实际情况

综上所述，原设计模型和新设计模型均满足“设计建筑能耗低于参照建筑能耗”的节能规范的要求，原设计模型的地下室面积偏大导致能耗增加过多，而新版模型未考虑地上地下换热，故也不完全正确，只是碰巧因为勾选“下边界绝热”规避了地下

室顶板散热的问题。

C.6.2. 当地下室外轮廓建模完全匹配首层外轮廓时，“下边界绝热”对能耗有一定影响

单独开、关“地下室绝热”选项造成的能耗差异大约在4kWh/m^2，对于小型公建而言，属于比较大的用电量变化。

C.6.3. 房间功能设置、模型的局部偏差对能耗的有一定影响，但一般不会超过10kWh/m^2

按照《GB50189-2015》附录B以及斯维尔软件的内定的房间类型，典型房间功能，对能耗的影响主要体现在照明功率密度、电气设备功率密度和人员数量等，而人均新风量则是一定的。如下表所示：

房间所属建筑类别	照明功率密度（W/m^2）	人员密度（m^2/人）	电气设备功率密度（W/m^2）	人均新风量[m^3/(h·人)]
住宅建筑	7.0	10m^2～豪宅无上限	60～80	暖通规范按照房间面积和换气次数定，按照净高2.8m折算，大约为20～30m^3/(h·人)
普通办公室	9.0	10	15	30
办公—走廊	9.0	10	15	30
宾馆—多功能厅	7.0	25	15	30
商场建筑	10.0	8	13	30
医院建筑	9.0	8	20	30
学校—教室	9.0	6	5	30
空房间	0	50	0	20

附录 D 某轻型木结构建筑节能设计

D.1 项目信息

建筑面积：地上 228m^2；地下 0m^2
建筑层数：地上 2 层，地下 0 层
建筑高度：地上 8.8m
建筑（节能计算）体积：843.06m^3
建筑（节能计算）外表面积：444.69m^2
结构类型：轻型木结构

D.2 木结构的外围护保温材料及构造特点

本工程外围护结构做法在遵循防水防潮、保温隔热、耐久性的原理的基础上，与中国传统木结构的工艺工法有所差别，主要在于：屋面、外墙保温材料“碳化软木”为进口绿色建材，中国国内无此材料，无直接对应的参数可查。

因此，需要通过查询和比对来确定节能设计时输入的材料参数，包括导热系数及其修正系数、蓄热系数等，参考国标图集《木结构建筑》（14J924）中的各种节点构造，将构造最接近的国标做法进行节能设计。

表D.2-1 建筑施工图外墙构造做法表

外墙 1/2 抹灰饰面 / 面砖饰面 饰面层总厚度：约 40mm	1. 罩面涂料一遍（颜色详立面图）/ 仿石面砖饰面，1:1 水泥砂浆勾缝
	2. 封底涂料一遍 /6 ～ 10 厚面砖涂抹 5 厚粘结剂
	3. 5 厚聚合物抗裂砂浆（敷设四角镀锌钢丝网一层）
	4. 30 厚碳化软木
	5. 防水透气膜
	6. 11 厚定向刨花板（OSB 板）
	7. 墙骨柱（内填 120 厚玻璃棉保温）

表D.2-2 建筑施工图屋面构造做法表

屋面 1 石板瓦屋面 饰面层总厚度：约 120mm	1. 石板瓦
	2. 干铺防水卷材一层
	3. 30 厚木板条
	4. 8 丝厚防水透气纸
	5. 40xh 木龙骨 @600，内嵌 30 厚碳化软木保温层
	6. 15 厚定向刨花板（OSB 板等）
	7. 木桁架或椽条
	8. 椽条之间嵌填 40 厚矿棉、岩棉、玻璃棉毡（ρ =70-200）
	9. 10 厚防水石膏板

D.3 节能设计的围护结构材料及其计算参数的选取

从外观上和触感来判断，“碳化软木”类似于发泡处理的木材，是具有多孔结构的轻质木制品，在《建筑材料手册（第四版）》（1997）中，没有与之名称完全对应的材料，只有若干种物理属性和名称比较接近的材料，如下表所示：

序号	材料名称	导热系数 λ	蓄热系数 S	密度 ρ	比热容 Cp	蒸汽渗透系数 u	本工程的选用情况
		W/(m•K)	W/(m^2•K)	kg/m^3	J/(kg•K)	g/(m•h•kPa)	
1	木锯末	0.090	2.027	250	2510	0	
2	木丝板	0.076	1.862	250	2510	0	修正后选用
3	干木屑	0.047	1.134	150	2510	0	

经征询外方设计师，可以考虑选用“木丝板”的材料参数，并作少量修正，名称改为“软木板”，取导热系数 λ=0.070×1.00（无修正）W/（m•K），蓄热系数 S=1.635 W/(m^2•K)，密度 ρ=250kg/m^3，比热容 Cp=2500J/(kg•K)。

最终交付图纸审查的节能设计构造如下表所示，执行的标准是国标《公共建筑节能设计标准》(GB50189-2015)：

1. 屋面构造及其平均传热特性

材料名称 (由外到内)	厚度 δ (mm)	导热系数 λ W/(m•K)	蓄热系数 S W/(m²•K)	修正系数 α	热阻 R (m²•K)/W	热惰性指标 D=R×S
油毡瓦	10	0.170	3.302	1.00	0.059	0.194
橡木平行木纹	30	0.410	7.738	1.00	0.073	0.566
软木板	30	0.070	1.635	1.00	0.429	0.701
橡木平行木纹	15	0.410	7.738	1.00	0.037	0.283
矿棉、岩棉、玻璃棉毡 (ρ=70-200)	40	0.048	0.795	1.20	0.694	0.663
石膏板	10	0.330	5.144	1.00	0.030	0.156
各层之和Σ	135	—	—	—	1.322	2.563
外表面太阳辐射吸收系数	0.88[默认]					
传热系数 K=1/(0.16+ΣR)	0.68					
标准依据	《公共建筑节能设计标准》(GB50189-2015) 第 3.3.2 条					
标准要求	K ≤ 0.70					
结论	满足					

留意到石膏板下的“矿棉、岩棉、玻璃棉毡 (ρ=70-200)”构造层次，可在木骨架底部增补嵌填 40mm 厚的岩棉毡，之后再敷设吊顶石膏板将其保护和隐藏，相当于将土建施工工序与室内装饰工序相结合，不再是传统意义上的“屋面外保温”，而是“屋面内外保温相结合”。

从热工概念设计上，木结构与常规的钢筋混凝土结构不同，木结构屋面是隔栅型，不同于钢筋混凝土屋面的实体板型，需要将热量隔绝在板面之外，按照《木结构建筑》(14J924) 第 48 页的屋盖结构布置图、第 63 页的檐口大样图和第 123 页的屋面构造做法，轻型木结构的保温也是嵌填于椽条（顶棚隔栅）之间的，并没有板状保温板严格设置在椽条之上的要求。所以，上述建筑构造也是符合热工设计概念并具备可实施性的。

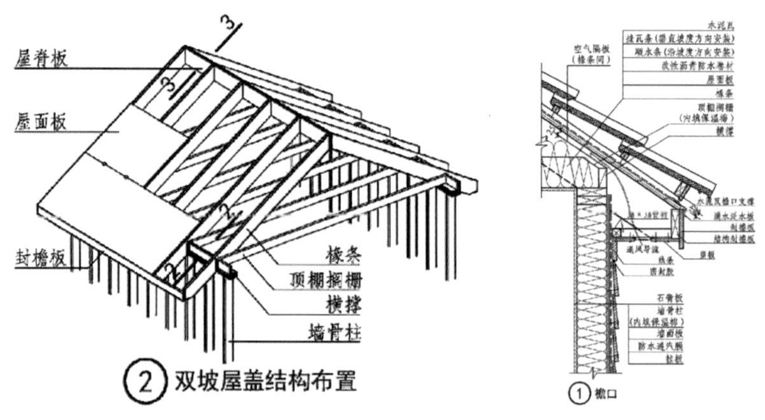

图 D.3-1《木结构建筑》(14J924) 屋盖结构布置图（左），《木结构建筑》(14J924) 檐口大样图（右）

2. 外墙构造

材料名称（由外到内）	厚度 δ (mm)	导热系数 λ W/(m•K)	蓄热系数 S W/(m^2•K)	修正系数 α	热阻 R (m^2•K)/W	热惰性指标 D=R×S
橡木平行木纹	15	0.410	7.738	1.00	0.037	0.283
矿棉、岩棉、玻璃棉毡（ρ=70-200）	60	0.048	0.795	1.20	1.042	0.994
石膏板	12	0.330	5.144	1.00	0.036	0.187
各层之和Σ	87	—	—	—	1.115	1.464
外表面太阳辐射吸收系数	0.50［默认］					
传热系数 K=1/(0.16+ΣR)	0.79					

3. 外墙总体平均热工特性

构造名称	构件类型	面积（m^2）	面积所占比例	传热系数 K[W/(m^2•K)]	热惰性指标 D	太阳辐射吸收系数
外墙构造一	主墙体	221.33	1.000	0.79	1.46	0.50
考虑线性热桥后的 K	0.79×1.20=0.94					
标准依据	《公共建筑节能设计标准》(GB50189-2015) 第 3.3.2 条					
标准要求	K ≤ 1.00					
结论	满足					

外墙做法与屋面类似，除了“碳化软木”填充层外，还需要增补嵌填岩棉毡才能满足节能设计规定性指标的要求。一般的木骨架宽度为 120mm，足够容纳 60mm 的岩棉毡加上 30mm 的“碳化软木”共计 90mm 的保温层厚度，因此，外墙构造总体也是可行的。

D.4 设计小结

本工程案例展示了如何在材料性能不明确的情况下，顺藤摸瓜地梳理设计思路、找到相近的材料，既满足审图和报批报建的要求，也尽可能达成建设方的投资意图。国外很多材料的计量方式、单位、性能评价与中国标准不尽相同，此情况下，工程师需要发挥主观能动性，节能概念设计先行，数值分析居后，从热工设计原理、构造原理出发，把握节能计算参数的取值，实现包络设计。

附录 E 某多层园区外墙外保温材料比选及应用

E.1 项目信息

工程地点：江苏省

建筑层数：地上 8 层，地下 1 层

建筑高度：地上 23.9m

结构类型：钢筋混凝土框架结构

图E.1-1 某园区外墙外保温（增强竖丝岩棉板100mm厚）施工照片

E.2 概述

由于EPS类外墙保温材料的燃烧性能最高仅能达到B1级，原设计的“A2级石墨改性聚苯保温板”已不适用于本项目，需要设置A级保温材料的建筑外墙部位，因此需要考虑另行选用其他外墙保温材料。

本项目的特殊性在于两点：一是要满足较高的室内热环境舒适度要求，外墙整体传热系数不应低于一定数值；二是外墙有大量法式线脚，局部出挑厚度达到400～600mm，外墙保温材料需要与线脚稳固结合并具有较好的尺寸稳定性和强度。

A级外保温材料包括泡沫玻璃、岩棉板、无机保温砂浆、复合发泡水泥板、发泡陶瓷板等，该几种保温材料的主要特性对比详见表E.2-1。

表E.2-1 保温材料的主要特性对比

材料名称（分类）	主要物理指标								规范依据	价格区间	整体评价
	导热系数 λ W/(m•K)	蓄热系数 S[W/(m²•K)]	密度 ρ (kg/m³)	抗拉强度 (Mpa)	抗压强度 (Mpa)	吸水率	常规厚度 (mm)	可塑性	国标或江苏省标	仅供参考，不作成本控制依据	价格，保温效果，采购多样性，施工难易程度等
泡沫玻璃	0.045～0.058，墙体修正系数1.15	0.81	140～160	垂直板面 ≥0.12	≥0.50	体积 ≤0.5%	—	—	苏建函科[2013]879号泡沫玻璃保温板外墙外保温系统应用技术导则2014，《泡沫玻璃外墙外保温系统材料技术要求》(JG/T469-2015)	—	—
岩棉板	≤0.040，墙体修正系数1.30	0.70	≥140	垂直板面 ≥0.01	≥0.04	质量 (kg/m^2) 24h≤0.5 28d≤1.5	≥40	较软	国标《民用建筑热工设计规范》(GB 50176-2016)、江苏省标《岩棉外墙外保温系统应用技术规程》(苏JGT46-2011)，国标图集《建筑围护结构节能工程做法及数据》(09J908-3)	约5000～6000元/吨	易吸水
岩棉带	≤0.048，墙体修正系数1.30	0.75	≥80	垂直板面 ≥0.10	≥0.04		30～100				
无机轻集料保温砂浆	0.070～0.100，墙体修正系数1.25	1.20～1.80	350～550	≥ 0.10～0.25	≥ 0.5～2.50	质量 (kg/m^2) 1h≤1.0	≤50	较脆	《无机轻集料砂浆保温系统技术规程》(JGJ/T253-2011)	约1600元/吨	保温效果差，不考虑使用
复合发泡水泥板	0.060～0.080，墙体修正系数1.20	1.07～1.33	250～300	≥0.13	≥ 0.4～0.50	体积≤10%	—	较脆	《复合发泡水泥板外保温系统应用技术规程》(苏JG/T041-2011)	—	—
发泡陶瓷板	0.065～0.10，墙体修正系数1.15	0.90～1.40	180～280	0.15～0.20	≥0.40	体积≤3%	≤80	较脆	《发泡陶瓷保温板保温系统应用技术规程》(苏JGT/042-2013)	—	—

E.3 厂家咨询情况

E.3.1. 材料厂家信息搜集

由于设计院日常接触的材料厂家数量不多，且领域比较分散（一般接触防水材料厂家较多），可采取“按图集索骥”的方法与保温材料厂家取得联系。即：通过已出版的规范、图集，获得规范参编企业的名称及联系人的电话，然后在网上搜索该厂家的联系方式，以取得进一步交流和考察。

在国标图集《外墙外保温建筑构造》（10J121）的最后一部分，是各种材料生产商的保温系统技术资料，基本是一些品牌大厂，涉及的保温材料种类包括：胶粉聚苯颗粒、EPS薄抹灰系统、岩棉薄抹灰系统、硬泡聚氨酯保温装饰一体化板、改性酚醛泡沫板等，可以在网上搜索相关厂家的产品或名称，即可进一步得到其各地经销商的联系电话，接着就可以电话联系、现场考察了。

E.3.2. 材料厂家调研要点

1. 由于材料厂家一般是跟建设方发生直接业务往来，与设计院没有直接的业务关系，设计文件中也不会注写厂家的名字，所以厂家与设计院的交流话题更多是在技术系统本身，例如：材料的导热性能、抗压性能、耐久性能等。一旦涉及产品报价，厂商给设计院的价格通常不是实际可交易的最优价格，设计院如果将得到的估价向建设方汇报，参考价值也不大，因为建设方会通过招标流程货比三家，尽可能取得物美价廉的材料，即便是已经“钦定”的材料，建设方也会通过招标流程，令多个材料厂家背靠背报价，以压低厂家的报价。

2. 由于商业竞争的原因，生产工厂一般不对外开放，所以参观者需要保守技术秘密，非允许的情况下一般不能拍照。

3. 需要注意的是，一些集成材料厂家所称的“某保温系统”，指的是一套包含了保温板、粘结材料、锚栓、网格布、聚合物砂浆等的全套部品部件的组合。某个品牌的“保温系统”类似于一个超市，超市可以有自己的品牌，但是超市里面的每件商品，却未必是该超市直接生产的，而是像《木兰从军记》“东市买骏马，西市买鞍鞯，南市买辔头，北市买长鞭”，即：“某保温系统”的各组成部分，很可能是由下一层级的其他子部件厂商生产的，例如锚栓、保温芯材、抹面胶浆可能分属不同的品牌生产厂家，而这些子部件生产厂家产品质量的优劣，也影响着整个保温系统性能的优劣。所以，集成材料厂家有时会进一步向客户介绍他们的各个子部件厂商情况，以向客户展示他们所集成产品的可靠性。

反过来看，同一个子部件厂商，例如：某品牌的岩棉芯材，也可以同时向多家集成材料厂家供货，形成多个保温系统“父品牌”，这时候，就是考验集成材料厂家的整合能力了，通过组合不同的子系统形成整体较优的集成系统。材料集成厂商和子部件厂商的关系，可以用计算机领域的主板（或称“母板 Motherboard”）和计算、存储部件的关系来比喻，主板本身并没有计算功能，也没有存储功能和能量供应功能，但是它要通过协调 CPU、内存、电源、输入输出设备，来实现计算机的整体信息处理功能。所以，如果一个集成材料厂家能够占有一定的市场地位，说明它具有相对可靠的系统集成把控能力。

4. 保温施工技术往往由厂家主导，例如：锚栓的打入深度、特殊的抹面胶浆材料施工工艺等，所以，外墙外保温一般不是由总承包单位施工，而是建设方委托总承包单位分包，或者单独发包给外保温生产厂家施工。与钢结构的设计和安装一体化类似，外保温系统也属于某种意义上的“装配式”系统，需要在建筑施工图的基础上，由厂家根据保温系统的施工工艺进一步深化设计，包括：绘制立面保温板块分割图、立面锚栓布置图等，才能最终进入现场施工。

图E.3-1 某岩棉保温系统生产厂家的在建项目，外墙外保温40mm厚岩棉板

E.4 材料调研小结

综合上述咨询情况，结合项目外立面法式线脚的特殊要求，目前相对可行的外墙外保温材料是岩棉，法式线脚的做法可以进一步考虑可采用 GRC 线条或 EPS 线条。

如果采用岩棉带，按照《岩棉外墙外保温系统应用技术规程》（苏 JGT46-2012），=0.048W/(m•K)×1.30(修正)=0.0624W/(m•K)，为保持外墙加权平均传热系数 $K_m \leqslant 0.46$ W/(m2•K)、砌体墙传热系数≤ 0.45W/(m2•K) 不变，经初步计算，岩棉板厚度需增加到 90 ～ 95mm，岩棉带厚度需增加到约 110mm。

E.5 厂家施工方案比较

以下是两家岩棉厂家的施工技术比选：

序号	厂商名称	技术方案主要优点	技术方案主要不足
01	A 厂家	1. 四面包裹，防止串水 2. 满粘工法，减少漏水 3. 强度较高，抗变形能力强	导热系数略大，岩棉板厚度略大
02	B 厂家	1. 节点处理细致 2. 配套辅材齐全 3. 所用岩棉板导热系数略小，岩棉板厚度略小	—

E.6 初步选材结论

原建筑节能设计的计算参数是 80mm 厚的石墨改性聚苯板，λ=0.039W/(m•K)×1.20(修正)=0.0468W/(m•K)，外墙加权平均传热系数 Km=0.46W/(m^2•K)，热惰性指标 D=3.71。暖通负荷计算模型外墙传热系数取值亦为 0.46W/(m^2•K)。

在保证外墙加权平均传热系数 Km ≤ 0.46W/(m^2•K) 的前提下匹配的岩棉板（带）厚度。以下结论是在 PBECA2012 中加权计算得出的厚度值，经初步计算，厚度取值比较如下：

保温材料类型	导热系数 W/(m•K)	修正系数	选用厚度（mm）	外墙综合传热系数 Km（苏标 2010 算法）W/(m^2•K)
原 A2 级石墨改性聚苯板	0.039	1.20	80	0.46[上限]
常规岩棉板（B 厂家）	0.040	1.30	90	0.46
增强竖丝岩棉板（A 厂家）	0.043		100	0.45

综上所述，在外墙传热系数达标的前提下，A 厂家的全粘工法无需处理众多锚栓洞，其四面包裹的成品有利于防止串水，在其他条件近似的情况下，A 厂家的产品方案相对较优。

E.7 工程采购及施工

经过激烈的招标评选，最终 A 厂家的产品中标，建设方进行材料采购，并委托中标厂家进行外墙外保温专项施工，外保温采用厚度为 100mm 厚的增强型竖丝岩棉板。

由于外窗企口不足 100mm，仅 50mm，考虑到聚苯颗粒的导热系数较大，约 0.06×1.25W/（m•K），窗洞边收头材料可采用岩棉板或聚苯板。

本工程外墙保温和装饰线脚分别发包给两家工程公司，外墙保温仍是 A 厂家施工，但装饰线脚分包给当地某装饰线脚厂家处理，而外墙涂料厂家等待装饰线脚厂家施工完成后，最后进场。即：外墙面按照构造层次分别由三家单位施工，外保温厂家负责保温层至抹面胶浆结束，装饰线脚厂家负责从抹面胶浆至毛坯线脚结束，外墙涂料厂家负责分在毛坯线脚外粉刷涂料。

装饰线脚施工过程中不会对已施工的保温层及以下的构造层次进行干预，而是在装饰线角施工完成后，在外墙整体做网格布罩面及防水层，形成一道防护屏障。

装饰线角厂家一般喜欢同型尺寸开模，较节约成本，如果异形构件多，则建造成本较高。

图 E.7-1 外保温外墙转角处的施工照片

图E.7-2 窗框及侧向企口施工照片

图E.7-3 外墙涂料饰面施工照片（米黄色部分已完成涂料饰面，深灰色部分尚未完成）

图E.7-4 外墙所有工序（保温、线脚、涂料饰面）全部完成后的局部细节效果

图E.7-5 外墙所有工序（保温、线脚、涂料饰面）全部完成后的整体效果

附录F 某多层园区屋面保温空鼓翘曲的问题处理

F.1 项目信息

工程地点：江苏省

建筑层数：地上8层，地下1层

建筑高度：地上23.9m

结构类型：钢筋混凝土框架结构

图F.1-1 某园区屋面硬泡聚氨酯保温施工过程出现开裂、空鼓、翘曲

F.2 参建各方现场踏勘

建设方、设计、施工、监理等参建各方首先来到屋面踏勘，1号楼已经施工40～50mm厚的发泡聚氨酯并硬化成型，2号和3号楼刚完成无纺布隔离层施工，施工现场发现1号楼屋面发泡聚氨酯硬化后出现局部空鼓、边缘上翘严重，施工方将空鼓处的聚氨酯被按照每4m一格南北向切开，试图缓解聚氨酯的收缩应力，但发现切开后起翘更严重，中部达到15～20cm，周圈女儿墙根部达到约30cm，无法进行下一步的钢筋混凝土保护层施工。如下图的现场照片所示（黄色的是硬泡聚氨酯，绿色的是无纺布隔离层）。

图F.2-1 某园区屋面硬泡聚氨酯保温施工过程出现开裂、空鼓、翘曲（屋面全景）

图F.2-2 某园区屋面硬泡聚氨酯保温施工过程出现开裂、空鼓、翘曲（屋面近景）

F.3 问题分析

设计的屋面构造做法如下：

细石混凝土上人屋面（平屋面，有保温）I 级防水	1.40 厚 C20 细石混凝土（内配 Φ6@150 双向）随打随抹，设间距≤ 3m 分格，分缝处钢筋断开，缝宽 12，嵌密封胶；在女儿墙与交接处留缝宽 30，嵌密封胶；
	2. 干铺 0.4 厚聚乙烯膜一道（隔离层）；
	3. 喷涂 90 厚 B1 级聚氨酯保温层（注：保温层按计算值增 25% 选用），屋面与女儿墙交接处设 500 宽 90 厚泡沫玻璃板防火隔离带；
	4. 干铺油毡一道（隔离层）；
	5. 3. 0 厚聚酯胎自粘改性沥青防水卷材（SBS）；
	6. 2. 0 厚非固化橡胶沥青防水涂料（管周、地漏、阴角、管井、天沟等部位，先做 2. 0 厚非固化橡胶沥青防水涂料附加防水层）；
	7. 20 厚 1:3 水泥砂浆找平，设间距≤ 6m 分格缝，缝宽 25，嵌聚苯乙烯泡沫条，密封膏填缝；
	8. 最薄 50 厚泡沫混凝土找坡层（找坡 3%，抗压强度不小于 3. 0MP）；
	9. 5 厚减震垫板
	10. 钢筋混凝土屋面板，清理剔平，1:2 水泥砂浆修补凹处；

问题出在第 4 层做法“干铺油毡一道（隔离层）”（图 F. 3-1），施工现场没有采用设计要求的材料，而是改用“丙纶纺粘无纺布”（图 F. 3-2），此两种材料对于直铺式成型板材屋面保温（如 XPS 板、聚氨酯板等）没有太大的差异，因为成型板材已经在出厂前完成硬化、收缩，施工过程中的附加变形很小。但是本工程采用的是“现场发泡喷涂聚氨酯”的做法，喷涂的聚氨酯在液化状态下具有较强的吸附能力，可以黏附于多种基层，此时采用的隔离层材料必须慎重，油毡自身具有一定的粘结能力和弹性，可以与聚氨酯形成整体变形，而丙纶纺粘无纺布则不同，其与聚氨酯可以粘结，但是不具有弹性伸缩的能力，当聚氨酯开始硬化、收缩时，无纺布不能同步收缩，且与其下基层“改性沥青防水卷材（SBS）”也不具有粘结作用，导致丙纶纺粘无纺布随着聚氨酯收缩的方向卷曲，最终整个屋面保温层空鼓、起翘。

3 号楼西段局部未曾铺设隔离层，聚氨酯直接喷涂在 SBS 防水层上，由于 SBS 有一定粘结作用，因此该楼栋屋面保温层没有空鼓、起翘。但是聚氨酯收缩时会破坏防水层，特别是女儿墙根处上翻的防水卷材，容易在聚氨酯收缩时产生的侧向拉力作用下撕裂，导致防水失效。因此，3 号楼的无隔离层的做法也不可取。（图 F. 3-3）

图F.3-1 石油沥青纸胎油毡（隔离层） 图F.3-2 丙纶纺粘无纺布（隔离层）

图 F.3-3 第 3 号楼的屋面，三种施工状态并存（自左向右为：橘黄色的聚氨酯保温层、尚未铺设隔离层的防水卷材层、刚完成敷设的无纺布隔离层）

F.4 问题处理

经各方讨论、咨询有经验的发泡聚氨酯施工单位后，从经济性、可操作性、耐久性等方面出发，现场形成会议纪要，提出两种解决方案，采用砂浆或混凝土做隔离层，但由于混凝土容重较大，设计院需返回核对结构荷载后才能确定可行性。存在三种解决方案：

1. 不去除丙纶纺粘无纺布，在其上铺设聚氨酯保温板。

2. 不去除丙纶纺粘无纺布，增设 20mm 厚低标号找平砂浆作为隔离层，砂浆固结后再喷涂聚氨酯保温层。

3. 去除丙纶纺粘无纺布，在防水层上铺设 20mm 厚低标号找平砂浆作为隔离层。

现场会议结束后，参建各方对于比选方案再次讨论，拟定的屋面保温修复方案为：

第 1 号楼屋面去除原大面积空鼓、起翘的聚氨酯保温层，并修复返工过程中受损的防水层，用相同材料的防水卷材修补。接着重新铺设无纺布隔离层，并在无纺布隔离层上浇筑 40mm 厚素混凝土随打随抹（作为刚性隔离层，比低标号砂浆廉价、易施工），女儿墙根部和出屋面管井根部需用 20mm 厚低标号水泥砂浆上翻 200mm，避免发泡聚氨酯直接与防水卷材接触。等待混凝土固结后再施工发泡聚氨酯保温层及上部剩余构造层次。

第 2 号楼和 3 号楼直接在现有的无纺布隔离层上浇筑 40mm 厚素混凝土随打随抹，女儿墙根部和出屋面管井根部做法同 1 号楼。等待混凝土固结后再施工发泡聚氨酯保温层及上部剩余构造层次。

F.5 经验总结

现场喷涂聚氨酯与基层之间的隔离层不应采用“油毡或丙纶无纺布”做隔离层。需采用低标号砂浆做隔离层，避免聚氨酯硬化过程中破坏隔离层。

图 F.5-1 第 1 号楼的屋面修复，去除翘曲的聚氨酯保温层，采用混凝土做刚性隔离层，后续再行喷涂聚氨酯

附录G 中国建筑气候区划图

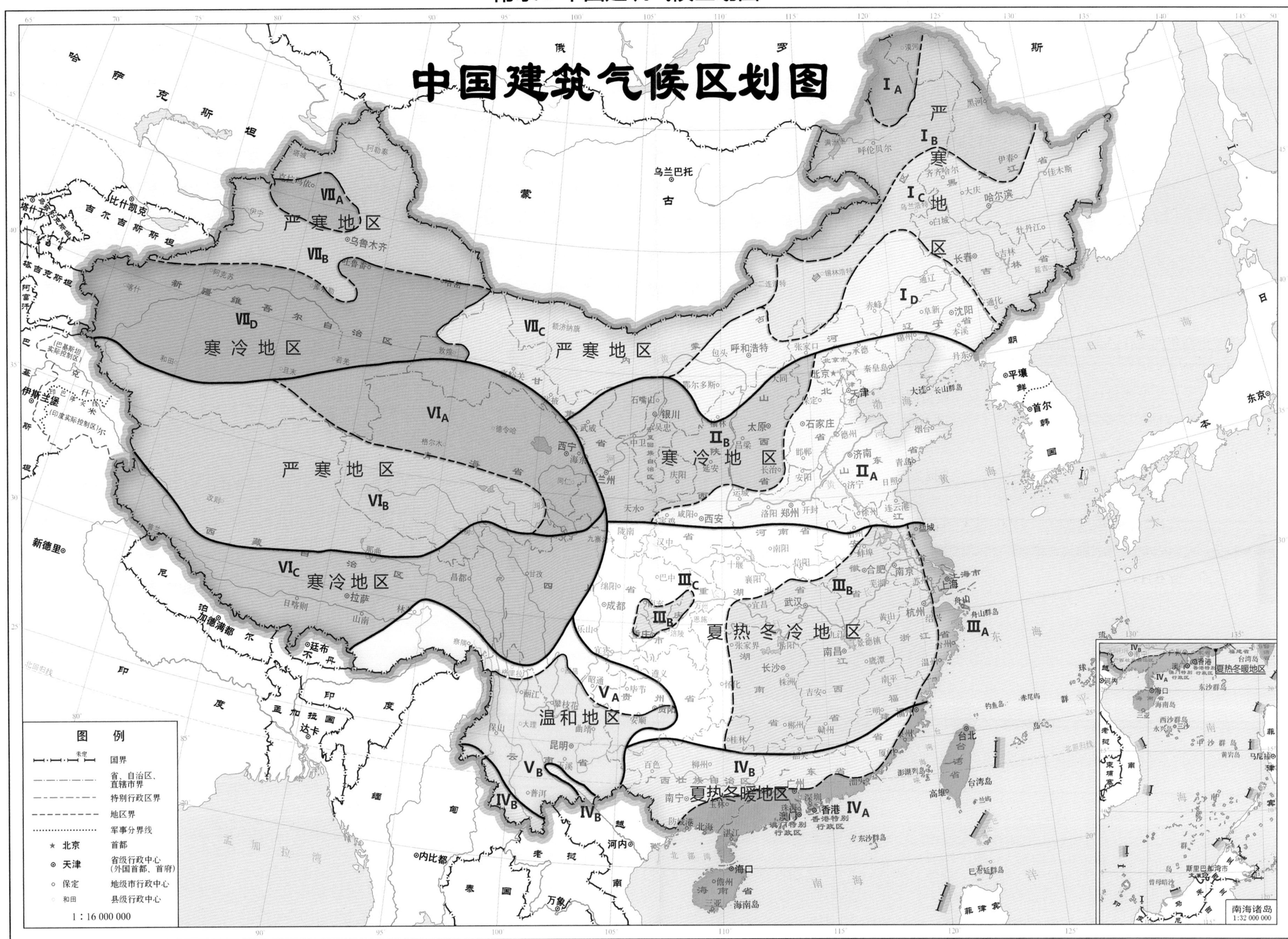

审图号：GS黑(2023)72号

后　记

这本书的源起，是我一直想有一次写书的体验。但是，要写一本怎样的书？花多少时间写？写的书对人对己有什么意义？这些问题已经淹没在早年繁忙的工作中了。不过，一次如期而至的职称评审，成为这本书的导火索，我需要为此撰写一本专业领域内的具有一定技术水平的独立著作。

回望我十余年的工作经历，从刚参加工作时的战战兢兢到如今的行稳致远，每一步都走得艰苦而有收获。仔细统计了一下，截至本书成稿为止，我已经累计计算了200多个单独的建筑节能设计模型，每个节能设计模型因为各方意见进行多次修改，如果每个修改版本计为1次算例，则总共计算了超过1000次算例，平均每个模型重新审视5次。因此，我觉得有必要把这些年绿色建筑节能设计走过的路记录下来，既是对自己工作的阶段性总结，也是为新晋绿建工程师提供参考，最后还可以为职称评选添砖加瓦。

在搜集早年的资料、翻阅老照片和项目会议纪要时，昨日重现，我仿佛又回到了刚刚参加工作时那个没有新冠肺炎疫情的美丽世界、那方樱花满开的同济校园以及那段青葱如歌的燃情岁月。

易嘉

2022年中秋节收稿于上海同济大学科技园

参考文献

[1] 中国建筑科学研究院有限公司．绿色建筑评价标准 :GB/T 50378 — 2019[S]. 北京：中国建筑工业出版社，2019.

[2] 中国建筑科学研究院有限公司．建筑节能与可再生能源利用通用规范：GB55015-2021[S]. 北京：中国建筑工业出版社，2021.

[3] 江苏省建筑科学研究院有限公司．居住建筑热环境和节能设计标准 :DB 32/4066 — 2021[S]. 南京：江苏凤凰科学技术出版社，2021.

[4] 中国建筑科学研究院．民用建筑热工设计规范 :GB50176-2016[S]. 北京：中国建筑工业出版社，2016.

[5] 中国建筑科学研究院．公共建筑节能设计标准 :GB 50189 — 2015[S]. 北京：中国建筑工业出版社，2015.

[6] 公安部天津消防研究所．建筑设计防火规范： GB50016-2014(2018 年版） [S]. 北京：中国计划出版社，2018.

[7] 中国地图出版社，国家基础地理信息中心．中国地图 1:1600 万 -8 开 - 有邻国 - 线划二，审图号 GS(2016)2926 号 [EB/OL]. (2019-09-05)[2022-10-10] http://bzdt.ch.mnr.gov.cn/browse.html?picId=%224o28b0625501ad13015501ad2bfc0138%22.

[8] 中国建筑科学研究院有限公司．近零能耗建筑技术标准 :GB/T51350 — 2019[S]. 北京：中国建筑工业出版社，2019.

[9] 杨世铭，陶文铨．传热学（第四版）[M]. 北京：高等教育出版社，2006:80.

[10][德] 贝特霍尔德・考夫曼，[德] 沃尔夫冈・费斯特著，徐志勇译．德国被动房设计和施工指南 [M]. 北京：中国建筑工业出版社，2015:37.

[11] 王清勤，韩继红，曾捷．绿色建筑评价标准技术细则 2019[M]. 北京：中国建筑工业出版社，2019.

[12] 中国建筑科学研究院．民用建筑隔声设计规范 :GB50118 — 2010[S]. 北京：中国建筑工业出版社，2010.

[13] 康玉成．建筑隔声设计——空气声隔声技术 [M]. 北京：中国建筑工业出版社，2004:31.

[14] 中国建筑标准设计研究院 . 建筑隔声与吸声构造 :08J931[S]. 北京 : 中国计划出版社 ,2008.

[15] 侯余波 , 付祥钊 , 郭勇 . 用 DOE2 程序分析建筑能耗的可靠性研究 [J]. 暖通空调 HV&AC.2003 年第 33 卷第 3 期 :p90-p92.

[16] 清华大学建筑技术科学系 DeST 开发小组 .DeST 用户使用手册 .2004.

[17][美] 凯文•凯利著 , 东西文库译 . 失控 : 全人类的最终命运和结局 [M]. 北京 : 新星出版社 ,2010.

图片来源：书中的照片除注明外，均来自作者本人拍摄的照片。